土壤修复常温解吸技术机理探索与工程实践

马　妍　杜晓明　史　怡　姚珏君　张大定　何小松　著

中国环境出版集团 · 北京

图书在版编目（CIP）数据

土壤修复常温解吸技术机理探索与工程实践/马妍等著.
—北京：中国环境出版集团，2021.12
（土壤污染防控与治理丛书）
“十三五”国家重点图书出版规划
ISBN 978-7-5111-4725-7

Ⅰ. ①土… Ⅱ. ①马… Ⅲ. ①污染土壤—修复—
研究 Ⅳ. ①X53

中国版本图书馆 CIP 数据核字（2021）第 087370 号

出 版 人 武德凯
责任编辑 黄 颖
责任校对 任 丽
封面设计 宋 瑞

出版发行 中国环境出版集团
（100062 北京市东城区广渠门内大街 16 号）
网 址：http://www.cesp.com.cn
电子邮箱：bjgl@cesp.com.cn
联系电话：010-67112765（编辑管理部）
010-67147349（第四分社）
发行热线：010-67125803，010-67113405（传真）
印 刷 北京中科印刷有限公司
经 销 各地新华书店
版 次 2021 年 12 月第 1 版
印 次 2021 年 12 月第 1 次印刷
开 本 787×1092 1/16
印 张 12.5
字 数 250 千字
定 价 75.00 元

序言

中国作为发展中国家和新兴土壤污染修复市场，污染地块治理与修复的相关工作才刚刚起步，《环境保护部、工业和信息化部、国土资源部、住房和城乡建设部关于保障工业企业场地再开发利用环境安全的通知》（环发〔2012〕140 号）、《国务院办公厅关于推进城区老工业区搬迁改造的指导意见》（国办发〔2014〕9 号）的相继发布，彰显了国家对于遗留遗弃场地污染防治工作的重视。2016 年，国务院印发了《土壤污染防治行动计划》（简称“土十条”）。2018 年 8 月 31 日，第十三届全国人民代表大会常务委员会第五次会议表决通过了《中华人民共和国土壤污染防治法》，自此吹响了“净土保卫战”的号角。2019 年 6 月，中共中央办公厅、国务院办公厅印发了《中央生态环境保护督察工作规定》，随后，仅在第一轮环保督查中被勒令整改的企业就达数百万家，其中有 20 多万家化工企业被关停，在随之出现的大量污染地块中，主要是挥发性有机化合物/半挥发性有机化合物（VOC/SVOC）污染地块，而 VOC/SVOC 又具有较高的毒性和易迁移性，容易在土壤中迁移扩散，造成污染范围扩大，修复难度增加，居民健康和环境安全受到威胁。同时，大型场地的土壤和地下水 VOC/SVOC 污染相对较重，风险相对较大，治理任务也相对较重。因此本书从遗留遗弃场地中 VOC/SVOC 污染地块的土壤修复着手，以期为国家全力打赢污染防治攻坚战贡献一份力量。

我国土地资源紧张，待修复的污染土地量大，修复工期要求短，且难以接受过高的修复成本，因此，找到适合中国国情的 VOC/SVOC 污染土壤修复技术是一项十分重要的任务。土壤常温解吸是一种目前正在成长并适用于 VOC/SVOC 污染土壤的高效经济型异位修复技术，具有操作简单、修复效果明显、修复周期短、修复成本低和适用范围广等特点。土壤常温解吸操作较为简单，成本低廉，容易满足对工期的要求，适合处于污染地块修复起步阶段的地区使用。另外，机械翻抛土壤会使处理效果更加均匀，可以更好地满足修复验收要求。随着修复设备的国产化以及修复过程管理不断完善，土壤常温解吸已经成为一种高效、快速、经济的 VOC/SVOC 污染地块修复技术。本书通过人工配制污染土壤，开展了常温解吸修复污染地块的实验室模拟研究，主要对其影响因素、拖尾现象以及强化方法和机制进行了系统性的实验，并开展了中试以及现场应用研究。从扰动间隔、温度和通风等主要运行条件对该技术进行了条件的优化，并明确了强化方法的效果、影响因素及机制，解决了修复过程中普遍存在的拖尾现象，为常温解吸技术的成熟应用提供了基础理论知识和应用经验，有效地推广、普及了土壤常温解吸技术。本书可供有关专业的学生以及从事相关工作的人员学习参考。

本书由马妍、杜晓明、史怡、张大定、姚珏君和何小松负责总体设计、统稿和审校工作，参与本书资料收集与整理工作的还有郑红光、沙浩群、郑经纬、王童、徐雁秋、康奕宁和郑一鸣等硕士研究生。本书的研究成果是在国家重点研发计划项目（2019YFC1806100）、国家重点研发计划课题（2018YFC1800703）、环保公益性行业科研专项经费项目、国家自然科学基金青年基金项目（41701353）、中央高校基本科研业务费项目（2022SKHH01）等资助下完成的，特此感谢。此外，本书在撰写过程中参阅了相关资料，并已将主要参考文献列于书中，在此向各位著者表示诚挚的感谢！

本书涉及的内容较多，尽管我们试图详细准确地阐述常温解吸修复 VOC/SVOC 污染土壤的相关内容，但编者深知自己的学识和文字水平有限，加之时间仓促，书中难免存在疏漏之处，敬请广大读者批评指正。

目录

第1章

绪 论

1.1 土壤的组成与性质

土壤是地球陆地表面具有肥力、能够生长植物的疏松层，是由岩石经风化及漫长的成土过程而形成的自然体[1]。土壤作为生态系统的重要组成部分，是连接大气圈、水圈、岩石圈和生物圈的纽带，处于地球关键带的核心位置，在陆地生态系统中有着举足轻重的作用[2]。土壤界面体系中的生命部分和非生命部分相互联系、相互制约，共同构成了人类和其他生物生存环境的重要部分，对社会经济的可持续发展及生态环境的平衡具有十分重要的意义。土壤生态系统能够提供给人类诸多惠益，大体上可分为供给服务（食物、淡水、木材、纤维和燃料等）、调节服务（气候、洪水、侵蚀和生物过程等）、文化服务（休闲、娱乐和教育等）和支持服务（养分循环、栖息地和生物多样性等）[2]。

1.1.1 土壤生态系统的组成

土壤是由固体、液体和气体共同组成的多项体系[3]。土壤生态系统包括土壤生物、土壤矿物质、土壤有机质、土壤水溶液及土壤气体 5 个部分，其中由矿物质和有机质组成的土壤固相部分与水相、气相等粒间物质共同构成了非均质、各向异性的复合体系（图 1-1）。在土壤生态系统中，土壤生物是核心，其他 4 个部分则构成了土壤生物所处的环境；同时各部分相互作用，不间断地进行着物质循环与能量流动，构成了动态的土壤生态系统，形成了土壤环境中的各种生物化学过程及环境污染物在土壤环境体系中的迁移和转化。

- 土壤
  - 土壤环境
    - 固相物质
      - 矿物质：占固相总质量的 95%左右，占总体积的 38%左右
      - 有机质：占固相总质量的 5%左右，占总体积的 12%左右
    - 液相物质：粒间水分及溶解于其中的多种溶解性物质
    - 气相物质：组成与大气有差异，取决于生物活动及气体交换的难易程度
  - 土壤生物——土壤生物包括各类昆虫、线虫、节肢动物，土壤微生物。一般 1 g 肥沃土壤中的土壤生物数量可达数 10 亿只

图 1-1 土壤生态系统的组成

土壤矿物质是土壤固相部分的主体物质，一般占土壤固相总质量的 95%左右，提供植物、微生物等土壤生物生命活动所需的营养元素，影响土壤元素背景值与土壤修复技术的选择。土壤有机质是土壤中各种动植物残体、微生物及其分解和合成的产物，一般占土壤总质量的 5%左右，是土壤发育过程的重要标志，为生物提供营养，改善土壤状况。

土壤固相物质间存在不同形状、大小的孔隙，其中充满的水和空气被称为粒间物质。土壤液相包括气、液、固三种状态的土壤水分及溶解在水相体系的无机离子、有机组分等，它在很大程度上参与了土壤内许多物质的迁移转化过程。形成土壤剖面的物质以溶液的形式随土壤中的水一起运动，这也是自然界水循环的一个重要环节。土壤气体主要从大气中渗透而来，其次是土壤内部进行生物化学过程所产生的，它直接影响植物和土壤微生物的生长活动。而土壤动物、微生物、根系分泌物及病毒等则构成了土壤的生物群落。土壤生物是土壤作为生态系统的本质活性成分，在土壤形成和发育过程中起主导作用，也是净化土壤有机污染的主力军。生物群体是评价土壤质量和健康状况的重要指标之一。

1.1.2 土壤的性质

1.1.2.1 土壤的物理性质

（1）土壤质地

土壤中不同直径颗粒的组合状况称为土壤质地。土壤质地是土壤最基本的物理性质之一，对土壤的各种性状（如土壤的通透性、保蓄性、耕性及养分含量等）都有很大的影响，土壤是评价土壤肥力和作物适宜性的重要依据。美国制土壤质地分类是根据砂粒（0.05～2.00 mm）、粉粒（0.002～0.050 mm）及黏粒（＜0.002 mm）的含量确定的，用三角坐标图表示（图 1-2）。

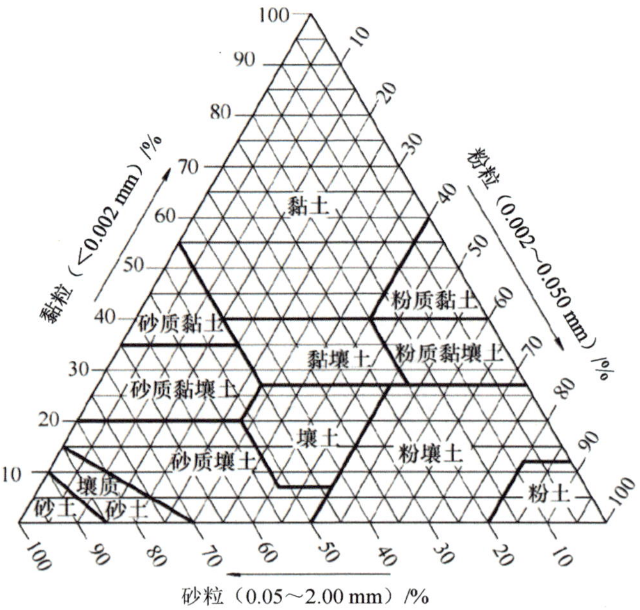

图 1-2 美国制土壤质地分类三角坐标

（2）土壤结构

土壤结构是土壤成土过程或利用过程中在物理、化学和生物等多种因素综合作用下形成的。主要依据土壤结构体的形态、大小和特性等对其进行划分，常有块状结构和核状结构、棱柱状结构和柱状结构、片状结构（板状结构）、团粒结构四类。

（3）土壤孔隙性质

土壤孔隙性质（以下简称“土壤孔性”）是指土壤孔隙总量及大孔隙、小孔隙分布，其好坏决定土壤的质地、松紧度、有机质含量和结构等。土壤结构是指土壤固体颗粒的结合形式及其相应的孔性和稳定度。可以说，土壤孔性是土壤结构的反映，结构好则孔性好，反之亦然。

1.1.2.2 土壤的化学性质

（1）土壤吸附性

土壤胶体是指土壤中粒径小于 2 μm 的颗粒，是土壤中最细小、最活跃的组分。它按成分可分为无机胶体、有机胶体和有机-无机复合胶体三类。土壤胶体具有较大的比表面积和表面能，并具有双电子层（图 1-3），因而土壤具有吸附性，能吸附各种重金属，有较大的缓冲能力，对保持土壤元素、减缓酸碱变化以及降低某些毒性物质的危害有重要的作用。此外，土壤胶体的结构还使其具有分散、絮凝、膨胀和收缩等特性，与土壤结构的形成及污染物在土壤中的行为有着密切的关系。所以，土壤胶体影响着重金属、有机污染物等在土壤固相表面或溶液中的积累、滞留、迁移和转化，是土壤对污染物有一定自净作用和环境容量的重要原因。

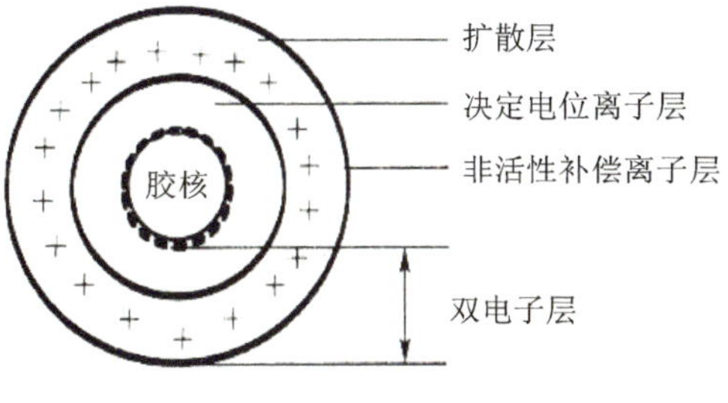

图 1-3 土壤胶体双电子层结构

土壤是永久电荷表面与可变电荷表面共存的体系，可吸附阳离子，也可吸附阴离子。土壤的吸附性取决于固相物质的组成、含量、形态，以及酸碱性、温度、水分状况等条件及其变化，它影响着土壤中物质的形态、转化、迁移和生物有效性。按照吸附机理，土壤吸附性能可分为交换吸附、专性吸附和负吸附等。

（2）土壤酸碱性

根据土壤中 H^+的存在形式，土壤酸度可分为活性酸度（又称有效酸度，Active Acidity，活性酸度即土壤溶液中 H^+浓度直接反映出来的酸度，通常用 pH 表示）和潜性酸度（Potential Acidity，由土壤胶体吸附的可代换性 H^+、Al^{3+}造成的）。根据提取液的不同，潜性酸度还可分为代换性酸度（过量中性盐作用）和水解性酸度（弱酸强碱盐作用）。土壤碱度由土壤溶液中的 OH^- 决定，主要来源于碱金属和碱土金属的碳酸盐类。

土壤酸碱度常用土壤溶液的 pH 表示，其对植物和微生物所需养分元素的有效性有显著影响。当 pH＞7 时，微量金属元素 Zn、Fe 等的溶解度降低，植物和微生物的有效养分降低；当 pH＜5.5 时，Al、Mn 及众多重金属的溶解度提高，并产生生物毒性；更极端的 pH 预示着土壤中将出现特殊的离子和矿物。

土壤酸碱性对土壤微生物的活性、矿物质和有机质的分解起着重要的作用。它可以通过对土壤中的各项化学反应进行干预影响组分和污染物的电荷特性、沉淀-溶解、吸附-解吸和配位-解离平衡等，从而改变污染物的毒性。土壤酸碱性还可通过影响土壤微生物的活性来改变污染物的毒性。

（3）土壤氧化还原性

土壤中存在着多种氧化还原体系，形成了氧化还原梯次，会对不同的污染物产生不同的氧化还原作用，同时产生各种形态、价态的产物，呈现出不同的环境效应。土壤中参与氧化还原反应的元素有 C、H、N、O、S、Fe、Mn、As、Cr 及一些其他变价元素，其中较为主要的是 O、S、Fe、Mn 和某些有机化合物。土壤中的氧化还原反应在干湿交替环境下进行得最为频繁，其次是有机物质的氧化和生物机体的活动。土壤的氧化还原反应影响着土壤形成过程中物质的转化、迁移和土壤剖面的发育，控制着土壤元素的形态和有效性，制约着土壤环境中某些污染物的形态、转化和归宿。

（4）土壤的缓冲性能

土壤的缓冲性能是指土壤具有缓和其 pH 发生剧烈变化的能力，可以保持土壤反应的相对稳定，为植物生长和土壤生物的活动创造比较稳定的生活环境[3]。

1.1.2.3 土壤的生物学性质

土壤生物由土壤微生物、土壤植物根际及土壤动物组成。土壤微生物是土壤有机质、土壤养分转化和循环的动力，同时对土壤污染具有特别的敏感性，其多样性与土壤的生态稳定性密切相关。土壤动物是生态系统物质循环中的重要分解者，土壤动物特性包括土壤动物的组成、个体数和生物量、种类丰富度、群落均匀度、多样性指数等，是反映环境变化的敏感生物学指标。土壤植物的根际是植物-土壤-微生物与环境交互作用的微区域，与生活在根际外土壤中的微生物群落相比，生活在植物根际中的微生物群落在数量、种类和生物活性上均有明显不同，且表现出一定的特异性，这种现象被称为根际效应。

1.2 VOC/SVOC 的来源与危害

挥发性有机化合物（Volatile Organic Compound，VOC）的沸点在 50～260℃，它是标准状态（20℃和 1 个大气压①）下饱和蒸气压超过 133.32 Pa 的有机化合物[4]。按其化学结构的不同，可以进一步分为八类：烷类、芳烃类、烯类、卤代烃类、酯类、醛类、酮类和其他。VOC 的主要成分有烃类、卤代烃、氧烃和氮烃，包括苯系物、有机氯化物、氟里昂系列、有机酮、胺、醇、醚、酯、酸和石油烃化合物等。

半挥发性有机化合物（Semi-Volatile Organic Compound，SVOC）的沸点在 260～400℃，它是标准状态（20℃和 1 个大气压）下饱和蒸气压在 1.33×10^{-5}～1.33 Pa 的有机化合物。常见的 SVOC 有 1,2-二氯苯、1,3-二氯苯、六氯苯、2,4,5-三氯酚、五氯酚和邻苯二甲酸二丁酯等[4]。

1.2.1 VOC/SVOC 的来源

我国城市地区 VOC/SVOC 的主要来源一般有机动车排放、油品挥发泄漏、溶剂使用排放、液化石油气（LPG）使用和工业排放等。下面将针对石化、化工、工业涂装、包装印刷以及油品储运销等重点行业 VOC/SVOC 的排放源进行详细介绍。

石化行业主要为石油炼制工业和石油化学工业，其 VOC/SVOC 以有机液体存储与调和挥发、废水收集及处理过程、设备动静密封点泄漏、有机液体装载挥发、冷却塔和循环冷却水系统 5 个排放源为主。

化工行业包括石油、煤炭及其他燃料加工业（如炼焦、现代煤化工等）、化学原料和化学制品制造业（如化学农药制造、涂料制造等）、医药制造业（如化学药品原料药制造、兽用药制造等）、化学纤维制造业（如涤纶纤维制造、锦纶纤维制造等）、橡胶和塑料制品业（如轮胎制造、塑料薄膜制造等）等行业。其中制药行业的 VOC/SVOC 主要来自药物合成、产物分离纯化、分装干燥、成品检验及包装等环节，塑料制品制造行业的 VOC/SVOC 主要来自塑胶成型、预处理、喷涂、烘干及丝印/移印 5 个环节，橡胶制品制造行业的 VOC/SVOC 主要来自混炼、压延、成型、喷涂/附件装配等环节，而涂料与油墨制造行业几乎在各个环节都会产生 VOC/SVOC 污染。

---

① 1 个大气压：1×10^5 Pa。

工业涂装包括汽车及船舶等运输设备制造，家具制造，卷材制造，金属制品制造，通用设备制造，专用设备制造，塑料制品制造，电气机械及器材制造，计算机、通信和其他电子设备制造等行业的工业涂装工序。工业涂装行业的 VOC/SVOC 主要来自 VOC/SVOC 物料（涂料、固化剂、稀释剂、胶黏剂和清洗剂等）的贮存、输送及使用过程，使用过程包括但不限于以下作业：调配（混合、搅拌等）、涂装（喷涂、浸涂、淋涂、辊涂、刷涂和涂布等）、黏结（涂胶、热压、复合和贴合等）、干燥（烘干、风干和晾干等）、清洗（浸洗、喷洗、淋洗、冲洗和擦洗等）。

包装印刷主要为塑料软包装印刷、彩盒印刷、印铁制罐和标签印刷等。包装印刷行业的 VOC/SVOC 主要来自油墨、稀释剂、清洗剂、涂布液、润版液、胶黏剂、复合胶、上光油和涂料等 VOC/SVOC 物料的贮存、输送及使用过程，主要集中在印刷、复合和清洗等生产环节。

储油库是指由储油罐组成并通过油罐汽车、铁路罐车、船舶或管道等方式收发（含贮存）原油、成品油等油品的排污单位。加油站是指由储油罐、加油机及油枪等组成并为机动车添加成品油的排污单位。VOC/SVOC 主要来自 VOC/SVOC 物料的贮存与输送、含油废水的排放和输油管道的泄漏等。

1.2.2 VOC/SVOC 的危害

VOC/SVOC 种类繁多，有些基本没有毒性，因此对人体及动物基本无害，但有些［如甲醛、芳香烃（特别是多环芳烃、二噁英类等）］具有较强的致癌、致畸、致突变等生物毒性，一些卤代烃和含氮氧化合物等也具有毒性，不仅能通过呼吸道、皮肤等途径进入人体，导致各种急慢性健康问题（包括黏膜刺激、炎症、心肺疾病、癌症等），还会伤害植物，严重时危及生命。

美国国家环境保护局（USEPA）对有毒物质的相关定义如下：有毒空气污染物，也称空气有毒物质，是指那些已知的或者可能引起癌症或其他严重影响健康的污染物。USEPA 优先控制的 187 种污染物中有 33 种属于挥发性有机物，主要包括苯系物、烃类、酯类和酮类，其中苯、甲醛、三氯甲烷和四氯乙烯等已被世界卫生组织（WHO）确定为对动物具有致癌性和致畸性的挥发性有机物。

环境空气中的部分 VOC/SVOC 具有特殊气味且表现出刺激性、腐蚀性、器官毒性和致癌性，会对人体健康造成较大的影响。某些 VOC/SVOC 可使皮肤出现丘疹、瘙痒等症状，对眼、鼻、呼吸道等有刺激作用，导致眼睛、鼻子、喉咙发炎，严重时可引起气喘、神志不清、晕厥、呕吐及支气管炎等；引起胃胀、胃痛，损伤肝、肾，影响中枢神经系统，引发头疼等症状。一些挥发性有机物（如苯、芥子气、氯乙烯、4-氨基联苯、双氯甲醚和工业品级氯甲醚、甲醛）被认为或者已经被证实对人体具有致癌效应，长期暴露于高浓度的 VOC/SVOC 下会增加得肺癌、白血病和淋巴瘤的概率。

WHO 公布的环境致癌物质报告中，属于一级致癌物的苯、芥子气、氯乙烯、4-氨基联苯、双氯甲醚和工业品级氯甲醚、甲醛对人类致癌证据确凿；二级致癌物中的丙烯腈、四氯化碳、四氯乙烯、三氯乙烯、环氧乙烷、硫酸二甲酯和多氯联苯类的动物试验致癌证据确凿；三级致癌物中的苯乙烯、三氯乙烯的动物试验致癌证据充分。上述物质都属于 VOC，均具有吸入毒性，会诱发癌症。

1.2.2.1 甲醛对人体健康的影响

甲醛属于高毒性物质，位居我国有毒化学品优先控制名单第二位。它具有刺激性气味，当质量浓度为 0.06～1.2 mg/m^3 时，鼻子可闻到异味，且对眼睛、呼吸道有刺激作用。质量浓度为 0.06～0.07 mg/m^3 时，儿童会轻微气喘；质量浓度约为 5 mg/m^3 的环境中暴露 30 min，会导致人流眼泪，咽喉不适；质量浓度过高（大于 30 mg/m^3）时，人体会出现急性症状，如恶心呕吐、胸闷气喘、水肿和肺炎等，严重者危及生命。

根据流行病学调查，有充分的证据证明：高甲醛暴露浓度和鼻咽癌发病率有明显正相关性。动物试验结果显示，甲醛质量浓度高于 16.7 mg/m^3 时，会导致实验老鼠明显癌变。目前，甲醛已被 WHO 的国际癌症研究机构（IARC）及美国健康和公共事业部、美国公共卫生局列入一类致癌物质。

1.2.2.2 苯系物对人体健康的影响

苯类物质具有神经麻醉作用，主要经过呼吸道吸入和皮肤接触中毒。在质量浓度为 160～480 mg/m^3 的环境中接触 5 h，会产生头痛、乏力、疲劳等症状；在质量浓度高于 4 800 mg/m^3 的环境中接触超过 1 h，便会产生严重中毒症状，更甚者危及生命。苯系物的慢性健康效应是指通过抑制骨髓造血功能而表现为各类血细胞（白血球、红血球、血小板）减少和发育不全等症状；苯系物对外耳道腺、肝脏、乳腺和鼻腔都有致癌作用，被 WHO 的国际癌症研究机构认证为一级致癌物质之首。流行病学调查发现，由于职业原因暴露于高浓度苯环境的人群中，患白血病的人数不断升高。

1.2.2.3 对二甲苯对人体健康的影响

对二甲苯（PX）是生产对苯二甲酸（PTA）的主要原料，它既是石油精炼的产物，也是石油化工业的原料。对二甲苯一般通过皮肤接触、眼睛接触、吸入和直接摄入等方式对人体造成危害。直接接触对二甲苯，会对眼睛和皮肤产生刺激。吸入对二甲苯蒸气会刺激呼吸系统，吸入的对二甲苯在人体肺部的吸收率为 62%～64%，长时间吸入对二甲苯会引起肝、肾及心血管的慢性疾病。吸入高浓度对二甲苯会影响神经系统，导致头痛、头晕、恶心，甚至出现失忆、反应变迟缓、平衡能力降低等症状。通过对白鼠的试验发现，长时间暴露在高浓度对二甲苯中，白鼠会丧失听力，昏迷或者死亡。当白鼠暴露在对二甲苯质量浓度为 2～20 mg/L 的空气中 4 h，50%的白鼠会死亡。根据 WHO 下属的国际癌症研究机构对致癌物质的分类，对二甲苯属于第三类，即无法确定其致癌性，但与第四类（无致癌性）有区别。

1.2.2.4 氯代烃对人体健康的影响

多数氯代烃进入环境后不能自然降解，已被美国列入 129 种“优先控制污染物黑名单”中，也被我国列入了 68 种“优先控制污染物黑名单”中。氯代烃毒性较大，有些还是可疑的致癌物质。即使污染物浓度很低，也可能通过皮肤、呼吸接触或误食，引起肝、肾、血液中毒或神经中枢中毒；引起头晕、呕吐等症状；严重时甚至会导致昏厥或死亡。一些氯代烃物质（如四氯化碳和 1,1,1-三氯乙烷）会在阳光照射下分解产生氯原子，产生毒性极大的光气，有很强的致癌作用[5]，而后者作为一种催化剂会消耗大气中的臭氧[6]，使臭氧层阻挡紫外线的作用降低，给人和动、植物带来危害。

二氯甲烷可影响中枢神经系统，在人体中产生碳氧血红蛋白（COHb），影响供氧。它在油漆喷涂作业中会大量产生，短期吸入质量浓度高于 1 050 mg/m^3 的二氯甲烷会导致人暂时性行为感知反应异常，并对鼻咽有刺激作用。其致癌性在动物试验中证据充分，被国际癌症研究机构列为可疑致癌物质。

二氯乙烷可导致头晕、精神不振、昏迷、呕吐、心律不齐、肺水肿、支气管炎、出血性胃炎和结肠炎，甚至脑部组织发生改变。

氯乙烯会导致眩晕、胸闷、嗜睡、步态蹒跚，接触高浓度氯乙烯可发生昏迷、抽搐甚至死亡。长期接触会损害人体皮肤以及导致肝功能和消化功能异常。氯乙烯为致癌物质，可引发肝血管瘤。

三氯乙烯具有遗传毒性和致癌性，会对肝脏、中枢神经系统产生损伤，已被国际癌症研究机构列为二级很可能致癌物质（Group 2A）。

低浓度四氯乙烯中毒会导致暂时性情绪与行为异常、头晕头痛、嗜睡甚至昏迷。一次性吸入大量四氯乙烯则会严重刺激上呼吸道，导致肾功能紊乱。它具有肝脏、肾脏致癌风险，被国际癌症研究机构列为二级很可能致癌物质。

1.2.3 土壤中的挥发性氯代烃

本书研究的重点是挥发性氯代烃（Volatile Chlorinated Hydrocarbon，VCH），这是一类

污染地块土壤中常见的有机污染物，主要来自石油化工制造、清洗等行业，污染排放、储罐泄漏、不恰当的废物处置都可能导致污染物进入环境[7, 8]。这类物质具有性质稳定、沸点低、密度大、黏度小、难溶于水的特点，对人体中枢神经系统、呼吸系统、肾脏和肝脏等有较强的毒害作用，并具有潜在的致癌作用[9]。因此，挥发性氯代烃污染及其治理已成为全球关注的主要环境问题。

典型氯代烃类物质理化性质见表 1-1。

表 1-1 典型氯代烃类物质理化性质

物质名称	分子量	密度/(g/ml)	溶解度/(mg/L)	饱和蒸气压/kPa	沸点/℃	亨利常数/(atm·m³/mol)	$\log K_{ow}$
氯乙烯	62.5	0.910 6	2.76e^{3}	346.53	−13.9	2.70e^{-2}	1.50
二氯甲烷	85	1.326 6	1.30e^{4}	30.55	40.2	2.19e^{-3}	1.25
反式-1,2-二氯乙烯	96.9	1.256 5	6.30e^{3}	14.7	48	9.38e^{-3}	2.07
顺式-1,2-二氯乙烯	96.9	1.283 7	3.50e^{3}	14.7	60	4.08e^{-3}	1.86
1,1-二氯乙烯	96.9	1.213 0	2.25e^{3}	65.98	32	2.61e^{-2}	2.13
1,1-二氯乙烷	99	1.175 7	5.06e^{3}	15.33	31.6	5.62e^{-3}	1.79
1,2-二氯乙烷	99	1.245 4	8.52e^{3}	13.33	84	9.79e^{-4}	1.47
三氯甲烷	119.4	1.483 2	7.92e^{3}	13.33	61	3.67e^{-3}	1.97
三氯乙烯	131.4	1.464 2	1.10e^{3}	13.33	87	1.03e^{-2}	2.71
1,1,2-三氯乙烷	133.4	1.439 7	4.42e^{3}	5.33	114	9.13e^{-4}	2.05
1,1,1-三氯乙烷	133.4	1.339 0	1.33e^{3}	13.33	74	1.72e^{-2}	2.48
四氯化碳	153.8	1.594 0	7.93e^{2}	13.33	76.5	3.04e^{-2}	2.73
四氯乙烯	165.8	1.622 7	2.00e^{2}	2.11	121	1.84e^{-2}	2.67

注：K_{ow} 为辛醇-水分配系数，数据来源为 *USEPA Soil Screening Guidance*。

由表 1-1 可知，大部分氯代烃的沸点都低于 100℃，其饱和蒸气压很高，在常温下很容易气化，极易挥发。其溶解度很小，大部分密度比水大，属于重质非水相液体（Dense Nonaqueous Phase Liquid，DNAPL），在土壤和地下水中易在低洼处集聚，造成局部污染物浓度极高。气液平衡的亨利常数（20℃）在 0.001～0.03 atm·m^3/mol，氯代烃在环境中很容易迁移扩散，对人体的暴露途径主要是饮用水和大气。

氯代烃污染土壤具有以下性质：

（1）隐蔽性

氯代烃污染土壤不易被察觉；土壤中各种有害物质与土壤颗粒结合，隐匿于土壤环境中[10]；当人畜健康受到威胁时，土壤本身还可能保持一定的生产能力。

（2）挥发性

氯代烃污染物由于具有极易挥发的特点，与其他大多数土壤污染物不同，污染物不是通过植物作用进入生物体内，而是在一定的条件（合适的温度、气压或扰动等）下，直接从土壤中解吸附，挥发出来进入生物体或危害环境。

（3）毒害性

大多数氯代烃具有毒性[5, 6]，主要通过刺激眼睛和呼吸道，使人产生头痛、咽痛、无力和皮肤过敏等症状。其中氯乙烯、多环芳烃及甲醛等还是可疑致癌物质。

（4）累积性

有研究发现，土壤中至今还存在大量难降解的有机物[11]。这些氯代烃吸附在土壤颗粒中，会长期缓慢低剂量释放，日积月累，最终对人体健康造成极大威胁。

（5）多样性

氯代烃由多种有机物组成，混合共存，它们之间存在协同及拮抗等作用，使得此类土壤污染变得更加复杂多样，也加大了此类污染土壤修复的难度。研究表明[12]，当 VOC 总浓度达到一定值时，无论各单一组分浓度是否超标，都会对人体造成伤害。

1.3 VOC/SVOC 污染地块现状及常用修复技术

1.3.1 VOC/SVOC 污染地块现状

根据美国联邦有毒物质和疾病登记署[13]资料，1997 年列入国家优先项目清单的 1 428 个污染地块中，至少有 861 个存在三氯乙烯污染；在德国，VCH 污染占总污染的 60%，是主要污染类型之一；荷兰的 232 个地下水抽水站中三氯乙烯检出率高达 67%[14]；日本环境省在城市土壤调查中发现，VCH 造成的土壤和地下水污染事例约占总污染事例的一半，以三氯乙烯、四氯乙烯和顺式-1,2-二氯乙烯等为主[15, 16]。

据不完全统计，近几年随着我国城市改造政策的出台，许多工厂企业停产或迁移。2000—2005 年，江苏省和上海市分别有 400 余家和 1 400 家化工工厂被搬迁。2008—2010 年，石家庄有 49 家重点监控企业完成搬迁，南京有 200 家污染企业搬迁或停产。2008—2012 年，武汉市 128 座化工企业全部搬出三环。如果这些搬迁场地在没有得到充分评价和治理的条件下被再开发为居民区或其他公共设施用地，那么环境中存在的氯代烃会对人和动物产生致畸、致癌和致突变的毒性作用，严重危害人们的身体健康。我国对土壤和地下水污染的关注较晚，在近几年的城市改造中许多工厂企业停产或搬迁，才使其逐步被重视起来。章霖之等对常州某农药生产场地土壤中的挥发性有机物污染状况进行了调查，发现土壤中污染物浓度较高，且深层污染严重[17]。刘利军等对我国某焦化厂场地土壤进行采样调查，分析了场地中各区域不同深度土层中的挥发性污染物含量，发现该场地污染较为严重，生产区 VOC 含量是背景浓度的 103.75 倍，致癌风险指数是可接受致癌风险值的 3.52 倍[18]。郭观林等选择我国典型的废弃化工污染地块为研究对象，采用美国 ASTM 场地环境评价方法，对该场地污染土壤进行了环境健康风险分析[19]。刘雪松等从污染源分布、场地水文地质模型建立、土壤及地下水的现场调查入手，采用物探、坑探、钻探综合调查技术和定深取样等取样方法，对冀中平原某石油类污染地块进行了深入的调查[20]。张达政等对北京市近郊浅层地下水中的挥发性氯代烃进行了调查，发现四氯化碳、三氯甲烷、1,1,2-三氯乙烷和四氯乙烯的检出率都很高，且局部严重超标[21]。另外，在北京地区还发现两处较严重的挥发性氯代烃污染，污染区面积达 10 km^2 以上[22]。

1.3.2 常用修复技术及其特点

土壤修复技术总体上可分为原位修复和异位修复两大类。土壤原位修复指在原有位置进行修复，异位修复时需要对土壤进行清挖后，再进行修复处理。由于受污染地块特征和经济成本的影响，真正能在实际工程中应用的修复技术并不多，大多数修复技术基本处于中试或少量应用阶段，目前常用的修复技术主要有固化/稳定化、焚烧和热解吸、气相抽提、生物修复、淋洗和化学处理等。现在的修复工程大多采用异位修复技术，这主要是因为原位修复技术相对于异位修复技术的可控条件少，但对不亟待再开发的场地，原位修复技术由于没有清挖过程的支出，相对成本较低，仍有较强的竞争力。

根据土壤中氯代烃污染物易挥发的特点，常用的修复技术有气相抽提技术、热解吸技术、土壤淋洗技术、微生物修复技术、化学氧化技术、高温焚烧技术、光降解技术和常温解吸技术等。

（1）气相抽提技术

土壤气相抽提技术（Soil Vapor Extraction，SVE）是针对挥发性有机污染物场地的处理方法，属于原位修复技术。它利用真空泵产生的负压驱使空气流过污染的土壤孔隙解吸，并夹带挥发性有机物流向抽取井，引至地面处理[23]。它可操作性强、可处理浓度范围大、设计相对简单、不会破坏土壤结构[24, 25]。被 USEPA 列为“革命性技术”。起初 SVE 主要用于修复土壤中非水相液体（Nonaqueous Phase Liquids，NAPLs）污染物[26]，随后开始应用于不含 NAPLs 的挥发性农药污染物土壤中[27]。目前，许多学者做了大量的 SVE 实验和建模工作，对不同变量的影响做了比较系统的研究[28]。

（2）热解吸技术

热解吸技术是一项新型的非燃烧土壤修复技术，属于物理分离[29]，它将含有有机污染物的土壤加热至有机物沸点以上，使吸附在土壤中的污染物挥发，再对挥发出的气体进行处理，加热温度一般低于 550℃。整个系统一般分为加热和气态处理两部分。研究人员从处理效果、主要参数和处理装置等角度对该技术进行了初步的研究[30, 31]。

（3）土壤淋洗技术

土壤淋洗技术是将淋洗液注入后抽吸出来的修复技术，它可以用来处理土壤中的有机污染物和无机污染物，主要用于处理以化学形式吸附在土壤颗粒上的污染物。该技术可以处理 VOC 类污染土壤，对 VOC 与重油污染共存的土壤也有效[32]。近年来，该技术主要侧重于活性剂的研究[33-35]。

（4）微生物修复技术

微生物修复技术是指利用微生物降解污染土壤中有机物的技术。有机污染物为微生物的生长提供了碳源，最终的产物主要是水和二氧化碳[36-38]。该技术也可以分为原位处理和异位处理两类[39]。

（5）化学氧化技术

化学氧化技术是指将化学氧化剂注入地下，化学氧化剂与土壤或地下水中的污染物接触，通过氧化还原反应将污染物转化为低浓度甚至无害的物质。高锰酸钾、过氧化氢、过硫酸盐和臭氧都是比较常见的氧化剂。

化学氧化技术是一种土壤污染物原位修复的常用技术。不仅可以氧化很多种有机污染物，包括二氯乙烷、氯乙烯等氯代烷烃和烯烃污染物，并且污染物在原位被破坏，从而可减少挖掘和运输费用。另外，氧化处理后，残留的少量污染物更容易被微生物降解。与其他技术相比，该技术的显著优点是处理速度更快。但也有其不足之处：氧化剂在地下的反应和土壤含水层中的非均质性对氧化剂扩散的影响较大；部分氧化剂（如过氧化氢）需要特定的土壤 pH 条件才能发挥最佳的氧化效果；部分氧化剂（如过氧化氢和臭氧）在地下反应速率快而存在时间短，影响后续效果；使用强氧化剂存在一定的健康和风险问题，如带来废气释放等；高锰酸钾等部分氧化剂的氧化产物会降低土壤的渗透性等。

选用合适的氧化剂是使用该技术的关键，适宜的氧化剂可以降低土壤的渗透性，使氧化剂能够在地下获得相对较好的扩散，从而与污染物接触并达到较好的处理效果；另外，该技术配合其他修复技术（如 SVE），可处理产生的废气，减少健康和风险问题，弥补氧化技术的一些缺陷，达到较好的处理效果。

氧化处理过程需要全过程监测。通过监测，可以了解地下污染物和氧化剂的含量变化，了解有机污染物被氧化的程度和处理效果，以及是否需要进一步添加氧化剂等情况，从而更彻底、更经济地降解地下污染物。

（6）高温焚烧技术

高温焚烧技术也可分为原位处理和异位处理两种，它是通过焚烧的方式，把土壤加热到 970～1 200℃，使其中的有机物热解并挥发出来，其去除效率可达 99.99%[40]，但在处理氯代烃类物质时，易产生二噁英。

（7）光降解技术

有机物的光降解过程一般分为直接光降解和光催化氧化两种。直接光降解通常在大于 290 nm 的波段范围内具有中高强度的吸收，适用于处理水溶性低、具有强光降解活性的化学物质[40]。光催化氧化是在常温、常压条件下快速将有机物分解为无机物，且没有二次污染，因此有很大的应用潜力，现已成为 VOC 治理技术中一个活跃的研究方向，特别是关于催化剂的研究。

（8）常温解吸

常温解吸是利用翻扒污染土壤、强制对流通风等手段，强化土壤中挥发性有机化合物的逸出，并通过污染气体的收集和处理达到修复挥发性有机污染土壤的目的。该工艺先将污染土壤挖出，移至临时密闭大棚内，再用机械堆放成条垛，定时翻动，并在大棚内强制通风，保持负压，促使土壤中挥发性污染物挥发，防止污染气体外溢。当土壤中的污染物浓度达到修复目标浓度时，即为修复终点，停止翻动。从大棚内移出修复后的土壤，该土壤可用于回填。从土壤中挥发出的污染气体（即通过强制通风的手段抽出的污染空气）经集中收集后，用旋风除尘器除尘、三效活性炭吸附，或用焚烧的方法处理达标后排放。

对上述常用修复技术的比较见表 1-2。上述方法对氯代烃污染土壤均有效，但我国的土壤修复才刚刚开始，可应用的修复技术种类较少，成熟性较差，缺乏成规模的应用实例和相关的操作经验。高温焚烧、热解吸、光降解和化学氧化的处理成本较高，土壤淋洗和气相抽提技术对土质的要求较高，需要较长的运行时间和修复周期，不确定性较大，而且受场地本身特性影响，不适宜处理土壤异质性较强的污染土壤，生物法一般适宜处理污染物浓度较低的土壤。

表 1-2 土壤挥发性有机污染物常用修复技术比较

编号	技术名称	参考因素			应用适应性	应用局限性
		成熟性	时间条件	资金水平		
1	气相抽提	技术成熟/国内偶有应用	时间较长	较低	适用于挥发性有机污染物	受被修复场地土层影响较大，对质地不均一、部分土层黏性较大、地下水位较高的场地不适合
2	热解吸	技术成熟/国内偶有应用	时间较短	较高	适用于挥发性氯代有机物；适用浓度广	需要较准确控制反应器温度和土壤停留时间
3	土壤淋洗	技术成熟/国内偶有应用	时间较短	中等	适用于高浓度有机污染物	对黏土含量高、渗透性差的土壤的修复效果较差；淋洗剂价格高；洗脱废液和残留淋洗剂会造成二次污染
4	微生物修复	技术成熟/国内偶有应用	时间较长	较低	适用于浓度较低的有机污染物	污染浓度较高时，微生物的活性被抑制，需与其他修复技术进行联合修复
5	化学氧化	技术成熟/国内偶有应用	时间较短	中等	对特高浓度、难生物降解有机污染物效果好	受土壤迁移作用影响较大。化学氧化的注入半径需考虑具体土质情况，根据经验或进行试验后确定
6	高温焚烧	国内较成熟	现场清理时间较短	高	效果好，可同时处理有机和重金属复合污染土壤	能耗大，成本高，受水泥品质影响，处理量较小；为控制二噁英产生，工艺控制较为严格，尾气处理系统有特殊要求
7	光降解	实验室研究较多	时间较短	较高	只有针对单一污染物的研究	反应器成本高，缺少大面积使用的研究基础
8	常温解吸	技术成熟/国内偶有应用	时间较长	低	适用于挥发性氯代有机物	修复时间长；占用场地面积，影响开发；受气温影响较大

参考文献

[1] 环境保护部科技标准司，中国环境科学学会．土壤污染防治知识问答[M]．北京：中国环境出版社，2014.

[2] 杨顺华，杨飞．土壤与生态系统健康：从性质研究到分区管理[J]．科学，2019，71（6）：6-10.

[3] 戴树桂．环境化学（第二版）[M]．北京：高等教育出版社，2006.
[4] 颜增光，丁琼，李发生．污染地块术语手册[M]．北京：科学出版社，2010.
[5] Wallace L A. Personal exposures，indoor-outdoor relationships and breath levels of toxic air pollutants measured for 355 persons in New Jersey[J]. Atmospheric Environment，1985，19（10）：1652-1661.
[6] Derwent R G，Jenkin M E. Hydrocarbons and the long-range transport of ozone and PAN across Europe[J]. Atmospheric Environment. Part A. General Topics，1991，25（8）：1661-1678.
[7] 李守信，宋剑飞，李立清，等．挥发性有机化合物处理技术的研究进展[J]．化工环保，2008，1（28）：1-7.
[8] 秦宏兵，顾海东，尹燕敏．吹扫捕集气相色谱质谱法测定土壤中挥发性有机物[J]．中国环境监测，2009，25（4）：38-41.
[9] 王方，张承东．1,1,2,2-四氯乙烷在土壤中的吸附解吸研究及解吸滞后的新型模型模拟[J]．农业环境科学学报，2011，30（2）：295-300.
[10] 胡枭，樊耀波，王敏健．影响有机污染物在土壤中迁移、转化行为的因素[J]．环境科学进展，1999，7（5）：14-21.
[11] Wilson S C，Jones K C. Bioremediation of soil contaminated with polynuclear aromatic hydrocarbons（PAHs）：a review[J]. Environmental Pollution，1993，81（3）：229-249.
[12] Mølhave L，Clausen G，Berglund B，et al. Total volatile organic compounds（TVOC） in indoor air quality investigation[J]. Indoor Air，1997，7（4）：225-240.
[13] Toxic Substances and Disease Registry U.S. Public Health Service in Collaboration，U.S. Environmental Protectoin Agency. Toxicological profile for trichloroethylene[M]. Atlanta，GA：US Department of Health & Human Services，2003.
[14] Schumacher T，Odziemkowski M S，Reardon E J，et al. 2nd International Containment Technology Conference，Petersburg，Florida，1997[C]. Florida State University.
[15] 日本环境省环境管理局水环境部．平成 13 年土壤污染调查[EB/OL]. 2002. http://www.env.go.jp/water/report/h16-03/index.html.
[16] 日本环境省环境管理局水环境部．平成 13 年地下水污染事例调查[EB/OL]. 2002. http://www.env.go.jp/water/chikasui/hokoku_h13/osen.pdf.
[17] 章霖之，王荣俊，丁倩．常州某农药生产场地土壤中挥发性有机物污染状况调查[J]．中国环境监测，2012，28（3）：67-71.
[18] 刘利军，党晋华．中国环境科学学会学术年会论文集（2011）[M]．北京：中国环境科学出版社，2011.
[19] 郭观林，王世杰，施烈焰，等．某废弃化工场地 VOC/SVOC 污染土壤健康风险分析[J]．环境科学，2010，31（2）：397-402.
[20] 刘雪松，蔡五田，李胜涛．石油类污染地块土壤与地下水污染调查实例分析[J]．水文地质工程地质，2010，37（4）：121-125.
[21] 张达政，陈鸿汉，李海明，等．浅层地下水卤代烃污染初步研究[J]．中国地质，2002，29（3）：326-329.
[22] 刘明亮．土壤/沉积物对三氯乙烯的吸附行为研究[D]．北京：中国地质大学（北京），2007.
[23] 李金惠，马海斌，夏新，等．有机污染土壤通风去污技术优化设计[J]．城市环境与城市生态，2001，

14（4）：22-24.

[24] USEPA. Best management practices（BMP）for soils treatment technologies[R]. 1997.

[25] Kearl P M，Korte N E，Gleason T A，et al. Vapor extraction experiments with laboratory soil columns：implications for field programs[J]. Waste Management，1991，11（4）：231-239.

[26] Mirta B，Luis P. Influence of the thermal treatment on the physicochemical properties and photocatalytic degradation of 4-chlorophenol in aqueous solutions with tungstophosphoric acid-modified mesoporous titania[J]. Applied Catalysis A-General，2011，405（1-2）：91-94.

[27] 蓝俊康．污染地块修复技术的种类[J]．四川环境，2006，25（3）：90-100.

[28] Lisa L，Johanna A，Stellan M. The behavior of PCDD and PCDF during thermal treatment of waste incineration ash[J]. Chemosphere，2011，8（3）：305-310.

[29] Busto Y，Cabrera X，Tack F M G，et al. Potential of thermal treatment for decontamination of mercury containing wastes from chlor-alkali industry [J]. Journal of Hazardous Materials，2011，168（1）：114-118.

[30] Amin Y P，HU L，Meegoda J N，et al. Centrifuge modeling of in situ surfactant enhanced flushing of diesel contaminated soil[J]. Geotechnical Testing Journal，2011，34（6）：623-633.

[31] Andres N，Francisco M. The use of soil-flushing to remediate metal contamination in a smelting slag dumping area：Column and pilot-scale experiments[J]. Engineering Geology，2011，115（1-2）：16-27.

[32] Wua Q，Marshall W D. Approaches to the remediation of a polychlorinated biphenyl（PCB）contaminated soil–a laboratory study[J]. Journal of Environmental Monitoring，2001，3（3）：281-287.

[33] Grace L P，Chain C T，Liang-Ming W，et al. Bioremediation of petroleum hydrocarbon contaminated soil：Effects of strategies and microbial community shift[J]. International Biodeterioration & Biodegradation，2011，65（8）：1119-1127.

[34] Ramos J，Email S M，Pieter V D，et al. Laboratory research aimed at closing the gaps in microbial bioremediation[J]. Trends in Biotechnology，2011，29（12）：641-647.

[35] Du W D，Wan Y Y，Zhong N N，et al. Status quo of soil petroleum contamination and evolution of bioremediation[J]. Petroleum Science，2011，8（4）：502-514.

[36] Seeger E，Kuschk P，Fazekas H，et al. Bioremediation of benzene-，MTBE-and ammonia-contaminated groundwater with pilot-scale constructed wetlands[J]. Environment Pollution，2011，159（12）：3769-3776.

[37] Williamson J C，Akinola M，Nason M A，et al. Contaminated land clean-up using composted wastes and impacts of VOCs on land[J]. Waste Manage，2009，29（5）：1772-1778.

[38] Chen F Y，Pehkonen S O，Ray M B. Kinetics and mechanisms of UV-photodegradation of chlorinated organics in the gas phase[J]. Water Research，2002，36（17）：4203-4214.

[39] Vorontsov A V，Savinov E N，Barannik G B，et al. Quantitative studies on the heterogeneous gas-phase photooxidation of CO and simple VOCs by air over TiO_2[J]. Catalysis Today，1997，39（3）：207-218.

[40] He L，Sulkes M. Chemical intermediate detection following corona discharge on volatile organic compounds：general method using molecular beam techniques[J]. Journal of Physics D：Applied Physics，2011，44（27）：1-9.

第 2 章

常温解吸工艺特点及现状

大部分 VOC/SVOC 具有相对高的毒性和易迁移性，容易在土壤地下水中迁移扩散，使污染范围加大、修复难度增加，危害居民健康和环境安全[1]。大型场地的土壤和地下水污染相对较重，风险相对较大，治理难度和修复工作量都很大，治理任务很重[2]。此外，在一定条件下，VOC/SVOC 可以形成 NAPLs，成为土壤中新的污染源并长期滞留和赋存。在土地资源紧缺、修复工期要求短、污染土量大的现状下，亟须操作简便、VOC/SVOC 去除率高、修复周期短和成本可接受的土壤修复技术。

常温解吸技术具有操作简单、修复效果明显、修复周期短、修复成本低、适用浓度范围广等特点[3-5]，是符合中国国情的修复技术，特别适合应用于我国挥发性有机污染物造成的污染土壤的修复。常温解吸是一种目前正在成长并适用于挥发性有机污染土壤的高效经济型修复技术，属于异位修复技术。USEPA 的《污染地块修复技术年度报告》（*Treatment Technologies for Site Cleanup：Annual Status Report*）对该技术有所提及，且该技术修复效果较好，工程完成率较高[6]。目前，中国对该技术进行了大量的实验室研究和现场修复中试，并已成功应用于工程实践，取得了很好的修复效果。

2.1 常温解吸原理

常温解吸即利用翻扒污染土壤、强制对流通风等手段，强化土壤中挥发性有机化合物的逸出，并通过污染气体的收集和处理达到修复挥发性有机污染土壤的目的。其具体原理是利用机械力的扰动作用，破坏土壤团聚体结构，将低沸点易挥发类污染物从土壤颗粒间分离；再通过气体交换的方式，对逸出的污染气体进行收集和处理后，达标排放[3, 5, 7]。该工艺先将污染土壤挖出，移至临时密闭大棚内，再用机械堆放成条垛，定时翻动，并在大棚内强制通风，保持负压，促使土壤中挥发性污染物挥发，防止污染气体外溢。当土壤中的污染物浓度达到修复目标浓度时，即为修复终点，停止翻动。从大棚内移出修复后的土壤，该土壤可用于回填。从土壤中挥发出的污染气体（即通过强制通风的手段抽出的污染空气）经集中收集后，用旋风除尘器除尘、三效活性炭吸附，或用焚烧的方法处理达标后排放[4, 5, 8]。常温解吸处理 VOC/SVOC 污染土壤的工艺流程见图 2-1。

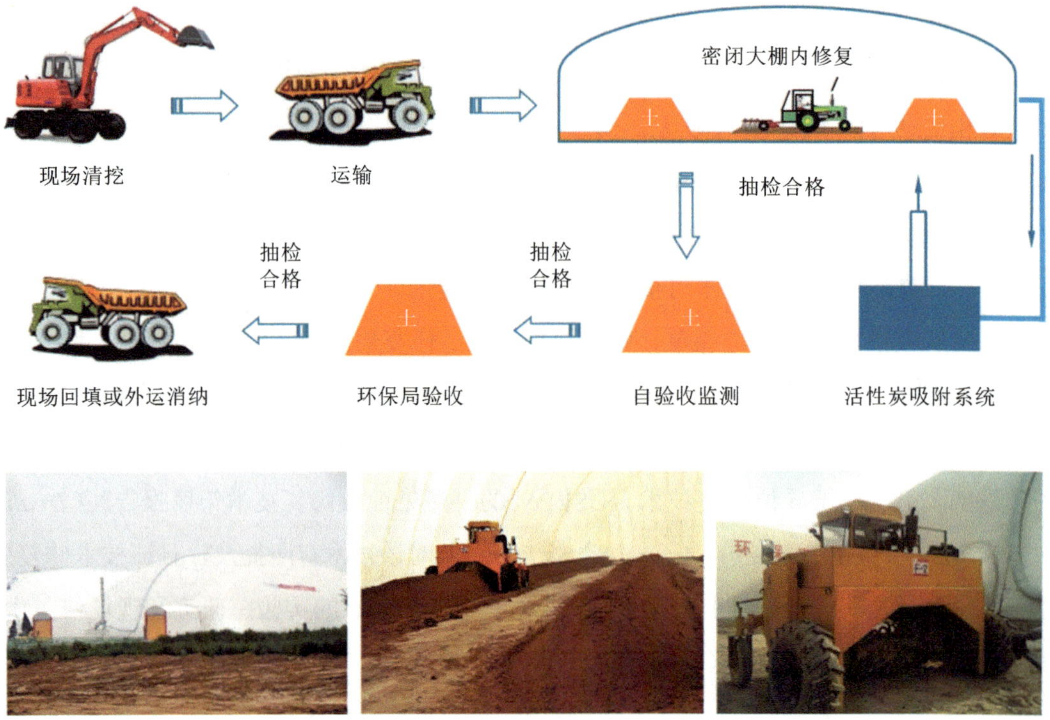

（a）现场修复密闭大棚　（b）翻抛设备　（c）翻抛设备

图 2-1　常温解吸处理 VOC/SVOC 污染土壤的工艺流程

VOC/SVOC 多以气态方式从土壤中逸出，土壤颗粒之间形成的大大小小的孔隙就成了这些气体扩散的通道[9]，而颗粒的组成和大小直接影响土壤中孔隙的大小[10, 11]［图 2-2（a）]。当土壤颗粒中大土粒或团粒较多时，土壤中的孔隙就多且大；当小土粒或团粒占多数时，土壤中的孔隙就相对较小。在土壤这类多孔介质中，土壤颗粒之间的孔隙被土壤气相和土壤水占据，形成大小不一、连通情形不同的通道，气态污染物在通道内迁移，最终从土壤颗粒间挥发出来。在含水率相同的情况下，多孔介质气孔的大小和多少是影响污染物在土壤中扩散特性的重要因素。

土壤颗粒的大小和结构对污染物的迁移会产生较大影响[12]，有机污染物在土壤颗粒中的赋存状态见图 2-2（b）[13, 14]。通常有机污染物是以多种相态存在于土壤颗粒中，气相污染物通常会存在于土壤颗粒的空气孔隙中，通过气相/固相间的分配吸附在土壤颗粒上，通过气相/液相间的分配进入土壤液相中，最终会通过气相输送和蒸气对流等方式进入其他区域；液相和 NAPLs 相污染物会溶解在土壤水中，通过挥发进入土壤空气中，通过蒸气扩散进入孔隙内；同时污染物还会吸附在土壤颗粒表面和内部，以吸附相形式存在。由于土壤颗粒中的孔隙大小和分布不规律，在大孔隙中存在气相、水相或水气共存的流动相；

而较小孔隙由于毛细作用，即使土壤含水量较低，也会被静止的液体占据，溶解在静止土壤水分中的污染物就很难从土壤中挥发出来，导致土壤中残留浓度增大。

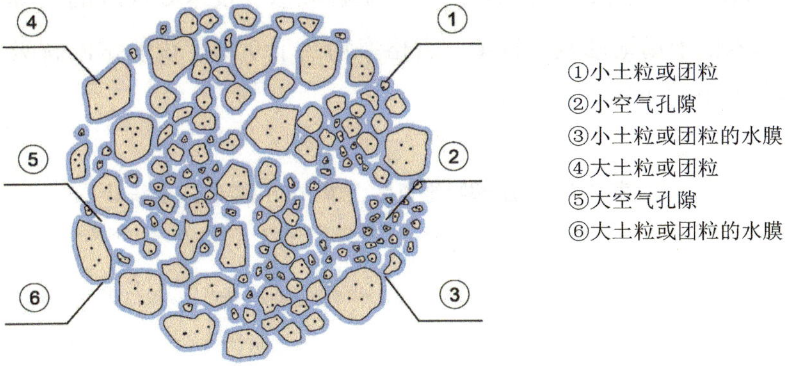

（a）土壤颗粒与孔隙

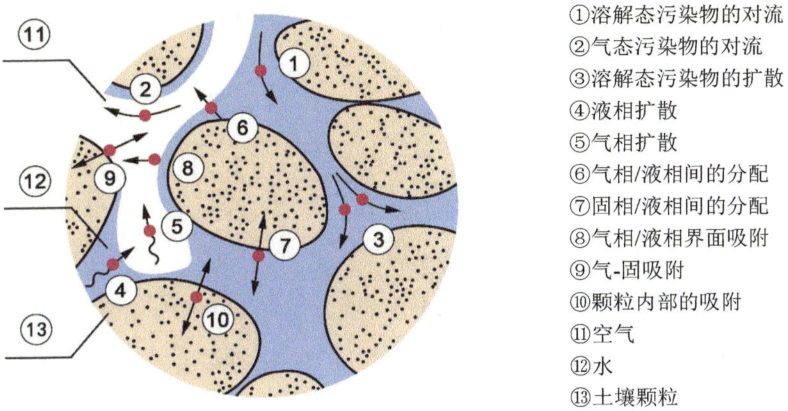

（b）有机污染物在土壤颗粒中的赋存状态

图 2-2　土壤颗粒与孔隙示意图

2.2　常温解吸工艺特点

常温解吸操作简单，对易挥发的污染物处理效果好、成本低廉，更容易满足较快工期的要求，尤其适用于污染面积大、污染物分布广的污染地块，特别适合污染地块修复处于起步阶段的我国使用。另外，机械翻抛土壤也会使处理更加均匀，更好地满足修复验收要求。随着修复设备的国产化以及修复过程管理的不断完善，土壤常温解吸技术已经成为一种高效、快速、经济的挥发性有机污染地块修复技术。

以国内某一大型氯碱化工遗留场地所进行的土壤常温解吸现场修复试验为例，试验处理量为 1 000～1 500 m^3/h，扰动频率为 12 次/d，修复时长为 5～7 d。共采集土壤样品 1 109 个，其中含质控样品 95 个，共处理土壤 507 000 m^3。土壤中污染物的去除效果见表 2-1 和图 2-3 [7, 8, 15]。由表 2-1 和图 2-3 可知，经过常温解吸修复技术处理过的土壤中污染物浓度明显下降，且基本低于场地修复目标值，合格率均高于 90%，说明常温解吸对处理土壤中挥发性污染物具有很好的修复效果[7]。

表 2-1　常温解吸修复后土壤中的污染物浓度统计

污染物	初始质量分数 (a) /（mg/kg）	修复后质量分数 (a) /（mg/kg）	修复目标值/（mg/kg）	平均去除率/%	合格率/%
1,1,2,2-四氯乙烷	0.03	0.025 (b)	1.21	16.67	100
1,1-二氯乙烯	0.34	0.22	29.1	35.29	100
三氯乙烯	0.06	0.025 (b)	5.19	58.33	100
苯	0.06	0.025 (b)	2.4	58.33	100
氯乙烯	0.62	0.25 (b)	0.5	59.68	100
四氯化碳	0.11	0.025 (b)	0.97	77.27	100
四氯乙烯	0.17	0.026	22	84.71	100
氯仿	0.52	0.032	0.82	93.85	100
1,1,2-三氯乙烷	0.41	0.025 (b)	2.8	93.90	100
1,1-二氯乙烷	0.72	0.025 (b)	130	96.53	100
1,2-二氯乙烷	30.59	0.17	0.82	99.44	93.8

注：（a）质量分数平均值（n=3）；（b）低于检出限的质量分数按检出限的一半进行统计。

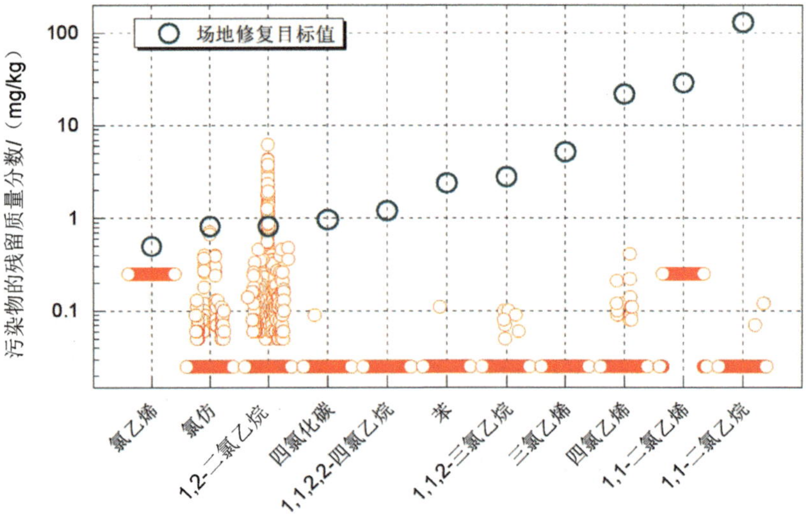

图 2-3　常温解吸处理后土壤中污染物的残留浓度

土壤常温解吸的修复成本大约在 150 元/m^3（不包括土壤清挖和污染土壤运输费用）。成本主要包括密闭大棚的使用费用、尾气处理设备及其运行费用、翻抛设备费用及修复运行费用等。表 2-2 列出了目前几种土壤挥发性有机物污染修复技术在国内的应用比较，通过比较可以看出：土壤常温解吸技术具有较多优势，而且该技术可与其他技术（如热解吸技术等）配合使用，通过技术提升和联用，在解决我国有机物污染地块修复问题方面的发展潜力很大。

表 2-2　中国 VOC/SVOC 污染土壤常用修复技术比较

修复技术	修复周期	修复成本/（元/m^3）	中国工程实践情况
土壤洗脱	3～12 个月	600～3 000	很少
热脱附	几周到几年	350～2 100	较少
化学氧化还原	数周到数月	500～1 500	很少
土壤阻隔填埋	数周到数月	300～800	较少
土壤常温解吸	数天到数月	90～200	较多

但土壤常温解吸技术也存在一些缺点：一是在挖掘过程中，特别是在修复挥发性高的有机污染土壤时，气态有机污染物会不可避免地进入大气环境中，对空气造成二次污染；二是当污染区附近有建筑物时，清挖土壤会对建筑物的结构安全造成隐患；三是不可预见因素包括极端恶劣天气，如连续雨季天气导致处理土壤湿度过高、处理周期大大拉长等；四是异位处理需要土壤挖掘、运输及场地恢复等处理过程，总费用一般要高于原位处理。

2.3　常温解吸应用现状

我国 VOC 污染地块治理修复引起了高度重视。据不完全统计（表 2-3 和图 2-4），土壤常温解吸修复技术适合在我国推广使用，它是一种正在快速推广的 VOC 污染地块修复技术，也是国内 VOC 污染地块常用的修复技术之一[16, 17]。目前，该技术在我国的大部分省（区、市）（如北京、江苏、山东、湖北和辽宁等地）有数个大型工程应用。有 9 个已完成土壤修复的污染地块，修复土方量在 17 474～1 530 000 m^3 不等，最大的 5 个场地修复土方量总和超过 300 万 m^3；这 9 个污染地块在未修复前的工业类型都是化工，土壤常温解吸修复总土方量达 340 万 m^3（包括土壤常温解吸与热脱附联合修复的 110 万 m^3），占到 9 个污染地块修复土方量总和的 75%。北京是我国老工业基地之一，是经济、政治和文化中心[18]。北京搬迁企业和污染地块数量多，场地修复任务繁重，是我国开展场地修复工作最早也是最多的地区[19]。在北京市 5 个 VOC 污染地块土壤修复工程案例中，有 4 个场地是单独采用土壤常温解吸完成的现场修复工作，土壤常温解吸处理土方量所占比例高达89%。但有些污染地块主要污染物不仅仅是VOC，还包括SVOC和重金属，所以采用土壤常温解吸联合其他修复技术来完成修复工作。以江苏某染料厂为例，对VOC/SVOC采用土壤常温解吸、热解吸和化学氧化3种修复技术，土壤常温解吸修复土方量比例达47%。

表2-3 土壤常温解吸修复技术在中国VOC污染地块的应用

省（市）	主要污染物	主要修复技术	修复总土方量/m^3	土壤常温解吸修复土方量/m^3
辽宁（S1）	重金属、PAHs[a]和BTEX[b]	土壤常温解吸、土壤淋洗和化学氧化	279 290	5 721
湖北（S2）	重金属、VOCs（苯胺、苯等）和SVOCs（苯并[*a*]蒽）	土壤常温解吸、固化/稳定化和化学氧化	376 000	57 000
山东（S3）	VOCs（氯仿）、VOCs（六氯苯和六六六）和DDT	土壤常温解吸和水泥窑	17 474	7 863
江苏（S4）	PAHs[a]、BTEX[b]、氯代烃和有机磷农药	土壤常温解吸、热解吸和化学氧化	245 742	116 081
北京（S5）	PAHs[a]和苯	土壤常温解吸和热解吸	1 530 000	1 144 200
北京（S6）	VOCs（1,2-二氯乙烷、氯仿和三氯乙烯等）	土壤常温解吸	57 500	57 500
北京（S7）	VOCs（氯仿、二氯甲烷和苯）	土壤常温解吸	334 000	334 000
北京（S8）	VOCs（1,2-二氯乙烷、氯仿和氯乙烯等）	土壤常温解吸	416 100	416 100
北京（S9）	VOCs（1,2-二氯乙烷、氯仿和苯等）	土壤常温解吸	1 230 000	1 230 000

注：（a）PAHs（polycyclic aromatic hydrocarbons），多环芳烃；（b）BTEX（benzene series），苯系物。

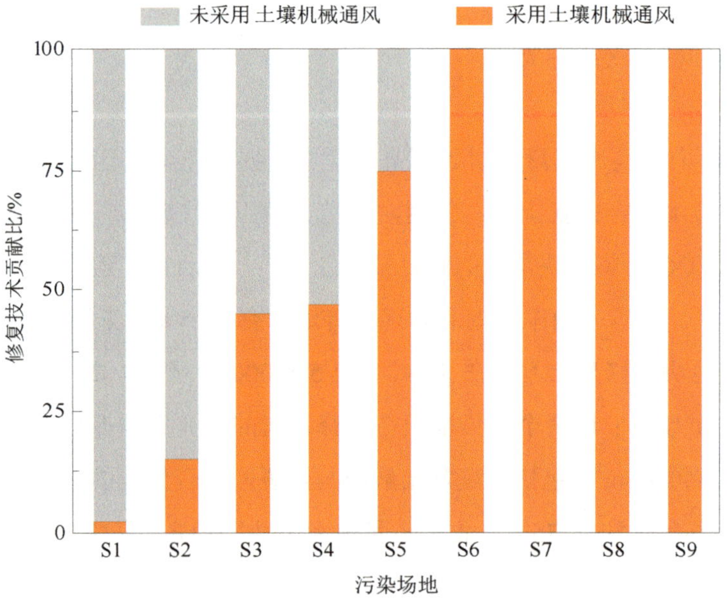

图2-4 VOC土壤修复技术在中国的应用情况

西方国家关于土壤常温解吸应用的报道和科学研究较少，美国超级基金场地修复报告第 16 版指出在 2015—2017 财政年度的 175 份决策文件中仅有 1 份选定常温解吸为补救措施，在 1982—2017 财政年度共采用常温解吸 24 次，占异位修复技术的 1.34%[6]。出现这种情形一方面是因为该技术属于异位修复技术，不仅会带来高额的清挖成本，而且污染土壤在开挖、运输、临时储存、待检堆放等环节增加了污染暴露机会，使产生二次污染的风险加大；另一方面是因为在实际工程中使用土壤常温解吸的场地的有些数据还没有公布。与土壤常温解吸类似的修复技术［如气相抽提和土地耕作（land farming）等修复技术］在西方国家应用较多。土壤气相抽提修复技术是目前世界上用于土壤挥发性污染物修复最常用的技术之一，但该技术有一定的局限性，如对整个场地的地质水文环境非常敏感，只对渗透性较强的不饱和土壤有效，对低渗透率的土壤或层状土壤的处理效果不确定。土地耕作的修复原理与土壤常温解吸接近，土地耕作也是一种地面修复技术，两种修复技术的机械曝气设备类似。土地耕作除了对土壤进行挖掘和扰动，还通过土壤生物修复过程降低污染物的浓度。

参考文献

[1] Wang H J，Thomas F，Wolfgang W，et al. A predictive method for crude oil volatile organic compounds emission from soil：evaporation and diffusion behavior investigation of binary gas mixtures[J]. Environmental Science and Pollution Research International，2015，22（10）：1-9.

[2] Huang B，Chao L，Wei C，et al. Chlorinated volatile organic compounds（Cl-VOCs） in environment — sources，potential human health impacts，and current remediation technologies[J]. Environment International，2014，71（oct.）：118-138.

[3] Ma Y，Du X M，Shi Y，et al. Effect of soil water content on the removal of volatile chlorinated hydrocarbons from soil by mechanical soil aeration[J]. Applied Mechanics & Materials，2015，737：541-548.

[4] Shi Y，Du X，Li H，et al. Effects of soil temperature and agitation on the removal of 1,2-dichloroethane from contaminated soil[J]. Science of the Total Environment，2012，423：185-189.

[5] Ma Y，Du X，Shi Y，et al. Low-concentration tailing and subsequent quicklime-enhanced remediation of volatile chlorinated hydrocarbon-contaminated soils by mechanical soil aeration[J]. Chemosphere，2015，121：117-123.

[6] USEPA. Superfund Remedy Report 16 th Edition[R]. 2020.

[7] Shi Y，Li F S，Du X M，et al. A remediation study of soils contaminated by chlorinated hydrocarbons with mechanical soil aeration[J]. Advanced Materials Research，2014，878：751-759.

[8] 史怡，李发生，徐竹，等．机械通风法处理土壤中氯代烃的修复效果研究[J]．环境科学与技术，2013

（12）：78-83.

[9] Wang Y，Luo C L，Wang S R，et al. Assessment of the air-soil partitioning of polycyclic aromatic hydrocarbons in a paddy field using a modified fugacity sampler[J]. Environmental Science & Technology，2015，49（1）：284-291.

[10] Davie-Martin C L，Hageman K J，Chin Y P，et al. Influence of temperature，relative humidity，and soil properties on the soil-air partitioning of semivolatile pesticides：laboratory measurements and predictive models[J]. Environmental Science & Technology，2015，49（17）：10431-10439.

[11] Bao Z W，Christina H，Uli M，et al. Modeling long-term uptake and re-volatilization of semi-volatile organic compounds（SVOCs）across the soil-atmosphere interface[J]. The Science of the Total Environment，2015，538：789-801.

[12] Schmidt M W I，Torn M S，Abiven S，et al. Persistence of soil organic matter as an ecosystem property[J]. Nature，2011，478（7367）：49-56.

[13] María B，Petra S K，Carmen M. Leachability of volatile fuel compounds from contaminated soils and the effect of plant exudates：A comparison of column and batch leaching tests[J]. Journal of Hazardous Materials，2016，304：481-489.

[14] Rivett M O，Wealthall G P，Dearden R A，et al. Review of unsaturated-zone transport and attenuation of volatile organic compound（VOC）plumes leached from shallow source zones[J]. Journal of Contaminant Hydrology，2011，123（3-4）：130-156.

[15] 史怡．机械通风处理氯代烃污染土壤的工艺参数优化及机理研究[D]．北京：北京科技大学，2014.

[16] Ma Y，Du X M，Shi Y，et al. Engineering practice of mechanical soil aeration for the remediation of volatile organic compound-contaminated sites in China：Advantages and challenges. Frontiers of Environmental Science & Engineering. 2016，10（6）：6.

[17] 马妍．生石灰对机械通风修复挥发性氯代烃污染土壤的强化作用及其机制研究，北京：北京师范大学，2015.

[18] 余勤飞，侯红，吕亮卿，等．工业企业搬迁及其对污染地块管理的启示——以北京和重庆为例[J]．城市发展研究，2010，17（11）：95-100.

[19] 谢辉，胡清，张鹤清，等．中国污染地块修复发展回顾建议与美国经验借鉴[J]．环境影响评价，2015，37（1）：19-23.

第3章

影响常温解吸修复效果的因素

常温解吸的去除原理是通过机械的扰动作用，破坏土壤团聚体结构，将低沸点易挥发类污染物从土壤颗粒间分离。再通过气体交换的方式，对逸出的污染气体进行处理达标后排放。根据这一过程，常温解吸的处理效果可能会受到工艺参数、土壤质地和污染物种类的影响。本研究以常温解吸处理氯代烃污染土壤为例，其修复效果不仅会受到工艺参数的影响，还会受到土壤特性和污染物种类的影响。工艺参数主要包括扰动间隔、温度和通风条件等；土壤特性主要包括土壤的含水率、土壤种类、颗粒组成和有机质含量等。

本章供试土壤为人工配制的污染土壤，选自实际污染地块的非污染区，采集深度为 3.0～9.0 m。所研究污染地块的典型土壤类型包括粉土、黏土和砂土，大部分土壤中均存在严重的氯代烃类污染，适宜使用常温解吸对其进行土壤修复。供试土壤经自然风干后，研磨、过 10 目筛后备用。供试土壤的主要理化性质见表 3-1，颗粒分布见图 3-1。

表 3-1　条件优化试验供试土壤的理化性质

指标名称	单位	粉土	黏土	砂土
pH	—	8.70	8.47	9.09
平均含水率	%	24.3	21.3	16.1
密度	g/cm^3	2.02	1.89	1.99
比重	—	2.70	2.71	2.68
孔隙度	%	0.66	0.74	0.56
液限	%	29.9	28.5	—
塑限	%	21.3	17.3	—
有机质含量	%	2.4	3.0	1.4
比表面积	m^2/g	15.83	22.21	1.23

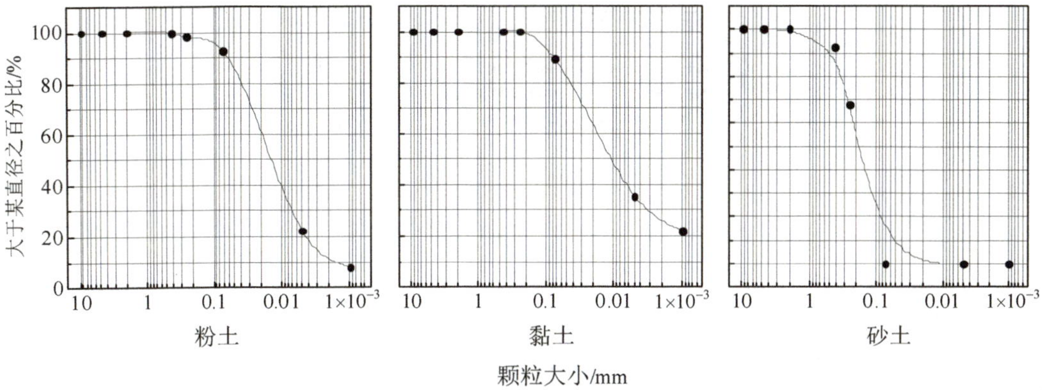

图 3-1　条件优化试验供试土壤的颗粒分布

本章主要关注某氯碱化工行业遗留场地中的主要污染物，土壤中主要有机物类污染物的理化性质和毒性见表 3-2。

表 3-2 土壤中主要有机物类污染物的理化性质和毒性

污染物名称	相对密度（相对于水）	熔点/℃	沸点/℃	蒸气压（20℃）/kPa	分子量
1,2-二氯乙烷	1.26	35.3	83.5	25.59	98.97
三氯乙烯	1.46	−87.1	87.1	32.69	131.39
四氯乙烯	1.63	−22.2	121.2	18.49	165.82
氯仿	1.50	−63.5	61.2	46.67	119.39

3.1 常温解吸工艺参数的优化

常温解吸是利用翻扒污染土壤、强制对流通风等手段，强化土壤中挥发性有机化合物的逸出，并通过污染气体的收集和处理达到修复挥发性有机污染土壤的目的。该方法应用时会受到很多运行工艺参数的影响，主要包括扰动间隔、温度和通风条件等。为了解这些因素对该方法去除土壤中挥发性污染物的影响，同时为了使研究更贴近修复实例，本研究选用实际污染地块内的粉质土壤，采用实验室模拟的方式（模拟设备见图 3-2），对常温解吸的运行条件进行考察，并对主要的工艺参数进行优化设计，为该方法在现场的广泛应用提供技术参数和理论支持。

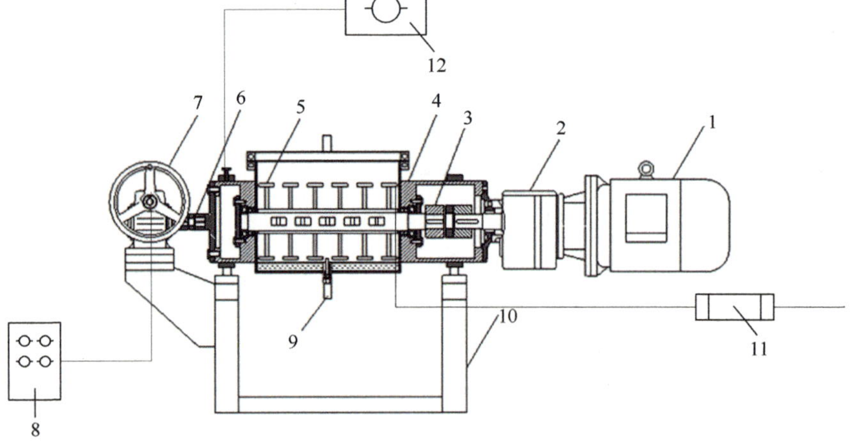

1. 电机；2. 减速器；3. 第二联轴器；4. 反应釜体；5. 搅拌刀组；6. 第二联轴器；7. 手柄；8. 自控箱；9. PT100 温度传感器；10. 支架；11. 尾气处理部分；12. 恒温箱

图 3-2 常温解吸实验室模拟设备示意图

各部分具体功能如下。

设备主体：包括电机、反应釜、盖子、犁刀组和支架等，是土壤处理的主要部分。电机连接 380 V 工业用电；反应釜由 4 mm 厚的不锈钢制成，设计容量为 15 L，在反应釜上方设有进气口和出气口，进气口通过硅胶管与气泵和流量计相连，出气口通过特氟龙管连接三通，一路连接便携式气相色谱仪进行气体浓度在线监测，另一路连接尾气处理部分；盖子上方留有两个取样口，方便取样，通过 4 个卡扣与反应釜连接，内有密封条，以保证反应釜的气密性；犁刀组由 22 个犁刀组成，刀片一侧做斜切设计，以加强对黏性土壤的剪切作用。

温度调节部分：主要功能是控制设备主体内胆的温度，具有加热和制冷的功能，通过进水管和出水管与设备主体相连，循环控温。设备可调节温度范围在 0～100℃，试验所需温度范围为 5～50℃，选用水做介质即可。设备型号为上海方瑞仪器有限公司 DC-0515 系列低温恒温槽。通过设备的试运行，确认该环境温度能够反映反应主体内土壤的温度。

自动控制部分：主要功能是对设备的主要技术参数进行控制和调节，可调节的参数包括转速范围为 0～300 r/min，自动或手动设定；搅拌时间为 0～99 s，搅拌间隔为 0～99 h，具体调节和编程方法见 3.1.2 小节中所述。

尾气处理部分：为自制活性炭吸附装置，内置活性炭包，尾气经活性炭吸附处理后检测合格排放。

设备运行时，首先，连接气泵、流量计和各进出口部分，启动电源，并按照设定条件编制程序；然后，打开气泵和控温装置，待温度达到设定温度后，将含有挥发性有机污染物的土壤置于内胆内，通过反应釜上方四周的卡扣固定反应釜盖子，启动电源；反应釜内的土壤通过搅拌刀的搅拌和切割作用，被打碎并混合，促使土壤中的污染物挥发出来，进入反应釜上层空间内，再通过胆内空气的交换作用将其排出设备主体外。另外，试验过程中需要控制转速、搅拌时间、搅拌间隔、胆内土壤的温度，并按时间间隔采集土壤和气体样品以进行分析。

整套模拟装置配有一套自动控制系统，主变频箱使用 LP-A 2000 系列矢量变频器，可用来控制设备主体的犁刀转速、运行时间和间隔。

变频器设计主机最高功率为 50 Hz，对应转速为 1 440 r/min，减速机系数为 4.39，相对应实际犁刀转速为 328 r/min。根据此对应关系，在试验过程中设计的犁刀转速为 200 r/min，功率为 30.49 Hz，通过辅助运行参数组 F2 中的 F2.28-F2.35“多段速频率”进行调节。模拟试验中主要参数程序代码见表 3-3。

表 3-3 模拟试验中主要参数程序代码

参数名称	参数设置	程序编码	数值
轴转速	200 r/min	F2.28	30.49
混合时间	10 s	F7.01	10
扰动间隔	2 h	F7.02	6 000
		F7.03	1 200
	4 h	F7.02	6 000
		F7.03	6 000
		F7.04	2 400
	6 h	F7.02	6 000
		F7.03	6 000
		F7.04	6 000
		F7.05	3 600

注：其他设置为缺省值。

3.1.1 通风条件对土壤中 VOC 去除的影响

在使用常温解吸去除土壤中氯代烃污染物的过程中，挥发性气体通过物理扰动被动挥发出来，扩散到模拟设备的上层空间内，需要通过气体交换排出。通风过程中可以用干净的气体置换出反应釜体内的挥发性污染气体，带走通过分子扩散滞留在土壤表面上的污染气体，使气-固界面上的气体污染物浓度迅速降低，与土壤中的气态污染物形成浓度差，促进土壤中污染物向低浓度空间挥发。Thornton 等[1]认为 SVE 方法在处理汽油污染土壤时，土壤通风速率与去除量成正比，但这种通风速率存在最佳值，通风速率过大时提高去除效率的效果不明显[2]。

为了解常温解吸在不同通风条件下处理挥发性氯代烃污染土壤的效果，本研究选用人工配制土壤，利用模拟装置设置不同的通风量（0 L/min、1 L/min、3 L/min 和 5 L/min）进行单因素试验，试验环境温度为常温（20℃）；为缩短试验周期，扰动间隔采用 2 h，供试土壤为人工配制污染土壤。

通风条件单因素试验参数见表 3-4。在试验过程中分阶段采集土壤样品，并对挥发出的气体进行实时监测和分析，从土壤中污染物浓度和气态污染物浓度的角度，对不同通风量条件下挥发性污染物从土壤中的脱附行为进行研究，并确定较优的通风参数。

表 3-4　通风条件单因素试验参数

参数名称	参数设置	程序编码	程序代码
轴转速	200 r/min	F2.28	30.49
混合时间	10 s	F7.01	10
扰动间隔	2 h	F7.02	6 000
		F7.03	1 200
环境温度	20℃	—	—
通风量	0 L/min	—	—
	1 L/min	—	—
	3 L/min	—	—
	5 L/min	—	—

试验中不同通风条件下土壤中各污染物的去除效果见表 3-5。

表 3-5　不同通风条件下土壤中各污染物的去除效果

污染物名称	通风量/（L/min）	初始质量分数/（mg/kg）	试验后质量分数/（mg/kg）	去除率/%
1,2-二氯乙烷	0	851	71.9	91.56
	1	847	4.0	99.53
	3	889	0.22	99.98
	5	866	0.13	99.98
三氯乙烯	0	864	42.0	95.14
	1	850	1.44	99.83
	3	868	0.74	99.91
	5	864	0.32	99.96
氯仿	0	738	56.4	92.36
	1	739	2.22	99.70
	3	720	1.08	99.85
	5	738	0.29	99.96
四氯乙烯	0	692	22.6	96.73
	1	682	1.68	99.75
	3	642	0.43	99.93
	5	692	0.06	99.99

土壤中1,2-二氯乙烷、三氯乙烯、氯仿和四氯乙烯4种污染物的质量分数分别从试验开始时的851 mg/kg、864 mg/kg、738 mg/kg和692 mg/kg，下降到试验结束时的72 mg/kg、42 mg/kg、57 mg/kg和23 mg/kg以下，去除率分别大于91%、95%、92%和96%。并且试验后土壤中污染物浓度随着通风量的增大而减小，各通风条件下污染物的去除率均可达99%以上，但差异不大。

不同通风量条件下土壤中污染物挥发速率变化见图3-3。

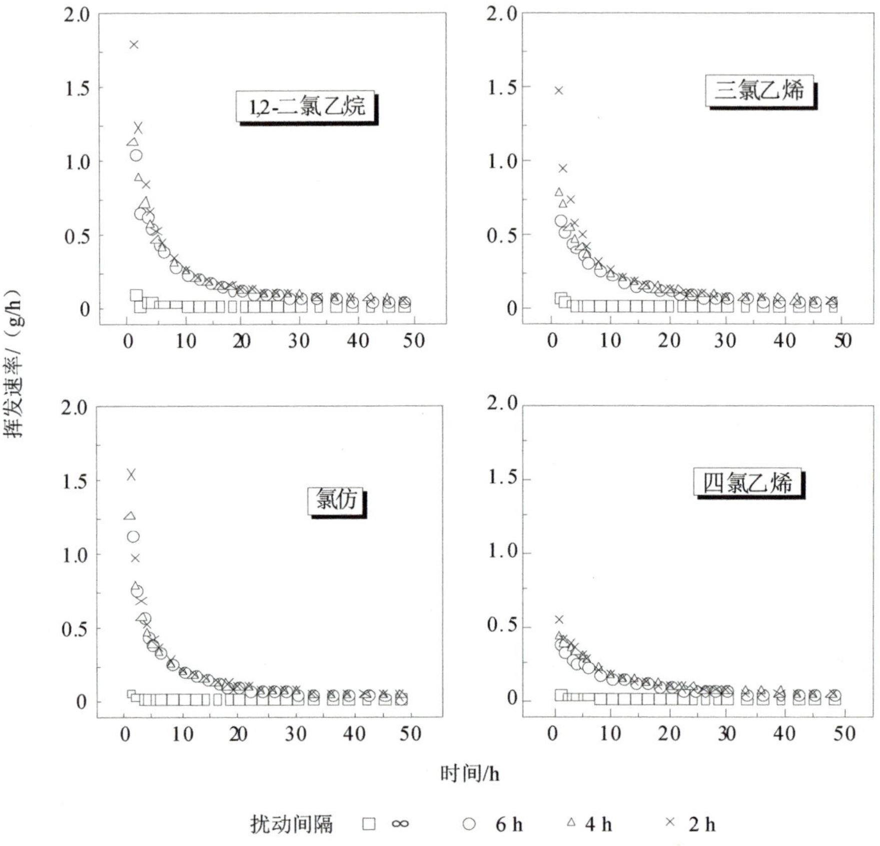

图3-3 不同通风条件下各污染物的挥发速率

在通风量为0 L/min、1 L/min、3 L/min和5 L/min的试验条件下，1,2-二氯乙烷的平均挥发速率分别为0.24 g/h、0.32 g/h、0.34 g/h和0.34 g/h，三氯乙烯的平均挥发速率分别为0.22 g/h、0.33 g/h、0.34 g/h和0.34 g/h，氯仿的平均挥发速率分别为0.19 g/h、0.27 g/h、0.28 g/h和0.29 g/h，四氯乙烯的平均挥发速率分别为0.17 g/h、0.23 g/h、0.24 g/h和0.26 g/h。随着通风量的增大，各污染物挥发速率增加；与对照组相比，通风可以明显加快土壤中污染物的挥发速率，但不同通风量之间的差异较小。在各通风条件下，试验初期挥发速率相对较大，而后逐渐减小，在约 20 h 内挥发速率基本达到平衡。初期 1,2-二氯乙烷的挥发速率分别是试验结束时的 20.1 倍、36.5 倍、37.6 倍和 39.3 倍，初期三氯乙烯的挥发速率分别是试验结束时的 16.0 倍、38.8 倍、39.6 倍和 42.0 倍，初期氯仿的挥发速率分别是试验结束时的 15.3 倍、36.4 倍、40.9 倍和 44.3 倍，初期四氯乙烯的挥发速率分别是试验结束时的 12.1 倍、30.1 倍、38.2 倍和 41.2 倍。

一方面，在不同的通风条件下各污染物挥发速率表现出相同的规律。在试验初期（0～5 h），通风量为 0 L/min 时的挥发速率明显低于其他组别，但不同通风量之间的挥发速率差异较小。主要原因是在通风条件下，污染物从土壤颗粒间挥发出来，穿过滞留的空气边界层到达湍流层，迅速离开；通风量增大，增强了气流的挟带作用，使土壤表面的空气边界层变薄，增大了污染物边界层浓度梯度，提高了污染物的扩散能力，挥发速率增大；但通风量增大，土壤表面有机分子的动能不变，土壤表面的挥发和扩散很快就达成平衡，所以当通风量从 1 L/min 提高到 5 L/min 时，挥发速率基本没有多大变化。

另一方面，污染物的挥发速率随时间延长而逐渐降低，且污染物初期挥发速率较大，在经过一段时间后（约 20 h），挥发速率基本保持不变，达到挥发平衡。主要原因是初始阶段，污染物存在于土壤表面，下渗速率较慢，挥发速率快，但随着时间的延长，污染物在土壤颗粒之间很快达到平衡，土壤中污染物浓度降低到较低的水平，随时间变化较小，解吸过程较为缓慢，污染物以残留形态存在于土壤中，表现出明显的拖尾现象，细小的土壤孔隙对挥发扩散通道起到一定的阻滞作用，挥发速率减缓。为了解不同通风量在处理过程中的差异，在研究中选择 5 个不同时刻土壤中污染物浓度进行比较，结果见图 3-4。由图可知，在试验开始后的 1 h、8 h、24 h、30 h 和 48 h 五个时间点，通风量为 0 L/min 时的土壤中污染物浓度明显高于其他试验组，且从 8 h 开始，浓度基本保持在同一水平；而在其他通风量下，土壤中污染物浓度在整个试验过程中均表现出下降趋势，说明通风可以明显降低土壤中挥发性污染物浓度，是常温解吸的重要参数之一。在试验开始后的第 1 小时，除了通风量为 0 L/min 时，其余各组污染物浓度基本相同，但在后 4 个时间点，通风量越大，同时刻土壤中污染物浓度越小；当通风量为 3 L/min 和 5 L/min 时，土壤中污染物浓度在 24 h 后降低到较低的水平。

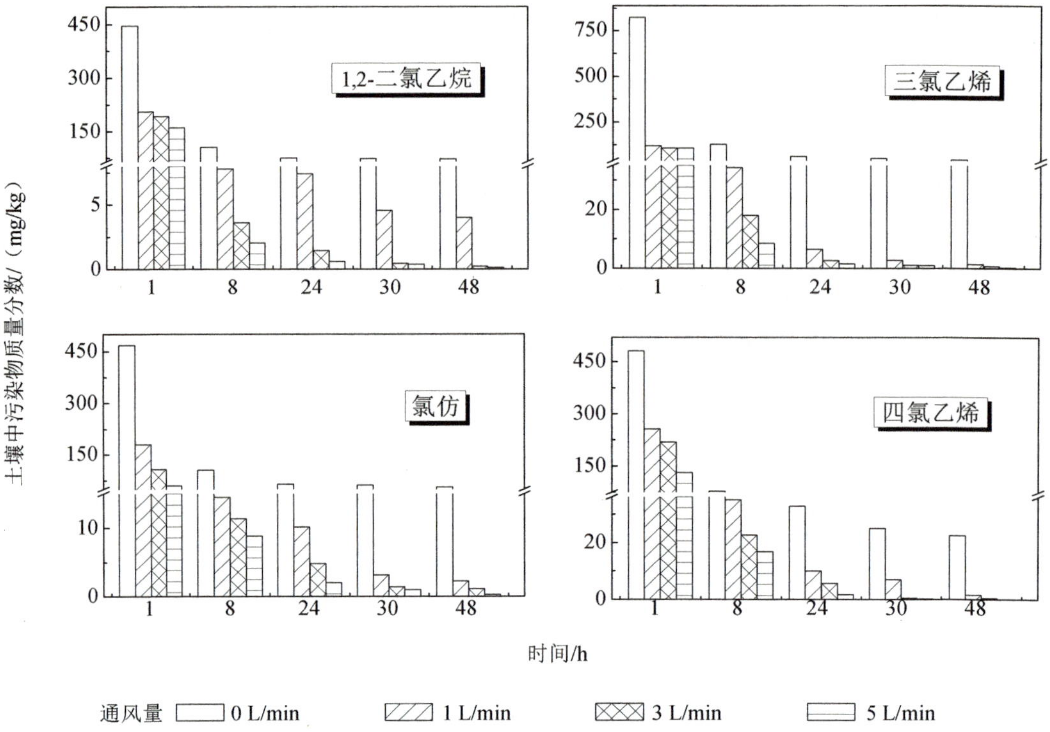

图 3-4　相同时刻不同通风量条件下土壤中污染物浓度

出现上述结果主要是因为扰动使土壤中气态污染物大量挥发，在密闭环境下，气态污染物快速聚集在釜体上方，挥发出来的气体在土壤颗粒与周围环境之间逐渐达到平衡。当通风量为 0 L/min 时，污染物不能被置换到反应釜体外，土壤中气态污染物的挥发受到抑制，当达到气-固平衡时，气体浓度较高。当釜体内有气体流动时，一方面，污染物被洁净的空气置换出釜体，在土壤表面形成浓度差，促进土壤中气态污染物不断挥发，同时刻气体浓度明显偏低；另一方面，随着通风量的增大，即单位时间内釜体内的换风次数增加，污染气体的置换加快了，故在同一时刻的污染物浓度随着通风量的增加而减小。在试验后期，当通风量不为 0 L/min 时，随着土壤中大量气态污染物的不断挥发，污染物主要溶解在土壤水分中或以纯物质形态残留在土壤颗粒之间，仅以通风方式并不能显著去除。

当常温解吸处理氯代烃污染土壤进入拖尾阶段时，土壤中的污染物浓度相对较低，解吸速度缓慢[3-7]，气固传质过程趋于平衡，从土壤中挥发出来的气体量基本保持不变。在试验后期，当气态污染物浓度降低到较低水平且变化不大时，认为进入修复过程的拖尾阶段。不同通风条件下气态污染物浓度变化情况见图 3-5。

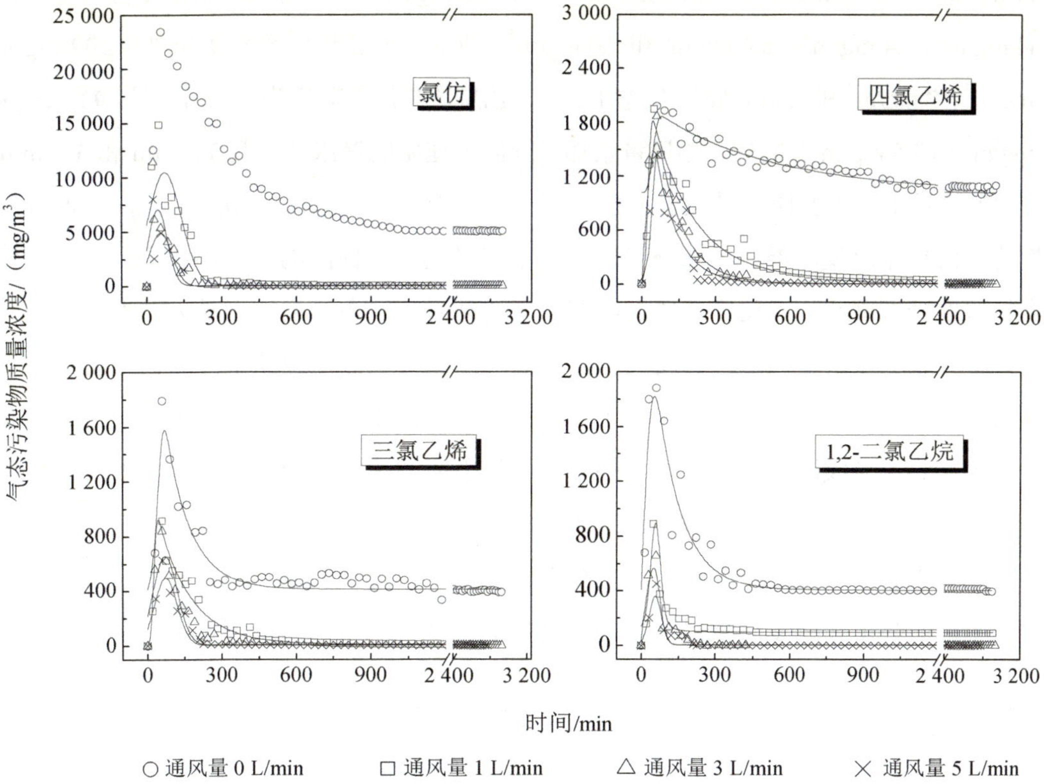

图 3-5 不同通风条件下气态污染物变化情况

由图 3-5 可知，各试验组 4 种污染物气体质量浓度在 1 h 内迅速升高，在约 1 h（第一次扰动结束后）达到峰值，随后均出现不同程度的下降；通风量为 0 L/min 时，各时刻污染物质量浓度均明显高于其他组别，且下降趋势较缓，各污染物基本在 24 h 内表现出质量浓度变化不大的特点，即拖尾现象出现。

一方面，反应釜内的气体交换次数越多，气态污染物质量浓度下降得越快，拖尾现象出现的时间越早。在 0 L/min、1 L/min、3 L/min 和 5 L/min 的试验条件下，氯仿出现拖尾现象的时间分别为 1 037 min、232 min、196 min 和 174 min；四氯乙烯出现拖尾现象的时间分别为 1 033 min、232 min、216 min 和 211 min；三氯乙烯出现拖尾现象的时间分别为 1 363 min、544 min、216 min 和 211 min；1,2-二氯乙烷出现拖尾现象的时间分别为 582 min、466 min、268 min 和 225 min。即通风量增加，能够明显缩短拖尾现象出现的时间，但 3 L/min 和 5 L/min 条件下的差异不大。

另一方面，反应釜内的气体交换次数越多，试验结束时的气态污染物质量浓度越低。在 0 L/min、1 L/min、3 L/min 和 5 L/min 的试验条件下，48 h 后气态氯仿质量浓度分别为

5 011 mg/m^3、10.83 mg/m^3、10.83 mg/m^3 和 10.83 mg/m^3，气态四氯乙烯质量浓度分别为 1 044 mg/m^3、24 mg/m^3、6.4 mg/m^3 和 3.6 mg/m^3，气态三氯乙烯质量浓度分别为 392 mg/m^3、5.4 mg/m^3、2 mg/m^3 和 1.3 mg/m^3，气态 1,2-二氯乙烷质量浓度分别为 397 mg/m^3、93.5 mg/m^3、3.5 mg/m^3 和 3.5 mg/m^3。同样，通风量增加，降低了拖尾质量浓度，但 3 L/min 和 5 L/min 条件下的差异较小。主要原因是经机械扰动后，土壤中大量气态污染物逸出，而后通过气体交换的形式被排出反应釜体，部分气体可能会在采集土壤样品的过程中损失；随后，气态污染物浓度慢慢减小。当反应釜体内没有空气流动时，气态污染物容易大量聚集在反应釜体内；而气体交换次数增加时，反应釜体内的气态污染物被洁净的空气置换，表现为当通风量为 0 L/min 时，各时刻气态污染物浓度普遍偏高；通风量增大，会迅速带走固体表面的气态污染物，形成固体中的气体与外界的气体之间的浓度差异，促进土壤中挥发性组分的逸出。但通风量并不是越大越好，当通风量达到某一数值时，会在固体表面产生一定的压力，反而抑制了土壤中挥发性组分的挥发，表现为当通风量从 3 L/min 加大到 5 L/min 时，并不能明显缩短修复土壤过程中拖尾现象的出现时间或降低拖尾浓度。

3.1.2 扰动间隔对土壤中 VOC 去除的影响

扰动间隔即土壤两次机械扰动的间隔时间。机械扰动破坏了土壤颗粒之间的团聚作用，将大的土壤颗粒打散，增加了土壤中污染物与外界气体的接触面积，扩大了土壤颗粒间的气体扩散通道，提高了土壤的气体渗透率，有利于土壤间污染物的挥发。大量污染土壤清运至修复大棚后，由翻抛机来回往复对土壤进行机械扰动，扰动间隔以小时计算。扰动间隔减小，加快了机械作用对土壤团聚体的破坏，增加了土壤中污染物与气体的交换频率。但扰动间隔并不是越小越好。宋小毛在针对气相抽提法处理三氯乙烯和 1,1,1-三氯甲烷的研究中发现，间歇通风有助于提高土壤中污染物的去除效率；同时，对间歇抽提系统关闭时刻的选择也非常重要，如果选择刚进入拖尾阶段的时刻，将对修复有显著提高[8]。Kaleris 等也认为，系统关闭一段时间后，会让污染物在土壤基质中重新分配，这对污染物的去除有促进作用，间歇抽提相对于连续抽提更为经济并且可以提高单位能耗下的去除效率[9]。我国也有相类似的工程应用实例[10, 11]。

在本节中，选用污染地块内实际污染土壤，采用非连续性扰动方式，扰动间隔分别为 6 h、4 h 和 2 h，从污染物的去除效果、去除效率和能耗角度对试验结果进行评估。

为考察常温解吸在不同扰动间隔条件下处理挥发性氯代烃污染土壤的处理效果，本研究选取扰动间隔分别为 6 h、4 h 和 2 h 进行单因素试验。供试土壤取自污染地块 3.0～3.5 m 非污染区域，人工配制污染土壤备用。扰动间隔单因素试验参数见表 3-6。

表 3-6　扰动间隔单因素试验参数

参数名称	参数设置	程序编码	数值
轴转速	200 r/min	F2.28	30.49
混合时间	10 s	F7.01	10
扰动间隔	2 h	F7.02	6 000
		F7.03	1 200
	4 h	F7.02	6 000
		F7.03	6 000
		F7.04	2 400
	6 h	F7.02	6 000
		F7.03	6 000
		F7.04	6 000
		F7.05	3 600
环境温度	20℃	—	—
通风量	1 L/min	—	—

本试验各处理组对各污染物的去除效果见表 3-7。

表 3-7　不同扰动间隔下土壤中各污染物的去除效果

污染物名称	扰动间隔/h	初始质量分数/（mg/kg）	试验后质量分数/（mg/kg）	检出限/（mg/kg）	去除率/%
1,2-二氯乙烷	∞	821	451	0.05	45.07
	6	848	7.10		99.16
	4	865	4.11		99.52
	2	896	4.05		99.55
三氯乙烯	∞	829	462	0.05	44.70
	6	834	5.43		99.35
	4	845	3.53		99.58
	2	886	1.41		99.84
氯仿	∞	743	324	0.05	56.34
	6	749	5.76		99.23
	4	726	3.12		99.57
	2	789	2.43		99.69
四氯乙烯	∞	659	298	0.05	54.80
	6	639	5.34		99.16
	4	667	2.32		99.65
	2	642	1.73		99.73

注：根据环境统计规定，检出限以下的浓度在统计时按检出限一半值表示，并以 Y 标记；∞为对照组，表示污染土壤不进行扰动。

由表可知，与对照组（扰动间隔为∞）土壤中的污染物相比，经扰动处理过的土壤中污染物浓度明显下降，在扰动间隔为 6 h、4 h 和 2 h 条件下，1,2-二氯乙烷浓度从开始时的（870±24.3）mg/kg 分别下降到试验后的 7.10 mg/kg、4.11 mg/kg 和 4.05 mg/kg，远远低于对照组的 451 mg/kg；三氯乙烯浓度从开始时的（855±27.4）mg/kg 分别下降到试验后的 5.43 mg/kg、3.53 mg/kg 和 1.41 mg/kg，远远低于对照组的 462 mg/kg；氯仿浓度从开始时的（755±31.9）mg/kg 分别下降到试验后的 5.76 mg/kg、3.12 mg/kg 和 2.43 mg/kg，远远低于对照组的 324 mg/kg；四氯乙烯浓度从开始时的（649±15.4）mg/kg 分别下降到试验后的 5.34 mg/kg、2.32 mg/kg 和 1.73 mg/kg，远远低于对照组的 298 mg/kg。去除率方面也有相同的结论，即随着扰动间隔缩短，去除率提高，4 种污染物在扰动处理组的去除率均远远高于对照组，扰动组的污染物去除率均大于 99%，对照组的污染物去除率较低；1,2-二氯乙烷、三氯乙烯、氯仿和四氯乙烯在不扰动的条件下，去除率分别仅为 45.12%、44.28%、56.34%和 47.04%。这说明，对于挥发性污染物污染的土壤，机械扰动破坏了土壤颗粒的团聚结构，能够促进污染物的传质过程，增大气-固交换界面及土壤中气态污染物的扩散通道，提高土壤中污染物的挥发量，提高去除效率。

不同扰动间隔条件下，土壤中污染物的挥发速率见图 3-6。在扰动间隔为∞、6 h、4 h 和 2 h 的试验条件下，1,2-二氯乙烷的平均挥发速率分别为 0.04 g/h、0.25 g/h、0.27 g/h 和 0.33 g/h，三氯乙烯的平均挥发速率分别为 0.03 g/h、0.20 g/h、0.23 g/h 和 0.29 g/h，氯仿的平均挥发速率分别为 0.03 g/h、0.23 g/h、0.24 g/h 和 0.28 g/h，四氯乙烯的平均挥发速率分别为 0.03 g/h、0.13 g/h、0.16 g/h 和 0.16 g/h。随着扰动间隔缩短，各污染物的平均挥发速率略有增加，与不扰动的土壤中污染物浓度相比，扰动可以明显提高土壤中污染物的挥发速率，且随着扰动间隔的缩小，污染物的挥发速率增大。在各试验条件下，试验初期挥发速率相对较大，而后逐渐减小，在约 20 h 内挥发速率基本达到平衡。初期 1,2-二氯乙烷的挥发速率分别是试验结束时的 4.8 倍、19.9 倍、20.7 倍和 32.1 倍，初期三氯乙烯的挥发速率分别是试验结束时的 3.5 倍、11.6 倍、14.8 倍和 26.6 倍，初期氯仿的挥发速率分别是试验结束时的 2.9 倍、24.8 倍、28.1 倍和 31.5 倍，初期四氯乙烯的挥发速率分别是试验结束时的 1.9 倍、4.2 倍、10.3 倍和 13.6 倍。

由图可知，对照组在挥发速率方面表现出与其他试验组完全不同的规律，挥发速率在整个试验过程中基本保持不变，且维持在较低的水平，而其他不同扰动间隔条件下各污染物挥发速率表现出相同的规律，即在试验初期（0～15 h），随着扰动间隔缩短，土壤中污染物的挥发速率增加。主要原因是扰动改变了土壤的紧实度、孔隙度和通气状态，从而使不同扰动间隔条件下土壤中污染物的挥发过程表现出不同的规律。一方面，扰动可以使土壤变得疏松，增加土壤的总孔隙度[12, 13]；另一方面，扰动使孔径分布发生了变化，使大孔径比例增加，增加了通气孔隙比例[14, 15]。

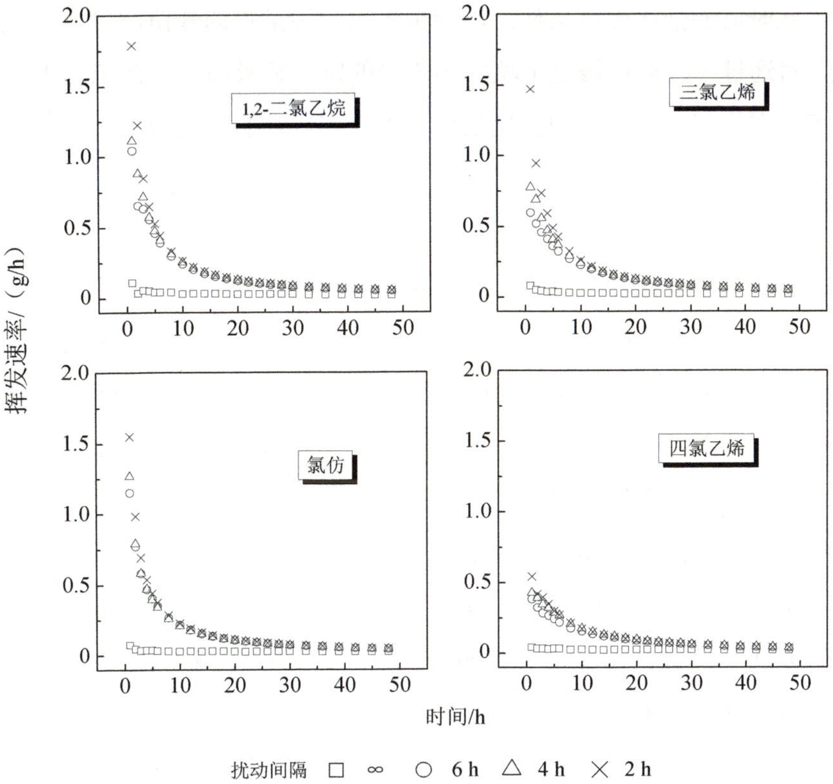

图 3-6　不同扰动间隔条件下各污染物的挥发速率

在修复前期（15 h 内），污染物浓度快速下降，扰动间隔的缩短对提高土壤中污染物的挥发速率有明显影响，即扰动间隔越小，污染物浓度下降得越快，也越快地进入拖尾阶段，但在后期（15～48 h），由于存在拖尾现象，扰动间隔的影响效果并不明显。

对常温解吸而言，污染物从土壤中被去除的过程实际上就是污染物从土壤中经机械扰动脱附的过程，在扰动过程中，土壤中不同相的污染物之间是一个动态平衡的过程。在试验初期，土壤中的污染物浓度较高，有机污染物与土壤的结合主要以吸附作用为主。这主要是基于范德华力的纯物理作用或电性吸持作用，作用力较弱[16]，吸附的程度取决于土壤和化合物的特性，包括土壤形状、表面构成、化合物分子结构、化学官能团种类、极性、电荷分配以及污染物的酸碱性等[17]。此时，污染物多以气态形式集中在土壤颗粒间的大孔隙中，扰动过程增加了土壤颗粒与空气的接触面积及土壤中污染气体的扩散通道，加速了附着于土壤颗粒上挥发性污染物的挥发，土壤中自由态的污染物迅速逸出。但当污染物浓度较低时，污染物多以残留态存在于土壤孔隙与土壤颗粒间，有机污染物与土壤组分之间以化学键形式结合，常形成稳定的结合物，进而导致有机污染物在土壤中持留[18]。快速的扰动使不同相之间很难达到平衡，污染物进入气相速率放缓，影响了有机污染物在土壤中的迁移和挥发，此时需要强化操作条件，以减少土壤中污染物的残留浓度。

由此可见，对通过挥发原理修复土壤中污染物的常温解吸而言，在工艺上，修复初期需增加扰动频度，在修复后期需增加强化措施，以达到较好的修复效果。

3.1.3 温度对土壤中 VOC 去除的影响

常温解吸去除土壤中挥发性有机物的过程实际是污染物从土壤中脱附的过程，这一过程受温度的影响较大。为了了解常温解吸在不同季节条件下处理挥发性氯代烃污染土壤的效果，本研究选用人工配制污染土壤，利用模拟装置设置不同的环境温度，模拟常温解吸在不同季节的修复过程，了解修复效果，并尝试从动力学和热力学角度对挥发性污染物从土壤中的脱附行为进行初步机理研究。

污染地块所属区域气候条件属于北温带季风气候，四季分明，夏季高温多雨，冬季寒冷干燥，春、秋季相对较短。支撑膜结构有一定的保温作用，与外界环境温度相比较高，最低温度为（5±0.4）℃，最高温度为（42±0.7）℃。为考察常温解吸在不同季节处理挥发性氯代烃污染土壤的处理效果，同时考虑工作人员在修复大棚中的可操作性，本研究选取的环境温度分别为 5℃、10℃、20℃、30℃和 40℃，进行单因素试验，供试土壤为人工配制污染土壤。温度条件单因素试验参数见表 3-8。

表 3-8 温度条件单因素试验参数

<table>
<tr><th>参数名称</th><th>参数设置</th><th>程序编码</th><th>数值</th></tr>
<tr><td>轴转速</td><td>200 r/min</td><td>F2.28</td><td>30.49</td></tr>
<tr><td>混合时间</td><td>10 s</td><td>F7.01</td><td>10</td></tr>
<tr><td rowspan="2">扰动间隔</td><td rowspan="2">2 h</td><td>F7.02</td><td>6 000</td></tr>
<tr><td>F7.03</td><td>1 200</td></tr>
<tr><td rowspan="5">环境温度</td><td>5℃</td><td>—</td><td>—</td></tr>
<tr><td>10℃</td><td>—</td><td>—</td></tr>
<tr><td>20℃</td><td>—</td><td>—</td></tr>
<tr><td>30℃</td><td>—</td><td>—</td></tr>
<tr><td>40℃</td><td>—</td><td>—</td></tr>
<tr><td>通风量</td><td>3 L/min</td><td>—</td><td>—</td></tr>
</table>

本试验各处理组对各污染物的去除效果见表 3-9，在 5 种温度条件下，各组试验对土壤中 4 种污染物均具有较好的修复效果。在去除率方面，5℃条件下的去除率相对较低，

1,2-二氯乙烷、三氯乙烯、四氯乙烯和氯仿的去除率分别为 99.3%、96.5%、96.1%和 97.1%；40℃条件下的去除率相对较高，1,2-二氯乙烷、三氯乙烯、四氯乙烯和氯仿的去除率分别为 99.9%、100.0%、99.1%和 99.7%。各污染物的去除率均能达 95%以上，且随着温度的升高，各污染物去除率略有上升，1,2-二氯乙烷的去除率更可达 99%以上。在污染物浓度方面，随着温度的升高，试验后污染物的浓度呈现明显的减小趋势，在极端温度条件下（5℃），各污染物残留浓度较高，1,2-二氯乙烷、三氯乙烯、四氯乙烯和氯仿试验后的浓度分别为 5.89 mg/kg、15.28 mg/kg、26.0 mg/kg 和 18.4 mg/kg，分别是场地修复目标值的 7.18 倍、18.6 倍、1.2 倍和 3.5 倍，很难满足修复要求。

表 3-9　不同温度条件下土壤中各污染物的去除效果

污染物名称	温度/℃	初始浓度/(mg/kg)	试验后浓度/(mg/kg)	修复目标值/(mg/kg)	去除率/%
1,2-二氯乙烷	5	819	5.89	0.82	99.3
	10	862	4.15		99.5
	20	889	1.43		99.8
	30	834	1.05		99.9
	40	827	0.69		99.9
三氯乙烯	5	437	15.28	0.82	96.5
	10	465	1.75		99.6
	20	480	0.80		99.8
	30	441	0.35		99.9
	40	441	0.05		100
四氯乙烯	5	675	26.0	22	96.1
	10	656	19.4		97.0
	20	692	9.60		98.6
	30	659	7.40		98.9
	40	708	6.10		99.1
氯仿	5	638	18.4	5.19	97.1
	10	635	5.21		99.2
	20	630	4.20		99.3
	30	673	2.97		99.6
	40	619	2.01		99.7

试验结果说明常温解吸在不同的温度条件下均有很好的去除效果，温度对修复过程有明显影响。随着温度的升高，土壤中污染物的去除率越高，残留浓度越低，修复效果越好；在低温环境下，很难满足本场地修复要求。

各污染物在不同温度条件下的挥发速率变化见图 3-7。在温度为 5℃、10℃、20℃、30℃和 40℃的试验条件下，1,2-二氯乙烷的平均挥发速率分别为 0.34 g/h、0.35 g/h、0.36 g/h、0.42 g/h 和 0.46 g/h，三氯乙烯的平均挥发速率分别为 0.17 g/h、0.23 g/h、0.23 g/h、0.25 g/h 和 0.27 g/h，氯仿的平均挥发速率分别为 0.27 g/h、0.33 g/h、0.32 g/h、0.36 g/h 和 0.38 g/h，四氯乙烯的平均挥发速率分别为 0.23 g/h、0.25 g/h、0.31 g/h、0.35 g/h 和 0.38 g/h。随着温度升高，各污染物的平均挥发速率略有增加，可见温度的提高可以明显提高土壤中污染物的挥发速率，高温条件下（30℃和 40℃）的挥发速率明显高于低温条件下（5℃和 10℃）的挥发速率。在不同温度条件下，试验初期挥发速率相对较大，而后逐渐减小，在约 10 h 挥发速率基本达到同一水平，达到平衡。在 5℃、10℃、20℃、30℃和 40℃的试验条件下，初期 1,2-二氯乙烷的挥发速率分别是试验结束时的 10.3 倍、14.9 倍、17.4 倍、21.7 倍和 22.0 倍，初期三氯乙烯的挥发速率分别是试验结束时的 10.2 倍、16.5 倍、16.5 倍、18.7 倍和 20.0 倍，初期氯仿的挥发速率分别是试验结束时的 10.8 倍、17.0 倍、16.6 倍、20.4 倍和 21.0 倍，初期四氯乙烯的挥发速率分别是试验结束时的 7.1 倍、8.1 倍、13.6 倍、15.9 倍和 18.0 倍。

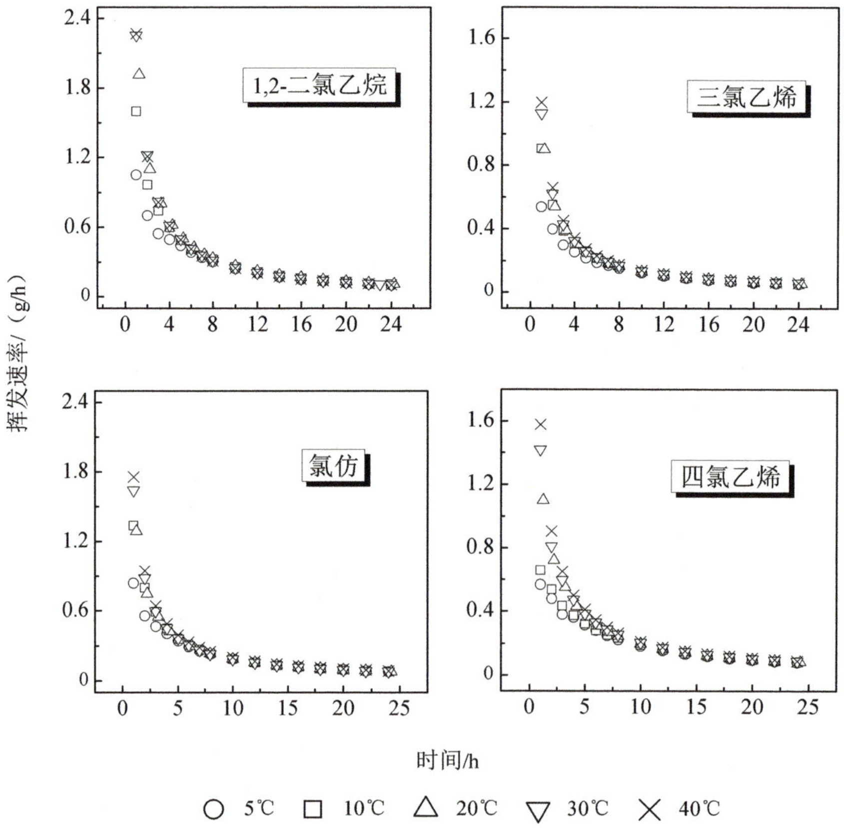

图 3-7 不同温度条件下污染物的挥发速率

由图 3-7 可知，不同温度条件下各污染物挥发速率表现出相同的规律，在试验初期（0～5 h），污染物的挥发速率随着温度的升高而明显增大，在试验后期这一现象仍然存在，但并没有初期明显，不同温度之间的挥发速率差异较小。

试验结束时，各温度条件下土壤中污染物的浓度见图 3-8。随着温度的增大，试验结束时土壤中污染物的浓度明显减小，1,2-二氯乙烷、氯仿、三氯乙烯和四氯乙烯在 5℃条件下的最终浓度分别是 40℃时的 8.5 倍、9.2 倍、305 倍和 1.7 倍，可见温度对土壤中挥发性污染物的去除有较大的影响，即温度越高，污染物去除得越彻底，去除效果越好。

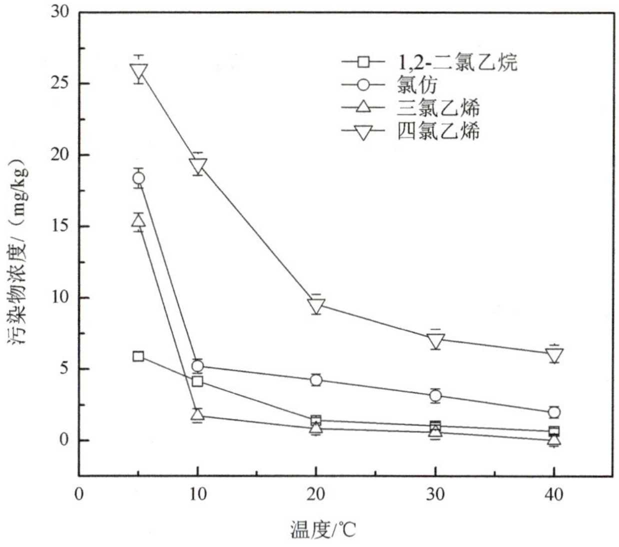

图 3-8　试验结束时各温度条件下土壤中污染物的浓度

纪锐琳等对土壤中氨的挥发行为进行了研究，其结果表明，随着温度的升高，氨挥发损失量增加，并且温度越高，氨的挥发速率越快[19]。Hilberts 等发现，通过加热的方式，使土壤温度从 20℃升高到 100℃时，三氯乙烯的挥发性增加了 11～18 倍，在空气和水中的扩散系数增加了 1.3～1.5 倍。Patricia 考虑了土壤的结果，对未扰动土壤中的溴甲烷进行了研究，发现土壤温度和湿度升高，可增强溴甲烷的挥发和降解[20]。这主要是因为温度升高，VOC 的蒸气压变大，其溶解度降低，因此挥发性增大[21-23]，在温度较高的条件下，土壤中气相污染物能够较快被去除。有研究表明，通过物质的溶解性、蒸气压和吸附系数等所得挥发速率与试验所得相应物质的挥发性有很好的相关性[24, 25]，而影响挥发过程的主要参数之一即为物质的饱和蒸气压。根据该定义，提高挥发性有机物的饱和蒸气压就可以提高该物质的挥发性，有利于从土壤中的脱附行为。影响物质饱和蒸气压的主要因素是环境温度，环境温度越高，有机物饱和蒸气压越大，越易挥发；对中等分子量的有机化合物，温度每升高 10℃，蒸气压升高 4 倍[26]。

污染物在不同温度下的饱和蒸气压可以用安托因（Antoine）方程表示，即

$$\lg P = \mathrm{A} - \frac{\mathrm{B}}{t + C} \tag{3-1}$$

式中，P ——物质的饱和蒸气压，mmHg；

t ——温度，℃；

A、B、C ——常数，可通过手册查询，见表 3-10。

表 3-10 各污染物在不同温度下的饱和蒸气压

污染物	饱和蒸气压/mmHg					A	B	C
	5℃	10℃	20℃	30℃	40℃			
1,2-二氯乙烷	28.07	36.97	62.02	99.86	155.08	7.025 30	1 271.250	222.940
三氯乙烯	27.05	35.38	58.60	93.37	143.73	7.028 10	1 315.100	230.010
氯仿	77.41	98.93	156.82	239.83	355.29	6.937 10	1 171.200	227.000
四氯乙烯	5.72	7.81	14.02	24.03	39.53	7.020 00	1 415.490	221.010

3.1.4 参数优化与能耗分析

在运行过程中，常温解吸主要消耗电能，而耗电量的大小与扰动频率密切相关，扰动间隔缩短，加快破坏土壤团聚体、促进土壤颗粒间挥发性污染物逸出的同时，能耗增大。在实际修复过程中，扰动间隔过大，修复周期变长，降低修复效率；扰动间隔过小，电能消耗大，增加了处理修复成本；如何确定扰动间隔是影响常温解吸修复成本的关键因素。在本研究中，扰动间隔为 6 h、4 h 和 2 h 时，耗电量分别为 0.333 kW、0.575 kW 和 0.70 kW，不同扰动间隔条件下各污染物耗电量与去除率的关系见图 3-9。

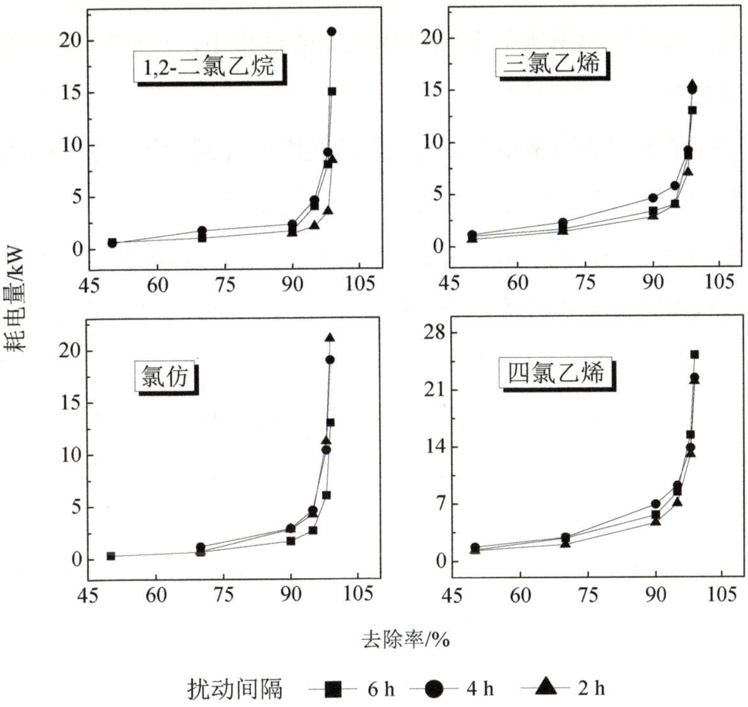

图 3-9　不同扰动间隔条件下的各污染物能耗与去除率的关系

由图 3-9 可知，在 3 种试验条件下，若要获得更高的去除率，必然要消耗更多的电能。当去除率低于 90%时，去除率每增加 20%，能耗需提高 0.5～1.0 倍；当去除率高于 90%时，去除率每增加 5%，即需提高 2～3 倍能耗；与去除率 50%的水平相比，当去除率达到 90%以上时，需消耗（3.8±0.7）倍的能耗。另外，在相同的去除效果条件下，不同扰动间隔条件之间也存在差别，当土壤中污染物的去除率低于 95%时，各污染物在扰动间隔为 4 h 时能耗最大；当土壤中污染物的去除率高于 95%时，各条件下处理能耗普遍大幅上升。在整个处理过程中，扰动间隔为 2 h 时，能耗相对较低。

3.1.5　常温解吸工艺参数的优化小结

本章选取常温解吸中的通风量、扰动间隔和温度 3 个主要参数进行单因素试验，考察了不同参数条件下土壤中氯代烃污染物的去除效果，从动力学和热力学的角度出发，了解不同条件下污染物的挥发速率、半衰期的变化，并对不同条件下污染物的挥发行为作出解释。

随着通风量增大常温解吸使拖尾现象出现的时间提前，可以降低拖尾时期的浓度。在不同的通风条件下，土壤中污染物的去除过程均可以分为两个阶段：在第一个阶段，土壤中污染物快速释放，通风可以显著提高土壤中污染物的挥发速率，反应速率常数增大，半衰期缩短；在第二个阶段，土壤中污染物缓慢释放，通风对挥发速率、反应速率常数和半衰期的影响不明显。故在常温解吸修复污染物土壤的过程中，在前期可以通过增大通风量的方式，提高修复效率。

高速的扰动破坏了土壤的团聚结构，促进土壤孔隙中挥发性污染物的逸出，对修复效果有明显的影响。扰动间隔越小，土壤中污染物的挥发速率越大，污染物浓度下降越快，半衰期越短，进入拖尾阶段所需时间被缩短，但这种影响主要体现在修复前期，后期效果不明显。在能耗方面，在达到相同去除率的条件下，扰动间隔为 2 h 时，效率最高。

温度对常温解吸处理氯代烃污染土壤的效果有非常显著的影响，土壤中 1,2-二氯乙烷、氯仿、三氯乙烯和四氯乙烯的残留浓度分别从 5℃的 5.89 mg/kg、18.4 mg/kg、15.28 mg/kg 和 26.0 mg/kg 降低到 20℃的 0.69 mg/kg、2.01 mg/kg、0.05 mg/kg 和 6.10 mg/kg。温度的升高提高了挥发性物质的分子动能，增大了挥发性污染物的饱和蒸气压；温度越高，土壤中污染物的去除率越高，残留浓度越低，挥发速率越大，半衰期越短。在快速解吸阶段，4 种污染物在挥发过程中的焓变分别为 15.3 kJ/mol、8.6 kJ/mol、15.5 kJ/mol 和 15.6 kJ/mol，主要以氢键力与土壤颗粒结合。

综上所述，通风量、扰动间隔和温度都是常温解吸在处理氯代烃污染土壤时的重要参数，在前期土壤中污染物快速解吸阶段，可以通过增大通风量和减小扰动间隔的方式缩短处理周期、提高处理效率，在后期污染物浓度进入拖尾阶段，提高温度减小拖尾浓度的效果显著。可以在人体可接受的工作环境下，适当提高操作环境的温度，以提高污染土壤的修复效果。

3.2 土壤特性对常温解吸的修复效果影响

常温解吸在处理氯代烃污染土壤时，除受到工艺参数的影响外，还受到土壤特性和污染物种类的影响。土壤特性包括土壤的含水率、土壤种类、颗粒组成和有机质含量等。在不同的土壤条件下，污染物会表现出不同的迁移规律，使常温解吸表现出不同的去除效果；而不同的污染物理化性质不同，挥发行为亦不同，影响其挥发行为的主要因素包括物质的饱和蒸气压、分子量和溶解度等。为了解常温解吸在处理不同土壤和不同污染物之间的效果，本研究选择了污染地块所在区域典型的土壤（粉土、黏土和砂土）和典型污染物（1,2-二氯乙烷、三氯乙烯、氯仿和四氯乙烯）进行试验和分析，以了解土壤质地和污染物种类对常温解吸的影响。

3.2.1　土壤类型对土壤中 VOC 去除的影响

大量研究表明，土壤性质对有机污染物的吸附有着极为重要的影响，土壤颗粒与污染物结合越紧密，解吸过程越难，进而影响常温解吸的修复效果。影响污染物解吸过程的土壤性质包括土壤类型、矿物成分、被吸附组分的迁移形式和浓度等。污染物之间可以通过物理化学作用吸附、通过氢键与土壤中胶体结合，或者以与矿物质构成复合体等方式与土壤颗粒结合，其中以物理化学吸附（或离子交换吸附）作用为主。有机质是土壤中常见的物质，含有羧基、羟基等极性基团，可以通过静电引力、氢键等作用与污染物结合，产生吸附作用。除有机质含量外，有机质的结构和性质也对吸附能力和吸附的非线性有着重要的影响。为了了解土壤类型对常温解吸处理效果的影响及原因，本研究选取了 4 种研究区域典型的 4 种土壤进行试验，供试土壤为人工配制污染土壤。在试验过程中根据预实验结果固定操作参数，见表 3-11。

表 3-11　土壤质地试验参数

参数名称	参数设置	程序编码	数值
轴转速	200 r/min	F2.28	30.49
混合时间	10 s	F7.01	10
扰动间隔	2 h	F7.02	6 000
		F7.03	1 200
环境温度	20℃	—	—
通风量	3 L/min	—	—

3.2.1.1　去除效果评价

本试验各试验组中各污染物的去除效果见表 3-12。由表可知，3 种污染土壤在常温解吸的处理下均有较好的修复效果，去除率均能够达到 98%以上，但不同的土壤质地之间存在差别。在 4 种污染物中，砂土的去除率最高（>99.92%），黏土的去除率最低（>98.60%），粉土的去除率介于二者之间（>99.85%）。在试验后污染物浓度方面也存在明显差别，黏土中各污染物试验后浓度远远高于其他土壤类型中的污染物浓度。这说明常温解吸在处理不同类型氯代烃污染土壤方面，均有比较好的效果，但不同土壤类型之间的处理效果略有差异；在相同时间内，黏性土壤中的污染物相对来说更不易被去除，不同土壤类型污染物的衰减规律见图 3-10。

表 3-12 土壤质地试验各污染物的去除效果

污染物名称	土壤类型	初始浓度/（mg/kg）	试验后浓度/（mg/kg）	去除率/%
1,2-二氯乙烷	粉土	864	0.22	99.97
	黏土	850	7.45	99.12
	砂土	864	0.10	99.99
三氯乙烯	粉土	780	0.18	99.98
	黏土	796	7.40	99.07
	砂土	728	0.06	99.99
氯仿	粉土	630	0.94	99.85
	黏土	620	8.70	98.60
	砂土	604	0.50	99.92
四氯乙烯	粉土	692	0.06	99.99
	黏土	692	5.40	99.22
	砂土	625	0.04	99.99

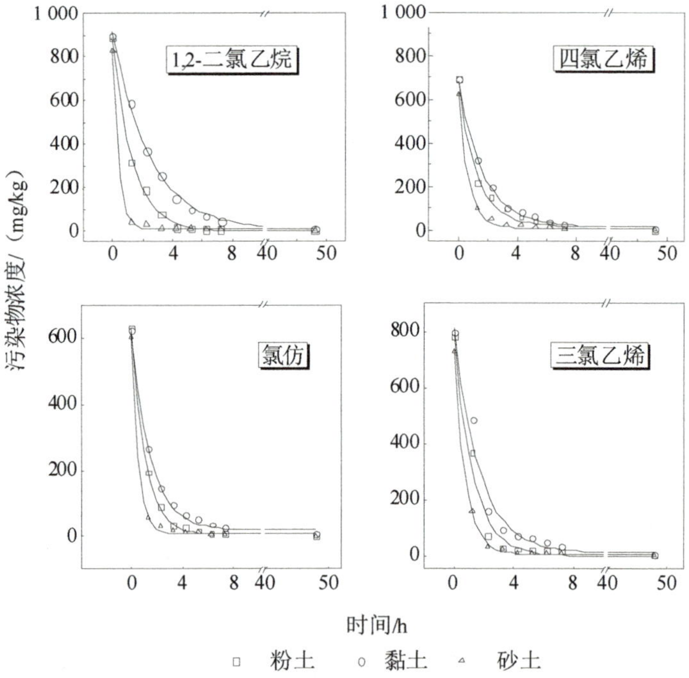

图 3-10 不同类型土壤中污染物衰减趋势

由图 3-10 可知，3 种类型土壤中污染物的衰减过程可分为两个阶段，即快速释放阶段和缓慢解吸阶段。在试验前期（0～8 h），污染物在不同类型土壤中表现出明显不同的下降规律：在相同时间内，黏土中的污染物挥发量较少，粉土次之，砂土中污染物挥发量最多。而在试验后期（9～48 h），污染物浓度均降低到较低的水平，进入拖尾阶段，不同类型土壤中污染物浓度的变化趋势差异不明显。但进入拖尾阶段的先后顺序有明显的不同，在粉土、黏土和砂土条件下，1,2-二氯乙烷进入拖尾阶段的时间分别为 8 h、10 h 和 2 h，氯仿进入拖尾阶段的时间分别为 5 h、7 h 和 3 h，三氯乙烯进入拖尾阶段的时间分别为 7 h、10 h 和 3 h，四氯乙烯进入拖尾阶段的时间分别为 8 h、10 h 和 5 h。与其他 2 种土壤类型相比，砂土中的污染物最先进入低浓度拖尾阶段。

在本研究中，挥发速率是指在常温解吸去除氯代烃污染物的过程中，单位时间内土壤中污染物质量的减少量。在粉土、黏土和砂土的条件下，1,2-二氯乙烷的平均挥发速率分别为 0.48 g/h、0.38 g/h 和 0.53 g/h，三氯乙烯的平均挥发速率分别为 0.42 g/h、0.38 g/h 和 0.44 g/h，氯仿的平均挥发速率分别为 0.35 g/h、0.31 g/h 和 0.38 g/h，四氯乙烯的平均挥发速率分别为 0.37 g/h、0.34 g/h 和 0.38 g/h。显然，土壤中污染物的挥发速率满足 $v_{黏土}<v_{粉土}<v_{砂土}$的规律（图 3-11）。另外，对粉土、黏土和砂土而言，初期 1,2-二氯乙烷的挥发速率分别是试验结束时的 24.9 倍、13.5 倍和 36.7 倍，初期三氯乙烯的挥发速率分别是试验结束时的 20.4 倍、15.2 倍和 30.1 倍，初期氯仿的挥发速率分别是试验结束时的 26.6 倍、22.4 倍和 34.7 倍，初期四氯乙烯的挥发速率分别是试验结束时的 26.2 倍、20.5 倍和 32.5 倍。可见，砂土的前后挥发速率差别较大，粉土次之，黏土差别较小，与挥发速率大小表现出的规律一致。

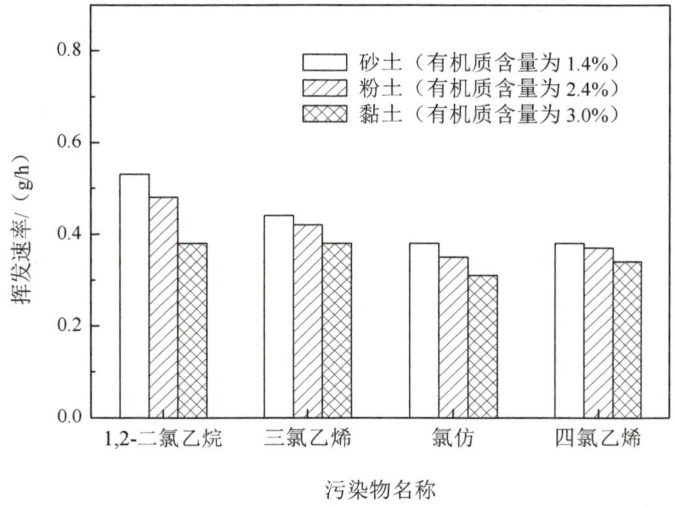

图 3-11　不同类型土壤中污染物的平均挥发速率

综上所述，土壤类型会影响常温解吸的处理效果，黏性土壤中污染物挥发得慢，残留浓度大，而砂性土壤中污染物快速得到去除。主要是因为砂土中有较低含量的有机质和较大的土壤颗粒，而二者是影响土壤中污染物迁移转化的重要因素[27]。

3.2.1.2 有机质含量对残留浓度的影响

如上节所述，污染物在不同土壤中的解吸能力不同。有机污染物从土壤颗粒间挥发时，先从深层向表面迁移，而后从土壤表面挥发进入大气。在这一过程中，污染物的挥发量会因为土壤吸附作用而减少，从而影响常温解吸的处理效果，而吸附过程主要受到土壤中有机质、矿物质含量和组成的影响[28-30]。土壤中具有极性的矿物质在有一定含水量的条件下，与水分子结合，占据其表层的吸附位，从而阻碍了有机物与矿物质结合，故相对而言，矿物组分对有机污染物的吸附是次要的。韩璐等的研究也表明，当土壤中有机质含量大于1%时，基本可以忽略矿物质对污染物吸附的影响[31]。

不同有机质含量的土壤中污染物的挥发速率和残留浓度见图3-12。由图3-12可知，随着土壤中有机质含量的增加，污染物挥发速率减小的幅度降低，而残留浓度明显增大，但有机质含量与挥发速率或残留浓度之间没有明显的线性关系。说明对常温解吸来说，一方面，土壤中的有机质含量会影响污染物在土壤中的挥发速率；另一方面，会影响污染物在土壤中的残留浓度，且对残留浓度的影响更大。对有机质含量较大的氯代烃污染土壤，应适当强化操作条件。

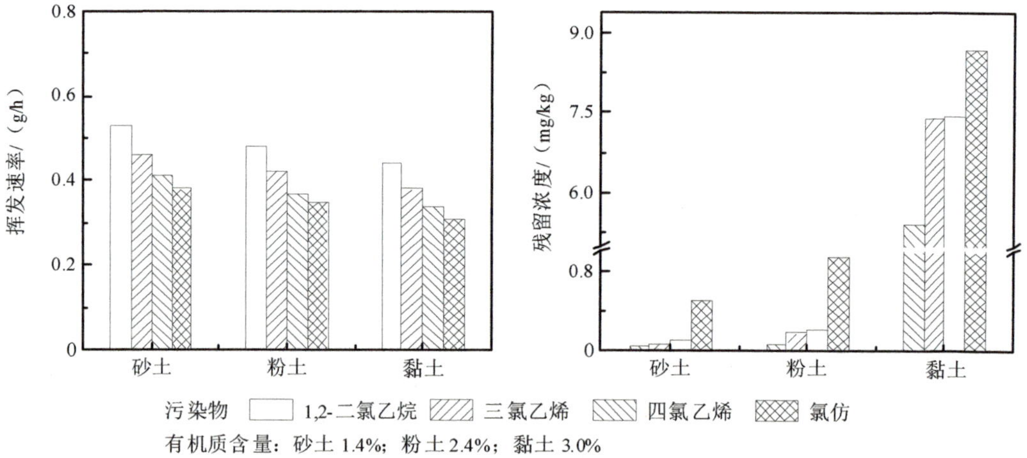

图3-12 有机质含量对土壤中污染物挥发速率和残留浓度的影响

造成上述现象的原因主要是土壤中不同有机质含量对污染物产生了不同的吸附作用。土壤中的有机质主要来自植物或生物组织的残体，属于腐殖质类物质，分子量大，无固定形态，且组成结构也有较大的非均质性。土壤中的有机质包括胡敏酸、富里酸和胡敏素等，是在氧化环境下形成的，氮、氧和氢的含量相对较低；胡敏酸和富里酸以酚结构为主[32-34]，与污染物之间能够通过范德华力、氢键等产生吸附作用。土壤中的污染物一部分存在于土壤表面，在土壤固相、污染物气相和液相之间寻求平衡，一部分通过液相和气相的扩散在土壤孔隙结构中，并被吸附到有机质表面，更有小部分可能从有机质表面或从小孔隙扩散至有机质内部。故有机质含量越高，土壤颗粒的吸附位点越多，吸附力越强，吸附量也越大，污染物越难通过物理作用从土壤颗粒中被解吸出来，即出现常温解吸在处理过程中的拖尾现象，且随着有机质含量的增大，残留浓度明显增大。

3.2.1.3　颗粒组成与孔径分布对污染物挥发的影响

挥发性污染物多以气态方式从土壤中逸出[35, 36]。土壤颗粒之间形成的大大小小的孔隙就成为了这些气体扩散的通道，而颗粒的组成和大小直接影响了土壤中孔隙的大小。当土壤颗粒中大土粒较多时，土壤中的孔隙就多；当土壤中小土粒较多时，土壤中的空气孔隙相对较小（图 3-13）。在含水率相同的情况下，多孔介质的气孔大小和多少是影响污染物在土壤中扩散特性的重要因素[37, 38]。由于土壤是由不同大小颗粒组成的，故气体在其中的扩散路径是曲折的，大孔在此过程中起到节点作用。经由小孔扩散而来的气体会在大孔会合，并进一步向其他小孔扩散。如若大孔数量较少或被堵塞，则气体在土壤中的扩散能力将会大幅下降。大孔（孔径 $d>500$ nm）是气体扩散的主要通道；介孔（2 nm$<d<$500 nm）是气体扩散进入微孔的通道，易吸附大分子物质；微孔（$d<2$ nm）极易吸附小分子物质。

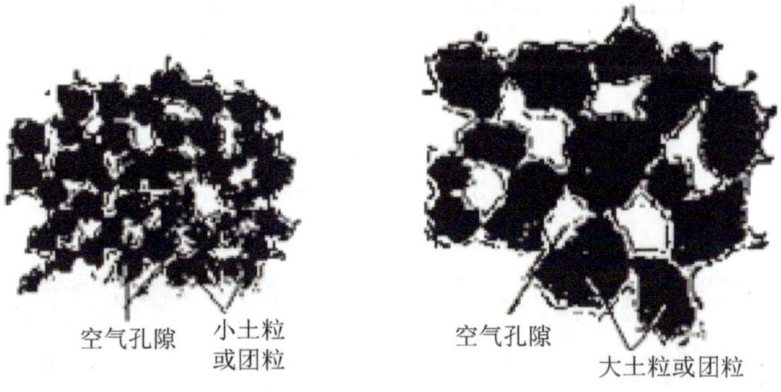

图 3-13　土壤颗粒与孔隙

另外，多孔介质的亲水性与疏水性也会影响土壤中污染物的扩散特性，从而影响土壤中污染物 拖尾阶段的浓度。在疏水多孔介质中，由于大孔隙的曲率较小，液态水优先存在于大孔隙中，而在亲水多孔介质中，液态水优先存在于曲率较小的小孔隙中[39]。本研究中 3 种土壤类型的颗粒组成情况见图 3-14，黏土中粒径较小的黏粒含量较高，明显高于粉土和砂土；粉土和黏土中的粉粒含量也较高，远远高于砂土；砂土中几乎不含黏粒和粉粒，大部分都是大颗粒的砂粒。3 种土质的扫描电镜图见图 3-15。与黏粒和粉粒相比，砂粒的亲水性较差、孔隙较大；含有大量砂粒的砂土中，液态水多集中在大孔隙里，少量溶解在水里的挥发性氯代烃很容易随着液体在大孔隙之间扩散，且在一定的条件下可以从液体中挥发出来。在粉土和黏土中，由于含有大量亲水性的黏粒和粉粒，颗粒之间孔隙较小，液态水携带污染物存在于小孔隙中，逸出速率较缓，污染物易在小孔隙中残留。黏粒与粉粒和砂粒不同，土壤中的黏粒颗粒较小，比表面积大，矿物质含量少，吸附能力相对较强。所以，在常温解吸处理不同类型土壤的过程中，在相同的时间内，黏土中的污染物残留浓度最大，砂土中的污染物残留浓度较小。

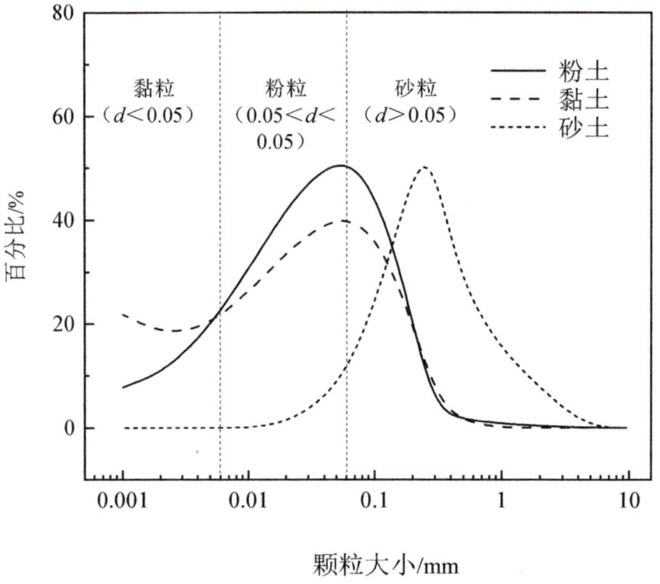

图 3-14　3 种类型土壤颗粒分布

（a）粉土　（b）黏土　（c）砂土

图 3-15　3 种类型土壤扫描电镜图

土壤孔隙的大小和结构也会对其中污染物的迁移产生较大影响[40, 41]。在土壤这个多孔介质中，土壤颗粒之间的孔隙被土壤气相和土壤水占据，形成大小不一、连通情形不同的通道，气态污染物在通道内迁移，最终从土壤颗粒间挥发出来。土壤颗粒中的孔隙大小分布不均，水相、气相或水气共存的流动多存在团聚间体的大孔隙中，而小孔隙由于毛细作用，即使土壤含水量较低，也会被静止的液体占据，溶解在静止土壤水分中的污染物就很难从土壤中挥发出来，导致土壤中污染物残留浓度增大。

在本研究中，不同土壤类型的孔隙结构参数见表 3-13。由表可知，3 种类型土壤的孔隙度相差不大，但比表面积差异较大，孔径分布也有明显差别。比表面积是指单位质量土壤颗粒所具有的总面积，与孔的结构有关。比表面积越大，孔结构越复杂；一般大孔的比表面积范围在 0.2～5 m^2/g；介孔的比表面积稍大，范围在 20～70 m^2/g；微孔的比表面积最大，可达 500～1 500 m^2/g。在本研究中，黏土的比表面积最大，土壤颗粒间的孔隙较小；砂土的比表面积最小，颗粒间孔隙大。由此可见，在砂土颗粒中，颗粒粒径较大，以大孔隙为主。粉土和黏土中粒径较小，粉土中以大孔隙和中孔隙为主，黏土中以中孔隙为主。这就是在试验结束时，黏土中污染物浓度高于粉土中污染物浓度和砂土中污染物浓度的原因。

表 3-13　不同土壤类型的孔隙结构参数

类型	孔隙度/%	比表面积/（m^2/g）
粉土	39.8	15.83
黏土	42.5	22.21
砂土	35.9	1.23

3.2.2　土壤含水率对土壤中氯代烃去除的影响

氯代烃污染土壤中的污染物除吸附在土壤有机质上外，部分溶解在土壤水分中，部分分布于土壤空气中，形成一个多相动态平衡体系。常温解吸除了受到土壤类型的影响，还受到其他土壤性质的影响，其中含水率是非常重要的参数之一[42-44]。一方面，存在于土壤孔隙中的土壤水分占据了一部分扩散通道，抑制了污染物的扩散和逸出，不利于土壤中污染物的挥发；另一方面，对溶解度较低的氯代烃类物质来说，与水分子存在竞争吸附的关系。当含水量较大时，土壤对水分子的吸附能大于对氯代烃的吸附能，而已经吸附的水分子会降低土壤吸附位的吸附能，会对土壤有机污染物的吸附作用起抑制作用[45]。同时，当含水量增大时，溶解在水中的污染物增多，相应土壤颗粒的污染物可吸附量减少。孟凡勇描述了土壤含水量与吸附系数的关系[46]。研究结果表明，对于含水量极低的土壤，含水量增大，吸附系数减小；而当含水量增大到一定程度时（大于 5 层表面水分子），吸附系数会随着含水量的增大而增大。

为了解土壤含水率对常温解吸处理效果的影响及成因，本研究选取了研究区域典型的粉质土壤进行试验，选用该区域典型的含水量梯度（5%、10%、15%和 20%），试验土壤为人工配制的污染土壤。

3.2.2.1 去除效果评价

各组试验中污染物的去除效果见表 3-14。由表可知，常温解吸对不同含水率的氯代烃污染土壤均有很好的去除效果，去除率均大于 98%。相对而言，当含水率为 20%时，土壤中污染物去除率最低，处理后的土壤中污染物残留浓度较高；含水率为 5%时，土壤中去除率最高，污染物残留浓度较低。说明常温解吸适用于处理具有不同含水率的氯代烃污染土壤，但在处理效果上略有不同，污染物在具有不同含水率的土壤中的衰减规律见图 3-16。污染物在不同含水率土壤中的挥发过程可以分为两个阶段，污染物进入拖尾阶段的时间略有差别；含水率越低，越快进入拖尾阶段，但差异不明显。在土壤含水率分别为 5%、10%、15%和 20%的条件下，1,2-二氯乙烷的平均挥发速率分别为 0.51 g/h、0.50 g/h、0.48 g/h 和 0.46 g/h，三氯乙烯的平均挥发速率分别为 0.42 g/h、0.40 g/h、0.40 g/h 和 0.37 g/h，氯仿的平均挥发速率分别为 0.59 g/h、0.58 g/h、0.58 g/h 和 0.58 g/h，四氯乙烯的平均挥发速率分别为 0.35 g/h、0.30 g/h、0.29 g/h 和 0.27 g/h。含水率越低，污染物的平均挥发速率越高。

表 3-14 土壤质地试验中各污染物的去除效果

污染物名称	含水率/%	初始浓度/（mg/kg）	试验后浓度/（mg/kg）	去除率/%
1,2-二氯乙烷	5	761	0.08	99.99
	10	810	0.15	99.98
	15	853	0.5	99.94
	20	889	1.43	99.84
三氯乙烯	5	605	0.09	99.99
	10	680	0.14	99.98
	15	688	0.25	99.96
	20	672	1.16	99.83

污染物名称	含水率/%	初始浓度/（mg/kg）	试验后浓度/（mg/kg）	去除率/%
氯仿	5	489	0.10	99.98
	10	504	0.14	99.97
	15	524	0.22	99.96
	20	540	0.81	99.85
四氯乙烯	5	451	0.48	99.89
	10	503	0.84	99.83
	15	510	1.43	99.72
	20	692	9.51	98.63

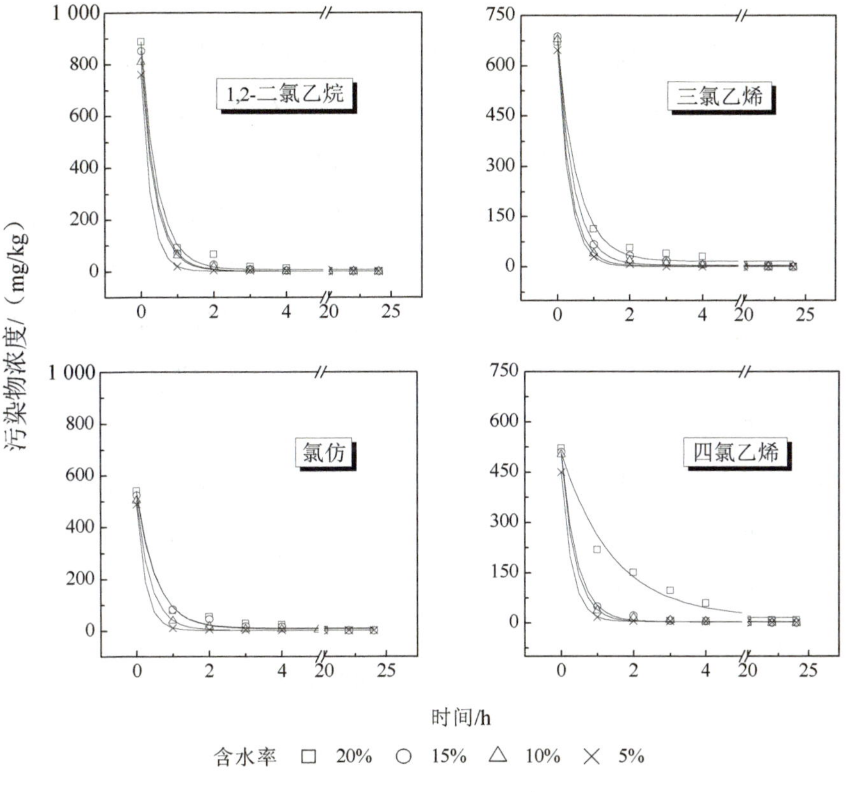

图 3-16　不同含水率土壤中污染物衰减趋势

由图 3-16 可知，不同含水率土壤中污染物的挥发量有较明显的不同。随着含水率的降低，污染物的挥发量增大。在含水率较低的条件下（含水率为 5%），污染物的挥发量在瞬间即达到接近最大值的程度，说明土壤中含水率较低时，大部分污染物从土壤中挥发，很快进入慢解吸阶段。

3.2.2.2 有效扩散系数的计算

当多孔介质中含有液体时，气体的扩散和迁移将通过未被液体占据的孔隙完成。J.H. Nam 和 M. Kaviany 利用液态水随机分布网格计算，得到了含水状态下有效扩散系数的计算公式[39]，即

$$D_s^e = D \cdot \varepsilon \cdot \left(\frac{\varepsilon - 0.11}{1 - 0.11}\right)^{0.785} \cdot (1 - s)^2 \tag{3-2}$$

式中：D_s^e——含水状态下的有效扩散系数；

D——自由空间内气体扩散系数；

ε——多孔介质的孔隙度；

s——多孔介质的含水饱和度。

多孔介质的孔隙中存在液相和气相。在本研究中，水占据孔隙容积的百分比称为饱和度。不同含水率土壤的孔隙结构参数见表 3-15，污染物的有效扩散系数计算结果见表 3-16。由表可知，污染物的有效扩散系数随着土壤含水率的增大而减小，主要原因是土壤颗粒属于亲水性的多孔介质，介质中的气体扩散是通过没有被液体占据的孔隙完成的。当其间含有液态水时，在表面张力的作用下，会首先充填在孔径较小的孔隙中；随着含水量的增加，逐渐向孔径大的孔隙延展，使部分孔隙失去气体输送功能。另外，含水多孔介质的曲折度会随着饱和度的增大而增大，即饱和度越大，迂曲度越大；迂曲度是多孔介质内弯曲通道真实长度与连续弯曲通道两端的直线长度之比的平方，是反映多孔介质中孔隙连通通道的参数。曲折度越大，说明孔隙结构越复杂，这在很大程度上阻碍了土壤颗粒间气态污染物的挥发和扩散，表现为污染物挥发速率随着土壤含水率的增加而减小，故含水率的大小主要会影响常温解吸的修复周期。

表 3-15 不同含水率土壤的孔隙结构参数

含水率/%	孔隙度/%	饱和度
5	52.6	0.21
10	51.0	0.35
15	47.3	0.53
20	39.8	0.99

表 3-16　不同含水率土壤中污染物的有效扩散系数

污染物名称	含水率/%	自由空间内气体扩散系数/（cm^2/s）*	有效扩散系数/（cm^2/s）
1,2-二氯乙烷	5	0.104	1.88×10^{-2}
	10		1.20×10^{-2}
	15		5.37×10^{-3}
	20		1.71×10^{-6}
氯仿	5	0.104	1.88×10^{-2}
	10		1.20×10^{-2}
	15		5.37×10^{-3}
	20		1.71×10^{-6}
三氯乙烯	5	0.079	1.43×10^{-2}
	10		9.09×10^{-3}
	15		4.08×10^{-3}
	20		1.30×10^{-6}
四氯乙烯	5	0.072	1.30×10^{-2}
	10		8.28×10^{-3}
	15		3.72×10^{-3}
	20		1.18×10^{-6}

注：* 数据来源于美国国家标准技术研究院（NIST）。

3.2.3　土壤特性对常温解吸的修复效果影响小结

本节以粉土、黏土、砂土和不同含水率（5%、10%、15%和 20%）的粉土为研究对象，利用常温解吸对其中的氯代烃污染物进行处理，了解了不同土壤特性下的处理效果，通过对有机质组成和孔隙结构的表征，解释了污染物在不同土壤中的迁移规律，借助饱和蒸气压、分配系数和分子量等计算了不同污染物在土壤-水-气多相系统中的理论分配量，对相同条件下不同污染物的挥发行为做出了解释。

常温解吸在处理该区域典型污染土壤方面均具有较好的修复效果。砂土中污染物浓度在修复前期下降最快，主要污染物在试验前期基本得到释放，也较快进入低浓度拖尾阶段，前后阶段挥发速率差别较大，而黏土中污染物浓度下降较慢，污染物逸出相对较为缓慢，也较晚进入拖尾阶段，前后挥发速率差异相对较小。

黏土中有机质含量为 3.0%，小粒径组分较多，颗粒直径小于 0.005 mm 的黏粒占 20%

以上，比表面积大，为 22.21 m^2/g，中孔隙数量较多，孔隙结构较复杂，不利于其中污染物的挥发，1,2-二氯乙烷、氯仿、三氯乙烯和四氯乙烯残留浓度分别为 7.45 mg/kg、8.70 mg/kg、7.40 mg/kg 和 5.40 mg/kg；砂土有机质含量为 1.4%，大粒径颗粒较多，比表面积小，为 1.23 m^2/g，大孔隙数量多，孔隙结构相对平滑，有利于污染物的挥发，4 种污染物残留浓度分别为 0.10 mg/kg、0.50 mg/kg、0.06 mg/kg 和 0.04 mg/kg。

随着含水率从 5%提高到 20%，土壤中 1,2-二氯乙烷、氯仿、三氯乙烯和四氯乙烯的残留浓度分别从 0.08 mg/kg、0.10 mg/kg、0.09 mg/kg 和 0.48 mg/kg 升高到 1.43 mg/kg、0.81 mg/kg、1.16 mg/kg 和 1.43 mg/kg。这主要是因为含水量增大，增大了土壤颗粒的曲折度，使孔隙结构变得复杂，减少了土壤颗粒间的气体扩散通道，使 4 种污染物的有效扩散系数分别从 1.88×10^{-2} cm^2/s、1.43×10^{-2} cm^2/s、1.88×10^{-2} cm^2/s 和 1.30×10^{-2} cm^2/s 降低到 1.71×10^{-6} cm^2/s、1.30×10^{-6} cm^2/s、1.71×10^{-6} cm^2/s 和 1.18×10^{-6} cm^2/s，水分的存在阻碍了污染物的挥发。

3.3 污染物种类对土壤中氯代烃去除的影响

试验中发现，常温解吸在处理不同挥发性污染物时，在去除效率、挥发速率等方面存在一定差别，这与污染物本身的性质有很大的关系，这包括污染物的饱和蒸气压、辛醇-水分配系数、氯离子数量和分子量等。

3.3.1 饱和蒸气压与挥发速率的关系

在密闭条件中，在一定温度下，与固体或液体处于相平衡的蒸气所具有的压力称为饱和蒸气压。不同液体的饱和蒸气压不同，溶剂的饱和蒸气压大于溶液的饱和蒸气压。Burkhard 等检验了一系列农药从土壤表面的挥发，证明化合物浓度和蒸气压对挥发速率有影响[25]；胡枭等也提出土壤中挥发性污染物的挥发速率会随着化合物蒸气压而变化[47]。

在本研究中，4 种污染物在 20℃的饱和蒸气压见表 3-2，满足 $P_{氯仿}>P_{三氯乙烯}>P_{1,2\text{-}二氯乙烷}>P_{四氯乙烯}$的规律。在不同土壤类型中，各污染物挥发速率和饱和蒸气压的关系见图 3-17。由图可知，在不同土壤质地中，污染物饱和蒸气压与挥发速率之间有很好的线性关系，随着饱和蒸气压的增大，污染物的挥发速率增大，污染物也就越容易从土壤中挥发。

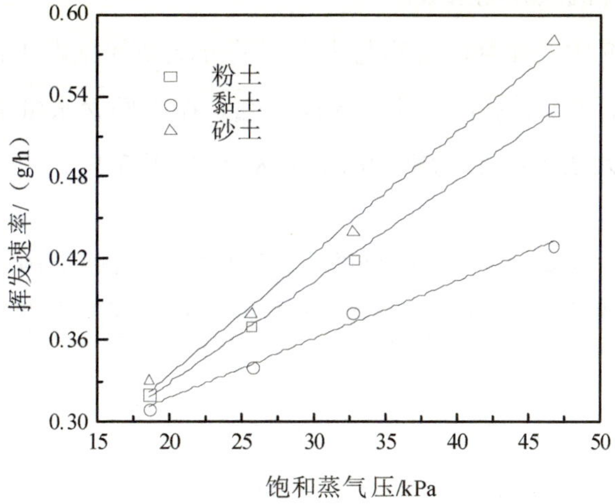

图 3-17　挥发速率与污染物饱和蒸气压的关系

3.3.2　污染物在土壤中的分配规律

常温解吸处理氯代烃污染土壤的过程实际是通过物理方式促进土壤中污染物挥发的过程，这一过程也是在外力作用下，污染物在气、液、固三相中分配的过程。常用土壤-水分配系数（K_d）来描述，它会受到辛醇-水分配系数和溶解度的影响，可以通过试验获得，也可以通过经验方程进行估算[48]。在计算过程中，引入一个与土壤性质无关的参数，即污染物在水和纯有机质之间的分配系数（K_{oc}），可以用来表示化合物被吸附的趋势。二者之间满足如下关系，即

$$K_d = K_{oc} \cdot f_{oc} \tag{3-3}$$

式中：K_d ——土壤-水分配系数，cm^3/g；

K_{oc} ——土壤-有机碳分配系数，L/kg；

f_{oc} ——土壤中有机碳质量分数，量纲为 1。

辛醇-水分配系数（K_{ow}）是指有机物在等体积的辛醇和水的混合液中污染物浓度的比，它反映了该化合物的疏水性或亲水性；有机物的 K_{ow} 越大，疏水性越强。K_{ow} 与 K_{oc} 在数值上满足如下关系[49]，即

$$\log K_{oc} = 0.0784 + (0.6919 \times \log K_{ow}) \tag{3-4}$$

式中：K_{ow} ——辛醇-水分配系数；

K_{oc}——土壤-有机碳分配系数。

通过计算，本研究中的4种污染物与水之间的分配系数见表3-17。计算结果表明，四氯乙烯的疏水性最强，1,2-二氯乙烷的亲水性最强。在不同含水量试验中，供试土壤为单一类型，有机质含量为2.4%，各污染物所对应 K_d 值见表3-17。

表3-17 各污染物在同一土质不同含水量中的分配系数

污染物名称	$\log K_{ow}$	溶解度（20℃）/（mg/L）	$\log K_{oc}$	K_d
1,2-二氯乙烷	1.47	8 520	1.24	0.42
三氯乙烯	2.17	1 100	1.80	1.51
四氯乙烯	2.67	200	2.19	3.72
氯仿	1.92	7 920	1.60	0.96

K_d 值的大小反映了吸附在土壤颗粒上的污染物和溶解在土壤水中污染物的分配情况。在常温解吸处理后期，大部分气态污染物已经挥发，K_d 值在一定程度上可以解释常温解吸在处理不同含水量污染土壤过程中拖尾浓度的差异，结果见图3-18。随着土壤中水分含量增大，溶解在水相中的污染物量增大，吸附在土壤颗粒上的污染物量也相应增加，土壤中污染物拖尾浓度增大。

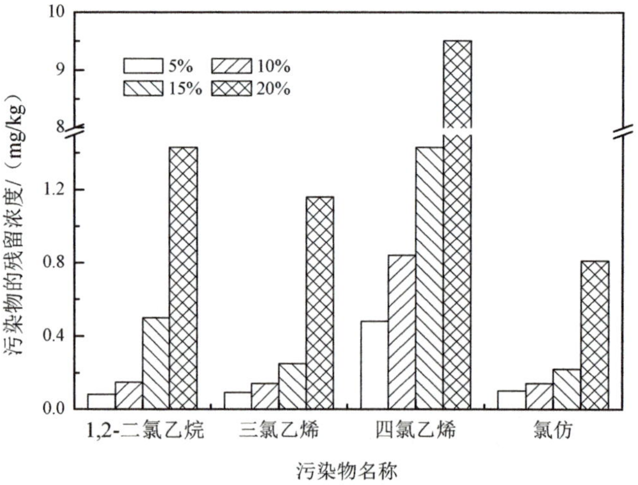

图3-18 不同含水率土壤中各污染物的残留浓度

残留的污染物包括吸附在土壤颗粒中、不易解吸的部分污染物，也包括溶解在土壤水分中的污染物。对不同污染物而言，土壤-水分配系数越大，溶解度越小，吸附在土壤颗粒上的比例越大，溶解在土壤水分中的比例越小，因而在处理拖尾现象时，应采取不同的强化措施。例如，四氯乙烯在不同含水率条件下的残留浓度普遍高于其他种类的污染物，且土壤-水分配系数最高，说明在拖尾阶段土壤中的四氯乙烯多以吸附的形式存在于土壤颗粒间，因此可以通过竞争吸附的作用，通入吸附性强且无害的气体，气体取代四氯乙烯在土壤颗粒上的吸附位，从而达到进一步去除残留污染物的目的，而 1,2-二氯乙烷虽然残留浓度也较高，但土壤-水分配系数最小，说明在拖尾阶段土壤中多以溶解在土壤水分中的形式存在，可以通过增加土壤温度，从而减少土壤水分含量的方法，使 1,2-二氯乙烷在土壤中进一步的去除。

3.3.3 污染物种类对常温解吸的修复效果影响小结

1,2-二氯乙烷、三氯乙烯、四氯乙烯和氯仿 4 种污染物的饱和蒸气压满足 $P_{氯仿}>P_{三氯乙烯}>P_{1,2-二氯乙烷}>P_{四氯乙烯}$，说明氯仿的挥发性最强，四氯乙烯的挥发性相对较弱。在常温解吸的拖尾阶段，四氯乙烯的土壤-水分配系数最高（为 3.72），残留污染物主要吸附在土壤颗粒上，而 1,2-二氯乙烷的土壤-水分配系数最低（为 0.42），残留污染物主要溶解在土壤水分中。不同的污染物具有不同的分配系数和溶解度，二者成反比关系；辛醇-水分配系数越大，溶解度越低，污染物越容易吸附在土壤颗粒上；反之，污染物容易残留在土壤水分中，故对不同的污染物，在常温解吸处理的拖尾阶段应采用不同的强化措施。

参考文献

[1] Thornton J S，Wootan W L. Venting for the removal of hydrocarbon vapors from gasoline contaminated soil[J]. Journal of Environmental Science and Health. Part A：Environmental Science and Engineering，1982，17（1）：31-44.

[2] Wilson D J，RodriGuez-Maroto，José M，et al. Soil cleanup by in-situ aeration. xix. effects of spill age on soil vapor extraction remediation rates[J]. Separation Science and Technology，1994，29（13）：1645-1671.

[3] Kempf A，Brusseau M L. Impact of non-ideal sorption on low-concentration tailing behavior for atrazine transport in two natural porous media[J]. Chemosphere，2009，77（6）：876-882.

[4] Johnson G R，Norris D K，Brusseau M L. Mass removal and low-concentration tailing of trichloroethene in freshly-amended，synthetically-aged，and field-contaminated aquifer material[J]. Chemosphere，2009，75（4）：542-548.

[5] Brusseau M L，Schnaar G，Johnson G R，et al. Nonideal transport of contaminants in heterogeneous porous media：10. Impact of co-solutes on sorption by porous media with low organic-carbon contents[J]. Chemosphere，2012，89（11）：287-292.

[6] Albergaria J T，Alvim-Ferraz M D C M，Delerue-Matos C. Remediation of sandy soils contaminated with hydrocarbons and halogenated hydrocarbons by soil vapour extraction[J]. Journal of Environmental Management，2012，104：195-201.

[7] Hakan A N，Irfan Y，Imer Y D. Sorption and transport of trichloroethylene in caliche soil[J]. Chemosphere，2011，82（6）：809-816.

[8] 宋小毛. 环境中氯代烃分析方法及污染土壤气相抽提法研究[D]. 上海：华东理工大学，2011.

[9] Kaleris V，Croise J. Estimation of cleanup time for continuous and pulsed soil vapour extraction[J]. Journal of Hydrology，1997，194（1-4）：330-356.

[10] 王澎，王峰，陈素云，等. 土壤气相抽提技术在修复污染场地中的工程应用[J]. 环境工程，2011，29（S1）：171-174.

[11] Gómez J A，Giráldez J V，Pastor M，et al. Effects of tillage method on soil physical properties，infiltration and yield in an olice orchard[J]. Soil and Tillage Research，1999，52（3-4）：167-175.

[12] Edwards W M，Shipitalo M J，Traina S J，et al. Role of lumbricus terrestris（L.） burrows on quality of infiltrating water[J]. Soil Biology and Biochemistry，2006，24（12）：1555-1561.

[13] Kushwaha C P，Tripathi S K，Singh K P. Soil organic matter and water-stable aggregates under different tillage and residue conditions in a tropical dryland agroecosystem[J]. Applied Soil Ecology，2001，16（3）：229-241.

[14] Ferreras L A，Costa J L，Garcia F O，et al. Effect of no-tillage on some physical properties of a structural degraded Petrocalcic Paleudoll of the southen " Pampa" of Argentina[J]. Soil and Tillage Research，2000，54（1-2）：31-39.

[15] 王殿武，褚达华. 少、免耕对旱地土壤物理性状的影响[J]. 河北农业大学学报，1992，15（2）：28-33.

[16] 曾跃春，高彦征，凌婉婷，等. 土壤中有机污染物的形态及植物可利用性[J]. 土壤通报，2009，40（6）：1479-1484.

[17] Pignatello J，Xing B. Mechanisms of slow sorption of orgnic chemicals to natural particles[J]. Environmental Science & Technology，1996，1（30）：1-11.

[18] Gevao B，Semple K T，Jones K C. Bound pesticide residues in soils：a review[J]. Environmental Pollution，2000，108（1）：3-14.

[19] 纪锐琳，朱义年，佟小薇，等. 竹炭包膜尿素在土壤中的氨挥发损失及其影响因素[J]. 桂林工学院学报，2008，28（1）：113-118.

[20] Rice P J，Anderson T A，Cink J H，et al. The influence of soil environmental variables on the degradation and volatility of methyl bromide in soil[J]. Environmental Toxicology and Chemistry，1996，15（10）：1723-1729.

[21] 吕燕，张巍，黄流雅，等. 挥发性有机污染物水中亨利常数的简易测定方法[J]. 华东理工大学学报（自然科学版），2009，35（6）：860-865.

[22] Fischer A，Müller M，Klasmeier J. Determination of Henry's law constant for methyltert-butyl ether（MTBE） at groundwater temperatures[J]. Chemosphere，2004，54（6）：689-694.

[23] Altschuh J，Brüggemann R，Santl H，et al. Henry's law constants for a diverse set of organic chemicals：Experimental determination and comparison of estimation methods[J]. Chemosphere，1999，39（11）：

1871-1887.

[24] Jury W A，Farmer W J，Spencer W F. Behavior assessment model for trace organics in soil：ii. chemical classification and parameter sensitivity[J]. Journal of Environmental Quality，1984，13（4）：567-572.

[25] Burkhard N，Guth J A. Rate of volatilisation of pesticides from soil surfaces；comparison of calculated results with those determined in a laboratory model system[J]. Pesticide Science，1981，12（1）：37-44.

[26] 刘少卿，姜林，黄喆，等．挥发及半挥发有机物污染地块蒸汽抽提修复技术原理与影响因素[J]．环境科学，2011，32（3）：825-833.

[27] 殷淑华．土壤/沉积物对挥发性有机污染物的吸附研究[D]．北京：中国地质大学（北京），2006.

[28] Breus I P，Mishchenko A A. Sorption of volatile organic contaminants by soil（a review）[J]. Eurasian Soil Sci.，2006，39（12）：1271-1283.

[29] Cabbar H C. Effects of humidity and soil organic matter on the sorption of chlorinated methanes in synthetic humic-clay complexes[J]. Journal of Hazardous Materials，1999，68（3）：217-226.

[30] Chiou C T，Shoup T D，Poter P E. Mechanistic roles of soil humus and minerals in the sorption of nonionic organic-compounds from aqueous and organic solutions[J]. Organic Geochemistry，1985，8（1）：9-14.

[31] 韩璐，何江涛，张晶，等．模拟土样有机碳和矿物质对 TCE 吸附贡献的实验研究[J]．岩石矿物学杂志，2011，30（6）：1118-1124.

[32] Lee C L，Song H J，Fang M D. Concentrations of chlorobenzenes，hexachlorobutadiene and heavy metals in surficial sediments of Kaohiung coast，Taiwan，China[J]. Chemosphere，2000，41：889-899.

[33] Xu S，Jiang X，Dong Y，et al. Polychlorinated organic compounds in Yangtes River sediments[J]. Chemosphere，2000，41：1897-1903.

[34] LeBoeuf E J，Weber W J. A distributed reactivity model for sorption by soils and sediments. 8. sorbent organic domains： discovery of a humic acid glass transition and an argument for a polymer-based model[J]. Environmental Science & Technology，1997，31：1697-1702.

[35] Ko J H，Musson S，Townsend T. Destruction of trichloroethylene during hydration of calcium oxide[J]. Journal of Hazardous Materials，2010，174（1-3）：876-879.

[36] Ko J H. Impacts of quicklime application on chlorinated ethylenes in soil[D]. Gainesville：University of Florida，2007.

[37] 韩向新，姜秀民，崔志刚，等．油页岩颗粒孔隙结构在燃烧过程中的变化[J]．中国电机工程学报，2007，27（2）：26-30.

[38] 刘辉，吴少华，孙锐，等．分形多孔介质的孔隙特性对气体扩散的影响[J]．中国电机工程学报，2005，25（12）：86-90.

[39] Jin H N，Massou D K. Effective diffusivity and water-saturation distribution in single and two layer PEMFC diffusion medium[J]. International Journal of Heat and Mass Transfer，2003，46（24）：4595-4611.

[40] Kärger J，Ruthven D M. Diffusion in zeolites and other microporous solids[M]. New York：Wiley，1992.

[41] Brusseau M，Rao P. Sorption nonideality during organic contaminant transport in porous media：critical review[J]. Environmental Control，1989，19：33-99.

[42] Cabbar H C，Bostanci A. Moisture effect on the transport of organic vapors in sand[J]. Journal of Hazardous Materials，2001，82（3）：313-322.

[43] Cabbar H C，Varol N，Mccoy B J. Sorption and diffusion of chlorinated methanes in moist clay[J]. AIChE Journal，1998，44（6）：1351-1355.

[44] Batterman S，Kulshrestha A，Cheng H. Hydrocarbon vapor transport in low moisture soils[J]. Environment Science & Technology，1995，29（1）：171-180.

[45] Chen C，Wu S. The influence of relative humidity on the adsorption of toluene by soils-interpretation with the adsorption energy distribution functions[J]. Chemosphere，1998，37（8）：1437-1444.

[46] 孟凡勇．挥发性氯代烃在我国典型土壤中的吸附-解吸特性研究[D]．上海：上海师范大学，2011.

[47] 胡枭，樊耀波，王敏健．影响有机污染物在土壤中迁移、转化行为的因素[J]．环境科学进展，1999，7（5）：14-21.

[48] Chiou C T，Peters L J，Freed V H. A physical concept of soil-water equilibria for nonionic organic compounds[J]. Science，1979，26：831-832.

[49] Karickhoff S W，Brown D S，Scott T A. Sorption of hydrophobic pollutants on natural sediments[J]. Water Research，1979，13（3）：241-248

第4章

常温解吸应用中的问题

4.1 常温解吸应用中的拖尾现象

常温解吸一般存在气相与吸附相、气相与溶解相、吸附相和溶解相之间的传质。对非饱和土层而言，污染物大部分是以气相和吸附相形式存在。为研究常温解吸修复挥发性氯代烃污染土壤中的拖尾及其特征（拖尾期出现的时间和土壤中污染物的残留浓度），本章分别在不同温度和通风量条件下，对挥发性氯代烃污染土壤进行了实验室中试规模的修复研究。实验过程中分阶段采集土壤，并对挥发出来的气体进行实时监测和分析，从土壤中污染物浓度变化的角度，开展挥发动力学研究。

拖尾现象是指在修复过程中出现的土壤中污染物浓度已降低到较低的水平且浓度下降呈现出缓慢变化趋势的现象。根据前期现场常温解吸修复中试结果，在土壤温度较高（春秋季和夏季，土温高于 14℃）和通风条件下经长达 80 h 的修复，土壤中污染物的浓度可下降至土壤修复目标值；在冬季气温和土壤温度均较低（土温低于 5℃）的条件下，经过约 615 h 的修复，土壤中的污染物浓度仍然维持在较高水平，产生拖尾现象，且未达到场地修复目标值。本研究选用实际污染地块内的粉土和粉黏土作为代表土壤，以场地中常见的 1,2-二氯乙烷、三氯乙烯和四氯乙烯为挥发性氯代烃代表污染物，采用实验室模拟的方式，研究在不同土壤温度和通风量条件下，常温解吸修复挥发性氯代烃污染土壤的拖尾成因及污染物去除规律，并采用在拖尾期添加一定比例生石灰的方式探讨生石灰对常温解吸拖尾期低浓度挥发性氯代烃的强化去除作用。本研究结果将有助于克服挥发性污染物在常温解吸修复过程中的拖尾问题，推动这一技术在污染地块中的应用。

关于拖尾现象的成因，已有的研究解释为在处理末期，土壤中的自由态污染物已基本逸出，土壤中污染物含量较低，残留的污染物主要存在于土壤微孔中，由于传质过程受微孔孔径的限制，污染物多以捕集态和残留态形式存在于微孔中，其分子逸出难度较大，因而形成了拖尾现象。

4.2 拖尾现象的克服效果研究

4.2.1 不同土壤温度下常温解吸修复污染土壤的拖尾现象

4.2.1.1 土壤中污染物的去除动力学

不同土壤温度下，土壤中的污染物浓度随时间的变化情况见图 4-1。可以发现，在不同土壤温度下，土壤中的挥发性氯代烃污染物均表现为两个阶段的去除效果变化。在实验前期（0～7 h），土壤中的污染物浓度迅速下降，去除效果显著；在实验后期（8～24 h），随着土壤中污染物含量的减少，土壤中的污染物浓度均呈现缓慢下降趋势；再后来一段时间内，土壤中的污染物浓度基本保持不变，即出现了拖尾现象，与 Wilkins 等[1]提出的物质的非平衡传质模型比较相似。

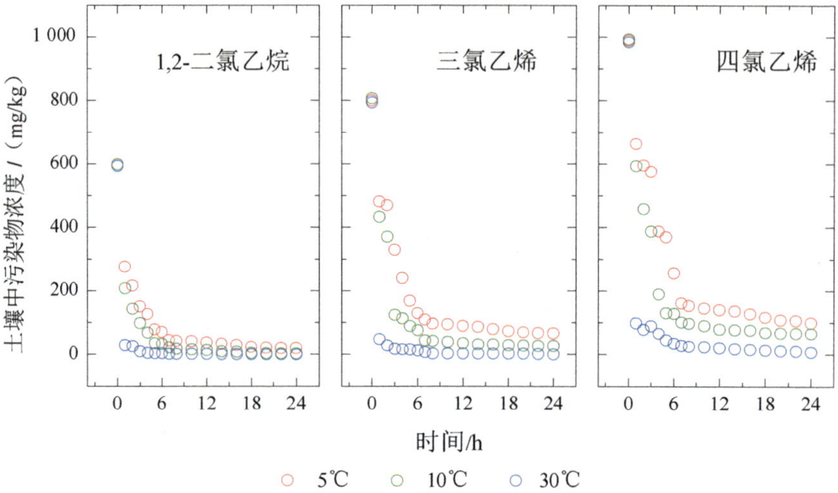

图 4-1　不同土壤温度下土壤中的污染物浓度随时间的变化情况

（实验条件：通风量 3 L/min；翻动间隔 2 h、主轴转速 200 r/min、翻动持续时间 10 s；粉土 3 000 kg + 水 600 mL+污染物 3 mL 混合后静置 48 h）

对于不同的实验条件及土壤中不同的污染物种类，拖尾期出现的时间节点和土壤中污染物的残留浓度均有较大差异。温度越高，出现拖尾的时间相应就越早，土壤中的污染物残留浓度就越低。由图 4-1 可知，土壤温度分别在 5℃、10℃和 30℃的情况下，土壤中 1,2-二氯乙烷的浓度变化拐点分别出现在 7 h、5 h 和 3 h，土壤中残留的污染物浓度分别为 44.3 mg/kg、36.1 mg/kg 和 11.3 mg/kg，至实验结束时（24 h）土壤中的残留浓度分别为 19.4 mg/kg、4.0 mg/kg 和 1.0 mg/kg；土壤中三氯乙烯的浓度变化拐点分别出现在 7 h、6 h 和 3 h，土壤中残留的污染物浓度分别为 109.5 mg/kg、77.1 mg/kg 和 19.1 mg/kg，实验结束时（24 h）土壤中的残留浓度分别为 66.1 mg/kg、28.2 mg/kg 和 2.0 mg/kg；土壤中残留的四氯乙烯浓度变化曲线的转折点分别为 7 h、6 h 和 6 h，土壤中残留的污染物浓度分别为 162.3 mg/kg、129.8 mg/kg 和 35.5 mg/kg，实验结束时（24 h）土壤中的残留浓度分别为 99.3 mg/kg、67.0 mg/kg 和 9.0 mg/kg。

实验中各处理组对 3 种污染物的去除效果见表 4-1。经过 24 h 的常温解吸，土壤中 1,2-二氯乙烷的浓度从实验开始时的 595～600 mg/kg 迅速下降至 1.0～19.4 mg/kg；三氯乙烯的浓度从实验开始时的 796～809 mg/kg 迅速下降至 2.0～66.1 mg/kg；四氯乙烯的浓度从实验开始时的 986～996 mg/kg 迅速下降至 9.0～99.3 mg/kg。其中，随着土壤温度的升高，土壤中 1,2-二氯乙烷、三氯乙烯、四氯乙烯的去除率分别从 96.77%、91.75%和 89.97%提高至 99.84%、99.75%和 99.09%。此后，土壤中的污染物开始产生拖尾现象，浓度变化缓慢。在实验结束前的 7～24 h 内，土壤中 1,2-二氯乙烷的浓度仅下降了 2.0～24.9 mg/kg，去除率仅增加了 0.33%～4.15%；三氯乙烯的浓度仅下降了 6.6～43.5 mg/kg，去除率仅增加了 0.83%～5.43%；四氯乙烯的浓度仅下降了 19.6～63.0 mg/kg，去除率仅增加了 1.99%～6.36%。

此外，土壤中 1,2-二氯乙烷、三氯乙烯和四氯乙烯的修复目标值分别为 0.82 mg/kg、5.19 mg/kg 和 22.00 mg/kg。与表 4-1 中的浓度值相比，土壤中 1,2-二氯乙烷浓度无论在何种温度条件下，在 24 h 的实验周期内仍未达到该场地土壤的修复目标值要求；与 1,2-二氯乙烷不同的是，在 30℃条件下，三氯乙烯和四氯乙烯可在 8 h 和 12 h 的实验周期内分别达到各自的修复目标值要求。

表 4-1　不同环境温度下土壤中污染物的去除效果

污染物名称	土壤温度/℃	初始浓度/（mg/kg）	实验后浓度/（mg/kg）	去除率/%
1,2-二氯乙烷	5	600	19.4	96.77
	10	600	4.0	99.34
	30	595	1.0	99.84
三氯乙烯	5	801	66.1	91.75
	10	809	28.2	96.52
	30	796	2.0	99.75
四氯乙烯	5	990	99.3	89.97
	10	996	67.0	93.27
	30	986	9.0	99.09

注：本实验场地土壤中 1,2-二氯乙烷的修复目标值为 0.82 mg/kg、三氯乙烯的修复目标值为 5.19 mg/kg、四氯乙烯的修复目标值为 22 mg/kg；实验条件为常温解吸 24 h。

在整个污染物去除过程中，土壤中污染物的浓度与时间符合指数函数动力学方程（拟合结果见表 4-2），即

$$C_t = a + b\mathrm{e}^{ct} \tag{4-1}$$

式中：C_t —— t 时刻土壤中污染物的浓度，mg/kg。

表 4-2 不同土壤温度下的挥发动力学方程拟合

污染物名称	土壤温度/℃	指数函数方程	R^2
1,2-二氯乙烷	5	$C_t = 34.4 + 540\mathrm{e}^{-0.57t}$	0.974
	10	$C_t = 18.5 + 587\mathrm{e}^{-0.85t}$	0.977
	30	$C_t = 4.83 + 590\mathrm{e}^{-3.03t}$	0.998
三氯乙烯	5	$C_t = 70.7 + 708\mathrm{e}^{-0.37t}$	0.979
	10	$C_t = 32.0 + 768\mathrm{e}^{-0.55t}$	0.980
	30	$C_t = 8.7 + 787\mathrm{e}^{-2.94t}$	0.998
四氯乙烯	5	$C_t = 101.5 + 857\mathrm{e}^{-0.27t}$	0.970
	10	$C_t = 70.3 + 908\mathrm{e}^{-0.45t}$	0.986
	30	$C_t = 32.7 + 953\mathrm{e}^{-2.55t}$	0.988

4.2.1.2 排气口污染物浓度的变化

排气口排出的尾气每 15 min 由便携式气相色谱自动抽气进行分析。可根据尾气污染物浓度的变化来判断常温解吸的效果。当尾气污染物浓度很低且基本不变时，表明试验过程已经进入拖尾期，这时候加入生石灰联合常温解吸进一步修复污染土壤，处理效果会更好。图 4-2 为不同土壤温度下尾气中污染物的质量浓度随时间的变化关系。

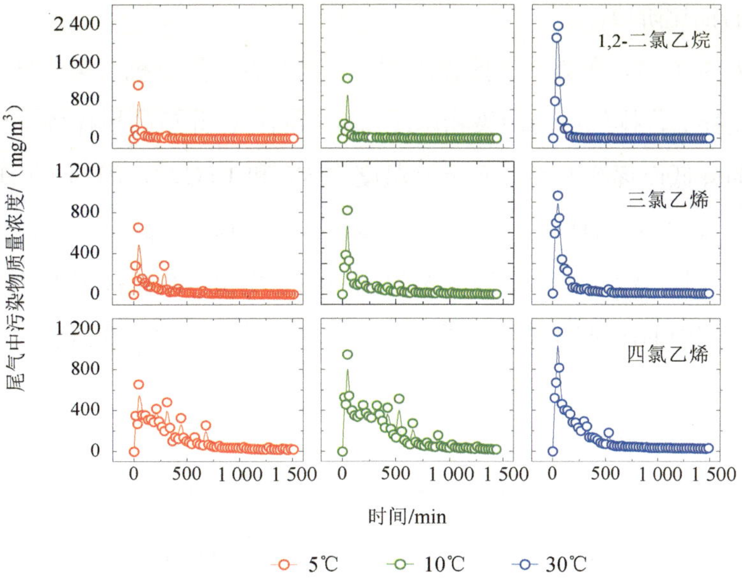

图 4-2　不同土壤温度下尾气中污染物的质量浓度随时间的变化关系

（实验条件：通风量 3 L/min；翻动间隔 2 h、主轴转速 200 r/min、翻动持续时间 10 s；粉土 3 000 kg + 水 600 mL+污染物 3 mL 混合后静置 48 h）

常温解吸一般存在气相与吸附相、气相与溶解相、吸附相和溶解相之间的传质，对于非饱和土层来说，污染物大多以气态或吸附态形式存在。污染土壤在被放入机器内但还未进行通风、搅拌等操作前，其中的污染物分别存留在污染物液相和土壤固、液、气三相中，由于部分污染物会挥发转变为气相，因此土壤中以气相状态存在的污染物浓度逐渐增大，这一点从仪器启动初期排气口污染物的浓度就能明显看出。由图 4-2 可知，不同土壤温度下 3 种污染物的质量浓度均在 60 min 内迅速升高，且在约 60 min 时达到峰值，随后均出现不同程度的下降。

通风前期，主要发生的是污染物液相-土壤气相-土壤水相间的传质过程，即污染物从液相挥发和溶解至土壤的气相和水相中。因为污染物向土壤气相扩散的扩散系数远高于向土壤液相扩散的扩散系数（高出 4 个数量级）[2]，所以污染物液相和土壤气相间的扩散传质迅速。随着不断地通风，土壤气相中污染物的浓度逐渐减小，排气口污染物的浓度也迅速下降，故形成了脉冲的图谱。在通风实验末期，大部分污染物已被除去，污染物的液相基本消失，此时主要考虑的因素是污染物分子在土壤固相中的传质速率。通常情况下，固相土壤表面有水膜覆盖，而气相、固相之间很少存在相界面，残留的污染物在土壤中很难与气体产生直接接触，大都需要通过水相缓慢扩散进入土壤的孔道，然后随通入的气体排出。在该传质过程中，土壤中残留的污染物在固/液界面及土壤孔隙中的传质速率较慢，因此出现后期的拖尾阶段。

土壤温度为30℃时，在第一个搅拌周期内，已经有大量有机污染物转变为了气相，所以开始通风、搅拌后，排气口的污染物浓度就相当高；在此后的搅拌周期中，脉冲峰值随着污染物浓度的降低而逐渐变小。而土壤温度为5℃和10℃时，因为土壤环境温度较低，所以在第一个通风、搅拌周期内，土壤中的三氯乙烯和四氯乙烯仅有部分挥发转变为气相。随着实验时间的延长，污染物转变为气相的速率相应变快，故在接下来的两个周期内脉冲峰值也较大，土壤中的污染物浓度降至一定水平后，相应的脉冲峰值就越来越小。

4.2.2 不同通风量下常温解吸修复污染土壤的拖尾现象

不同通风量下，土壤中污染物的浓度随时间的变化情况见图4-3。在不同的通风量下，土壤中各污染物的浓度变化趋势和变化规律与温度实验的结果基本相同。土壤中不同的挥发性氯代烃污染物均表现出两个阶段的去除效果变化。

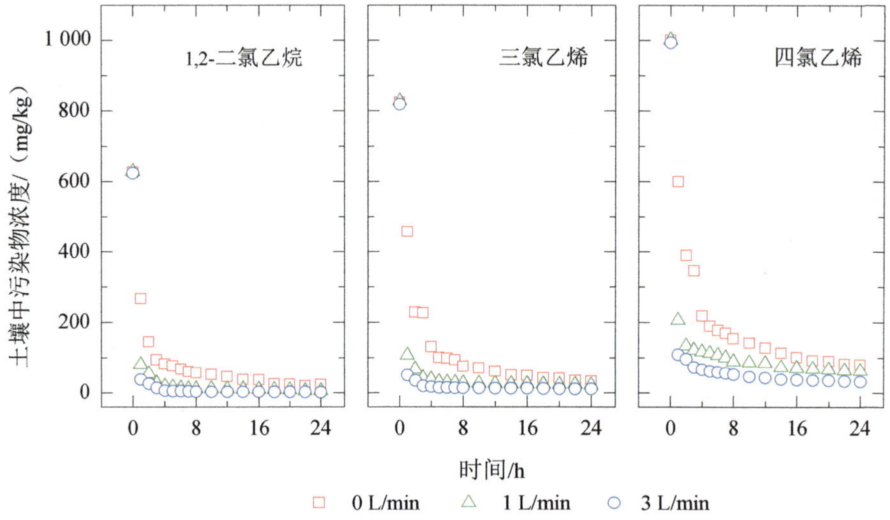

图4-3 不同通风量下土壤中污染物的浓度随时间的变化情况

（实验条件：土壤温度20℃；翻动间隔2 h、主轴转速200 r/min、翻动持续时间10 s；粉土3 000 kg＋水600 mL+污染物3 mL混合后静置48 h）

由图4-3可以看出，在实验的前期（0～7 h），土壤中污染物的浓度迅速下降，去除效果显著；在实验后期（8～24 h），随着土壤中污染物含量的减小，土壤中的污染物浓度均呈现缓慢下降趋势，之后土壤中的污染物浓度变化趋于平缓，产生拖尾现象，该现象与Wilkins等[1]建立的非平衡传质扩散模型比较相似。整个去除过程中，土壤中污染物的浓度与时间符合指数函数动力学方程，其拟合结果见表4-3。

表 4-3 不同通风量下的挥发动力学方程拟合

污染物名称	通风量/（L/min）	指数函数方程	R^2
1,2-二氯乙烷	0	$C_t = 45.1 + 576e^{-0.88t}$	0.986
	1	$C_t = 14.8 + 614e^{-2.11t}$	0.995
	3	$C_t = 6.58 + 618e^{-2.86t}$	0.998
三氯乙烯	0	$C_t = 57.2 + 757e^{-0.61t}$	0.985
	1	$C_t = 30.6 + 798e^{-2.25t}$	0.997
	3	$C_t = 15.9 + 805e^{-3.05t}$	0.999
四氯乙烯	0	$C_t = 112.6 + 866e^{-0.51t}$	0.986
	1	$C_t = 89.6 + 913e^{-1.97t}$	0.991
	3	$C_t = 51.3 + 944e^{-2.69t}$	0.994

实验中各处理组对 3 种污染物的去除效果见表 4-4。由表可知，在实验前期（0～7 h），各个实验通风量下土壤中的 3 种污染物（1,2-二氯乙烷、三氯乙烯、四氯乙烯）含量均呈快速下降趋势。其中，土壤中 1,2-二氯乙烷的浓度从实验开始时的 625～629 mg/kg 迅速下降至 2.9～23.5 mg/kg，污染物去除率达 96.26%～99.54%；土壤中三氯乙烯的浓度从实验开始时的 821～829 mg/kg 迅速下降至 12.0～23.3 mg/kg，去除率达 97.19%～98.54%；土壤中四氯乙烯的浓度从实验开始时的 995～1 003 mg/kg 迅速下降至 33.4～80.3 mg/kg，去除率达 93.69%～96.65%。在此之后，土壤中的污染物浓度变化曲线开始出现拖尾现象，浓度下降缓慢。在实验结束前的 7～24 h，土壤中 1,2-二氯乙烷的浓度仅下降了 3.0～6.6 mg/kg，去除率仅增加了 0.47%～1.05%；土壤中三氯乙烯的浓度仅下降了 3.9～6.2 mg/kg，去除率仅增加了 0.47%～0.75%；土壤中四氯乙烯的浓度仅下降了 23.5～37.9 mg/kg，去除率仅增加了 2.36%～3.78%。

表 4-4 不同通风量下土壤中污染物的去除效果

污染物名称	通风量/（L/min）	初始浓度/（mg/kg）	实验后浓度/（mg/kg）	去除率/%
1,2-二氯乙烷	0	627	23.5	96.26
	1	629	6.4	98.99
	3	625	2.9	99.54
三氯乙烯	0	825	33.3	95.97
	1	829	23.3	97.19
	3	821	12.0	98.54

污染物名称	通风量/（L/min）	初始浓度/（mg/kg）	实验后浓度/（mg/kg）	去除率/%
四氯乙烯	0	1 001	80.3	91.97
	1	1 003	63.3	93.69
	3	995	33.4	96.65

注：本实验场地土壤中各污染物的修复目标分别为 1,2-二氯乙烷 0.82 mg/kg、三氯乙烯 5.19 mg/kg、四氯乙烯 22 mg/kg；实验条件为常温解吸 24 h。

4.2.3　土壤质地对拖尾期污染物残留浓度的影响

土壤质地的差异会影响土壤中污染物的残留浓度。图 4-4 给出了粉土和粉黏土修复 24 h 后土壤中的污染物残留浓度。由图中可知，修复后粉黏土和粉土中的污染物残留浓度存在较大差异，在相同时间内，粉土中 1,2-二氯乙烷、三氯乙烯和四氯乙烯修复后的残留浓度均明显低于粉黏土中这些污染物的残留浓度，说明粉黏土中的污染物相对来说更不易被去除，土壤质地会影响拖尾期土壤中污染物的浓度。

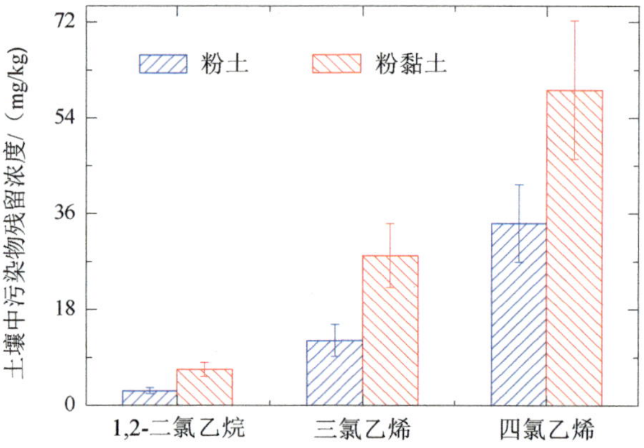

图 4-4　相同通风量下不同土壤中污染物的残留浓度

（实验条件：通风量 3 L/min；土壤温度 20℃；t =24 h；翻动间隔 2 h、主轴转速 200 r/min、翻动持续时间 10 s；实验重复 3 次，即 n=3）

不同土壤的有机质含量、比表面积、颗粒组成、孔隙分布特征等均有较大的差异，故不同土壤中污染物的修复效果也存在差异[3, 4]。有研究显示，土壤中有机质的含量高于 0.1%时，即可忽略矿物质对污染物吸附产生的影响，因此，矿物质成分对有机污染物的吸附作用是次要的。Wang 等[5]对有机氯农药在土壤中的赋存状态的研究显示，土壤对有机氯农药的吸附量和土壤中有机质的含量有一定程度的相关关系。土壤中的有机质聚合度越高，有机污染物的去除速率就越低，其解吸滞后程度也就越大。存在于土壤表面的部分污染物在土壤的固相、污染物气相以及液相之间产生浓度的动态平衡，一部分通过液相和气相的扩散存在于土壤孔隙结构中，并被吸附到有机质表面，更有小部分可能从有机质表面或从小孔隙扩散至有机质内部，故其中的有机质含量越高，土样颗粒的吸附位点就越多，吸附力和吸附量就越大，污染物就越难以经简单的物理作用从土壤中解吸。在本实验研究中，粉黏土样品的有机质含量为 3.0%，而粉土样品中的有机质含量为 2.4%，表明粉黏土对该类污染物的吸附量大于粉土的吸附量，Alves 等[6]和 Bell 等[7]认为有机质含量越低的土壤对有机污染物的吸附容量就越小，这会使得剩余的大部分污染物都留存在土壤气相部分，将便于使用常温解吸除去土壤中的污染物。同理，有机质含量越高的土壤对有机污染物的吸附量就越大，降低了污染物的可移动性。由此可以认为，粉黏土修复 24 h 后，土壤中的污染物残留浓度高于粉土，部分原因是粉黏土样品的有机质含量较高。

污染物在土壤颗粒之间挥发时，先从深层向土样表面迁移，之后从土样表面挥发入大气环境。在该微观过程中，土壤颗粒的吸附作用会减小污染物的挥发量，使土壤中残留态污染物含量增多，从而影响土壤常温解吸的修复效果，土壤的颗粒组成也会影响有机污染物的残留浓度[8-10]。粉黏土相较于粉土来说，其拖尾期的污染物残留浓度较高，可将其归因于粉黏土中小粒径的黏粒含量较高。小粒径的黏粒含量越高，对应的比表面积越大，土壤对有机污染物的吸附容量就越大，土壤中以吸附态或残留态存在的污染物含量就越多，这一现象降低了土壤中有机污染物的迁移能力，同时对土壤中污染物的挥发产生抑制。此外，小粒径黏粒含量较高的粉黏土与有机污染物通过范德华力、氢键等作用力的键合强度远大于黏粒含量较少的粉土，使得污染物从土壤中解吸的难度增大[11-13]。粉粒与黏粒相比，其亲水性较差。含有大量粉粒的粉土中，液态水多集中在较大的孔内，少量溶解在水里的污染物很容易随着液体在较大的孔之间扩散，且在一定的条件下可以从液体中挥发出来；而在粉黏土中，由于含有大量亲水性的黏粒且颗粒间的孔较小，因此液态水携带污染物存在于小孔中，逸出速率较缓且易在小孔中残留[14, 15]。这进一步解释了为什么修复 24 h 后粉黏土中污染物的残留浓度高于粉土中污染物的残留浓度。

孔径大于 50 nm 的孔被称为大孔，它是气体扩散传质的主要通道；孔径在 2～50 nm 之间的孔被称为中孔，它是气体分子扩散进入微孔的通道，且易吸附大分子物质；孔径小于 2 nm 的孔被称为微孔，它极易吸附小分子物质[16]。结合土壤孔隙特征测定结果，粉黏土的微孔和中孔含量均高于粉土，且粉土中孔的孔径大于粉黏土中孔的孔径，粉黏土中大孔的含量低于粉土中大孔的含量。这就很好地解释了为什么在修复结束时土壤中污染物的残留

浓度 $C_{粉土}<C_{粉黏土}$。此外，有研究认为中孔和微孔的协同作用会增加土壤对污染物的吸附能力，即中孔和微孔的含量越高，土壤对污染物的吸附能力就越强，同时中孔和微孔的孔壁与污染物之间的相互作用力越强，土壤中残留态或吸附态污染物的含量就越高[17-19]。Ma 等[20]和 Sun 等[21]认为土壤的比表面积主要与中孔和微孔的含量及孔径有关，即中孔和微孔越多，土壤的比表面积就越大，同时，中孔和微孔的孔径越小，比表面积也越大，土壤中以残留态存在的污染物的量就越多。粉黏土由于中孔和微孔较多，但大孔较少，且孔隙度和渗透性较低，减慢了空气在土壤中的对流和传质，也降低了污染物与空气直接接触的可能性，因此粉黏土中污染物的残留浓度较高[4, 22, 23]。

4.2.4 污染物理化性质对拖尾期污染物残留浓度的影响

常温解吸处理挥发性氯代烃污染土壤的过程实际上是通过物理方式促进土壤中污染物挥发的过程，这一过程也是在外力作用下，污染物在气、液、固三相中分配的过程，常用土壤-水分配系数（K_d）来描述，会受到辛醇-水分配系数（K_{ow}）和溶解度的影响，可以通过实验获得，也可以通过经验方程进行估算。在数据处理过程中，引入土壤-有机碳分配系数（K_{oc}），其与土壤本身的性质无关，但可以用来表示化合物分子被吸附的趋势。二者之间的关系为

$$K_d = K_{oc} \cdot f_{oc} \tag{4-2}$$

式中：K_d——土壤-水分配系数，cm^3/g；

K_{oc}——土壤-有机碳分配系数，L/kg；

f_{oc}——土壤中有机碳质量分数，量纲为 1。

辛醇-水分配系数是指有机物在等体积的辛醇-水混合液中的污染物浓度比，该系数主要反映了某一化合物的疏水性或亲水性。有机物的 K_{ow} 越大，其疏水性越强。K_{ow} 与 K_{oc} 在数值上满足如下关系，即

$$\log K_{oc} = 0.078\,4 + (0.6919 \times \log K_{ow}) \tag{4-3}$$

式中：K_{ow}——辛醇-水分配系数；

K_{oc}——污染物在水和有机质之间的分配系数。

查阅相关文献资料，汇总出本实验中的 3 种污染物在不同土质中的主要理化性质参数见表 4-5。对 1,2-二氯乙烷、三氯乙烯和四氯乙烯这 3 种物质而言，其饱和蒸气压满足 $P_{三氯乙烯}>P_{1,2\text{-}二氯乙烷}>P_{四氯乙烯}$，其挥发性亦与此趋势相同。

K_d 值的大小反映了污染物吸附在土壤颗粒上的部分与溶解在土壤水中的部分的分配情况。在常温解吸修复污染土壤的后期，气态污染物的主体部分均已挥发，K_d 值在一定程度上可以解释常温解吸在处理不同土壤时各污染物拖尾浓度的差异，结果见表 4-5。在常温解吸的拖尾阶段，$K_{d\,四氯乙烯}>K_{d\,三氯乙烯}>K_{d\,1,2-二氯乙烷}$，故可知四氯乙烯的疏水性最强，1,2-二氯乙烷的亲水性最强。四氯乙烯的 K_{oc} 最高（为 364）、吸附性最强，1,2-二氯乙烷的 K_{oc} 最低（为 30）、吸附性最弱。拖尾阶段残留污染物主要吸附在土壤颗粒上，这就解释了为什么污染物残留浓度 $C_{四氯乙烯}>C_{三氯乙烯}>C_{1,2-二氯乙烷}$。

表 4-5　各污染物在不同土质中的主要理化性质参数

污染物名称	饱和蒸气压（20℃）/kPa	$\log K_{ow}$	溶解度（20℃）/（mg/L）	K_{oc}	$K_{d\,粉土}$	$K_{d\,粉黏土}$
1,2-二氯乙烷	25.50	1.47	8 520	30	0.9	1.3
三氯乙烯	32.69	2.17	1 100	126	3.8	5.5
四氯乙烯	18.49	2.67	200	364	10.9	16.0

可用一级反应动力学方程描述不同温度条件下污染物在土壤中的挥发速率，即

$$\ln(c/c_0)=a-kt \tag{4-4}$$

式中：c——i 时刻土壤中污染物的浓度，mg/kg；

c_0——土壤中污染物的初始浓度，mg/kg；

a——常数，量纲一；

k——反应速率常数，量纲一；

t——时间，h。

计算结果见表 4-6。由表 4-6 可知，对于不同的污染物，无论在何种温度条件下，1,2-二氯乙烷的挥发速率常数均最大，三氯乙烯次之，四氯乙烯最小。结合表 3-2 中这 3 种污染物的饱和蒸气压大小来看，挥发速率从大到小依次为三氯乙烯、1,2-二氯乙烷、四氯乙烯；结合分子量大小来看，挥发速率从大到小依次为 1,2-二氯乙烷、三氯乙烯、四氯乙烯。由于受到污染物各种性质的综合影响，污染物的挥发速率常数呈现出表 4-6 的结果，即 1,2-二氯乙烷的挥发速率常数最大，故其除去速率最快；四氯乙烯的挥发速率常数最慢；三氯乙烯的挥发速率常数介于二者之间。

表 4-6 不同温度条件下污染物的挥发速率常数

温度/℃	1,2-二氯乙烷	三氯乙烯	四氯乙烯
5	0.32	0.27	0.23
10	0.41	0.37	0.30
30	0.54	0.47	0.34

4.2.5 拖尾现象的克服效果研究小结

（1）在不同土壤温度和通风量下，常温解吸修复挥发性氯代烃污染土壤的后期均存在拖尾现象。对于不同的实验条件和土壤中不同的污染物种类，其拖尾期出现的时间节点和土壤中污染物的残留浓度差异较大。土壤温度越高、通风强度越大，土壤中出现拖尾现象的时间就越早，土壤中污染物的残留浓度就越低。

（2）在拖尾期，与粉土相比，粉黏土中污染物的残留浓度较高，可将其归因于粉黏土中较高的黏粒含量（约为粉土的 2 倍）、较低的砂粒含量（约为粉土的 1/2）、较大的中孔和微孔累积总孔容（高于粉土的 2 倍）、较大的比表面积（约为粉土的 2 倍），以及较高的有机质含量（约为粉土的 1.5 倍），这些因素共同抑制了土壤中污染物的去除。

（3）拖尾期在粉土和粉黏土中添加 3%生石灰（生石灰与干土质量比）后，土壤中污染物的浓度均出现明显且快速的下降趋势。在较短的时间内（0.5 h），粉土中 1,2-二氯乙烷、三氯乙烯和四氯乙烯的浓度分别从添加生石灰初期的 2.9 mg/kg、12.3 mg/kg 和 34.3 mg/kg 降低至 0.8 mg/kg、2.7 mg/kg 和 2.5 mg/kg，同时粉黏土中 1,2-二氯乙烷、三氯乙烯和四氯乙烯的浓度则分别从 6.8 mg/kg、28.2 mg/kg 和 60.3 mg/kg 降低至 1.4 mg/kg、5.7 mg/kg 和 7.5 mg/kg。

参考文献

[1] Wilkins M D，Abriola L M，Pennell K D. An experimental investigation of rate-limited nonaqueous phase liquid volatilization in unsaturated porous media：Steady state mass transfer[J]. Water Resources Research，1995，31（9）：2159-2172.

[2] Yoon H，Kim J H，Liljestrand H M，et al. Effect of water content on transient nonequilibrium NAPLs–gas mass transfer during soil vapor extraction[J]. Journal of Contaminant Hydrology，2002，54（1）：1-18.

[3] Li Y，Zheng X，Li B，et al. Volatilization behaviors of diesel oil from the soils[J]. Journal of Environmental Sciences，2004，16（6）：1033-1036.

[4] Qin C Y，Zhao Y S，Zheng W，et al. Study on influencing factors on removal of chlorobenzene from unsaturated zone by soil vapor extraction[J]. Journal of Hazardous Materials，2010，176（1）：294-299.

[5] Wang P，Keller A A. Particle-size dependent sorption and desorption of pesticides within a water-soil-nonionic surfactant system[J]. Environmental science & technology，2008，42（9）：3381-3387.

[6] Alves S A，Teresa P M，Tomás A J，et al. Biocomplementation of SVE to achieve clean-up goals in soils contaminated with toluene and xylene[J]. Environmental Monitoring and Assessment，2013，185（10）：8429-8438.

[7] Bell K Y，LeBoeuf E J. Influence of temperature and macromolecular mobility on sorption of TCE on humic acid coated mineral surfaces[J]. Chemosphere，2013，90（2）：176-181.

[8] Breus I P，Mishchenko A A. Sorption of volatile organic contaminants by soils（a review）[J]. Eurasian Soil Science，2006，39（12）：1271-1283.

[9] Cabbar H C. Effects of humidity and soil organic matter on the sorption of chlorinated methanes in synthetic humic-clay complexes[J]. Journal of Hazardous Materials，1999，68（3）：217-226.

[10] Chiou C T，Shoup T D，Poter P E. Mechanistic roles of soil humus and minerals in the sorption of nonionic organic-compounds from aqueous and organic solutions[J]. Organic Geochemistry，1985，8（1）：9-14.

[11] LeBoeuf E J，Weber W J. A distributed reactivity model for sorption by soils and sediments. 8. Sorbent organic domains：discovery of a humic acid glass transition and an argument for a polymer-based model[J]. Environmental Science & Technology，1997，31（6）：1697-1702.

[12] Lee C，Song H，Fang M. Concentrations of chlorobenzenes，hexachlorobutadiene and heavy metals in surficial sediments of Kaohsiung coast，Taiwan[J]. Chemosphere，2000，41（6）：889-899.

[13] Xu S，Jiang X，Dong Y，et al. Polychlorinated organic compounds in Yangtse River sediments[J]. Chemosphere，2000，41（12）：1897-1903.

[14] Ko J H，Musson S，Townsend T. Destruction of trichloroethylene during hydration of calcium oxide[J]. Journal of Hazardous Materials，2010，174（1）：876-879.

[15] Ko J. Impacts of quicklime application on chlorinated ethylenes in soil[D]. Gainesville：University of Florida，2007.

[16] Jin H N，Massou D K. Effective diffusivity and water-saturation distribution in single and two layer PEMFC diffusion medium[J]. International Journal of Heat and Mass Transfer，2003，46（24）：4595-4611.

[17] Hu Q，Li J J，Hao Z P，et al. Dynamic adsorption of volatile organic compounds on organofunctionalized SBA-15 materials[J]. Chemical Engineering Journal，2009，149（1）：281-288.

[18] Hu Q，Li J，Qiao S，et al. Synthesis and hydrophobic adsorption properties of microporous/mesoporous hybrid materials[J]. Journal of Hazardous Materials，2009，164（2）：1205-1212.

[19] Zhang W，Qu Z，Li X，et al. Comparison of dynamic adsorption/desorption characteristics of toluene on different porous materials[J]. Journal of Environmental Sciences，2012，24（3）：520-528.

[20] Ma Y，Zheng X，Anderson S H，et al. Diesel oil volatilization processes affected by selected porous media[J]. Chemosphere，2014，99：192-198.

[21] Sun K，Ran Y，Yang Y，et al. Interaction mechanism of benzene and phenanthrene in condensed organic matter：Importance of adsorption（nanopore-filling）[J]. Geoderma，2013，204：68-74.

[22] Peng S，Wang N，Chen J. Steam and air co-injection in removing residual TCE in unsaturated layered sandy porous media[J]. Journal of Contaminant Hydrology，2013，153：24-36.

[23] Qi Z，Chen T，Bai S，et al. Effect of temperature and particle size on the thermal desorption of PCBs from contaminated soil[J]. Environmental Science and Pollution Research，2014，21（6）：4697-4704.

第5章

常温解吸的强化方法及强化机制

5.1　生石灰对常温解吸的强化作用

国内外学者曾尝试采用加热提高土壤温度、添加微生物等方式来提高挥发性氯代烃污染土壤的修复效率。但由于其成本较高、修复周期长，不太适宜于大面积推广应用。生石灰作为常用的碱性氧化物，可与水发生反应并产生大量热量，加快污染土壤中挥发性污染物的去除，且材料易得，成本低廉，辅助修复过程简单、易于操作。为了解生石灰对常温解吸修复挥发性氯代烃污染土壤的强化去除速率以及最终去除效果（用土壤中污染物的残留量表征），本章采用在污染土壤中添加不同比例生石灰的方法，结合常温解吸修复工艺，对生石灰强化去除土壤中挥发性氯代烃的过程进行了模拟研究，优化生石灰的最佳添加量，同时从反应产物的组分及浓度变化角度，追踪土壤中挥发性氯代烃在修复过程中的迁移转化路径及归宿，分析土壤本身的理化性质对挥发性氯代烃污染土壤修复产生的影响。本研究可为进一步提高我国挥发性有机物污染土壤的常温解吸修复速度和修复效果提供基础参数及依据。

5.1.1　生石灰对常温解吸拖尾期低浓度残留挥发性氯代烃的强化去除作用

在修复过程的拖尾期，若污染物的浓度不能出现显著下降会直接造成通风效率下降，污染物浓度无法下降至场地修复目标值，相应地就需要花费更多的时间来进行修复，可采取强化效果加快去除土壤中的残留污染物。

为了了解生石灰对拖尾阶段土壤中污染物的强化处理效果，本研究采用前期 24 h 实验拖尾期的污染土壤，在其中加入了一定比例的生石灰，继续采用常温解吸工艺，比较添加生石灰后土壤中污染物浓度的变化情况。考虑到污染物的去除效果及其使用成本等实际情况，一般情况下，生石灰的添加量最大不会超过 20%。Ko 等[1]的研究发现，在三氯乙烯污染土壤中加入 20%的生石灰，会导致更毒副产物的形成；当生石灰添加量减少至 5%时，不仅有较好的去除效果，且没有有毒物质产生。鉴于上述原因，加之本实验主要是为了进一步降低常温解吸工艺污染物残留、减少拖尾效应，因此确定本研究的生石灰添加比例为 3%（生石灰与干土质量比）。

图 5-1 给出了加入生石灰后土壤中 1,2-二氯乙烷、三氯乙烯和四氯乙烯的浓度变化情况。由图可知，在粉土和粉黏土中加入生石灰后，在较短的时间（0.5 h）内，土壤中 3 种污染物的含量均出现了明显、快速的下降。其中，粉土中 1,2-二氯乙烷、三氯乙烯和四氯乙烯浓度分别从添加生石灰初期的 2.9 mg/kg、12.3 mg/kg 和 34.3 mg/kg 迅速下降至

0.8 mg/kg、2.7 mg/kg 和 2.5 mg/kg，此时的浓度已达到土壤的污染物修复目标值；此后，土壤中污染物浓度的下降趋缓，28 h 以后重新出现拖尾现象，土壤中 3 种污染物的浓度基本维持不变。在另一种典型土壤（粉黏土）中加入生石灰后的强化处理效果及其土壤中污染物浓度的变化规律基本同粉土一致；添加生石灰 0.5 h 后，粉黏土中 1,2-二氯乙烷、三氯乙烯和四氯乙烯浓度分别从初期的 6.8 mg/kg、28.2 mg/kg 和 60.3 mg/kg 下降至 1.4 mg/kg、5.7 mg/kg 和 7.5 mg/kg，仅有四氯乙烯的浓度值达到土壤污染物的修复目标值要求。粉黏土与粉土相比，拖尾期污染物的浓度较高，主要原因是粉黏土的黏粒含量较大、颗粒粒径较小、比表面积较大，导致污染物分子更易被其表面所含有的官能团固定，从而增大有机污染物在土壤中滞留的可能性[2]。

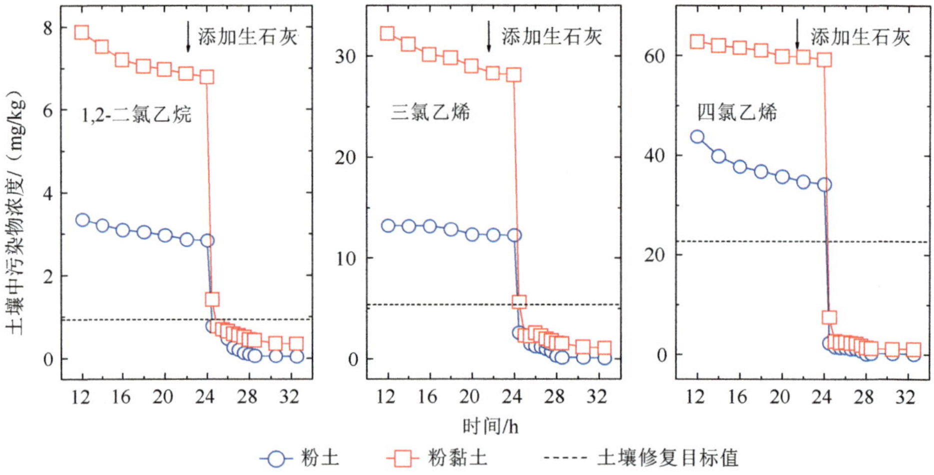

图 5-1 在拖尾期添加生石灰后土壤中污染物浓度的急剧变化情况

（实验条件：通风量 3 L/min；土壤温度 20℃；t =24 h 时加入质量分数为 3%的生石灰，继续常温解吸工艺 8.5 h；翻动间隔 2 h、主轴转速 200 r/min、翻动持续时间 10 s）

在拖尾期土壤中添加一定量的生石灰，可明显改善土壤中有机污染物的拖尾效应、缩短样品的修复周期并进一步降低滞留的污染物浓度。该结果不仅能够直接运用在常温解吸修复工艺中，有效解决因拖尾问题导致的土壤中挥发性有机物残留过高、难以达到场地土壤修复目标值要求的难题，特别是在低温、高含水量和黏性土壤等限制性因素下，还可应用于其他类似的异位挥发性有机污染土壤的各种修复技术，或配合其他相关修复技术，用于拖尾期土壤中低含量污染物的进一步处理，具有明显的实际应用和推广价值。

5.1.1.1 生石灰对常温解吸修复中低浓度挥发性氯代烃污染土壤的强化作用小结

本节以污染土壤中最具代表性的挥发性氯代烃污染物 1,2-二氯乙烷、三氯乙烯和四氯乙烯等为代表，利用一套模拟常温解吸处理挥发性有机污染土壤的实验装置，结合其修复工艺，采用在污染土壤添加一定比例生石灰的研究方法，研究了常温解吸修复挥发性氯代烃污染土壤过程的拖尾现象及后续生石灰对污染物拖尾的强化处理效果，主要结论如下。

在拖尾期的粉土和粉黏土中添加 3%生石灰（生石灰与干土质量比），土壤中污染物浓度均出现明显、快速的下降。在较短的时间（0.5 h）内，粉土中 1,2-二氯乙烷、三氯乙烯和四氯乙烯浓度分别从添加生石灰初期的 2.9 mg/kg、12.3 mg/kg 和 34.3 mg/kg 降低至 0.8 mg/kg、2.7 mg/kg 和 2.5 mg/kg，同时粉黏土中的 1,2-二氯乙烷、三氯乙烯和四氯乙烯的浓度则分别从初期的 6.8 mg/kg、28.2 mg/kg 和 60.3 mg/kg 降低至 1.4 mg/kg、5.7 mg/kg 和 7.5 mg/kg。

5.1.2　生石灰对常温解吸修复中高浓度挥发性氯代烃污染土壤的强化作用

5.1.2.1　不同生石灰添加量下的强化修复效果

为比较不同的生石灰添加量对挥发性氯代烃污染土壤的强化修复效果，本研究人工配制三氯乙烯污染的黏土，利用小型模拟装置开展实验研究，添加的生石灰量等于干土质量的 0～20%。实验过程中分阶段（5～120 min）采集从装置挥发出来的气体污染物，用甲醇溶液吸收，通过测定分析每个时间段用甲醇收集到的挥发出来的污染物的量，比较不同的生石灰添加量下土壤中污染物挥发量的差异。

（1）生石灰添加量对土壤中三氯乙烯去除效果的影响

添加不同量生石灰处理 2 h 后黏土中三氯乙烯的总去除率见表 5-1，总去除率的计算方法为

$$R=\left(1-\frac{C_{s,j}}{C_{s,i}}\right)\times 100 \tag{5-1}$$

式中：R——土壤中三氯乙烯的总去除率，%；

$C_{s,j}$——实验结束时土壤中三氯乙烯的浓度，mol；

$C_{s,i}$——实验开始时土壤中三氯乙烯的浓度，mol。

由表 5-1 可知，在土壤中添加生石灰可明显提高土壤中三氯乙烯的去除效率。随着生石灰添加量的不断增加，三氯乙烯的去除量也不断增多，土壤中三氯乙烯去除率的最大增长幅度为 4.8%。生石灰添加量为 3%时去除效果最显著，其后增加较缓慢，基本稳定在 99%以上。这一实验结果与 Ko 等[3]的研究结果相比，规律基本一致，但因本研究增加了机械

扰动，所以去除效率也就有了大幅度的提高。

表 5-1 添加不同量生石灰后黏土中三氯乙烯的去除效果

生石灰添加比例/%	初始浓度/（mg/kg）	实验后浓度/（mg/kg）	去除率/%	修复效果
0	533	29.7	94.43	未达要求
1	533	17.0	96.82	未达要求
2	533	10.3	98.07	未达要求
3	533	7.1	98.67	未达要求
5	533	6.3	98.83	未达要求
10	533	5.0	99.06	达到要求
20	533	4.1	99.23	达到要求

注：土壤样品的三氯乙烯修复目标值为 5.19 mg/kg，以 10^{-5} 的致癌风险或值为 1 的非致癌危害商作为可接受风险水平，使用 RBCA 模型，用向后模式计算。

（2）生石灰添加量对土壤中三氯乙烯残留浓度的影响

修复后的土壤中污染物的残留浓度对场地修复目标的实现有重要意义。如修复后土壤中污染物的浓度仍超过场地土壤的修复目标值，则说明其修复效果尚未达标，无论其去除效率有多高，都需要通过延长修复时间或增加强化效果以继续修复。图 5-2 为添加不同量生石灰处理 2 h 后黏土中三氯乙烯的残留浓度。

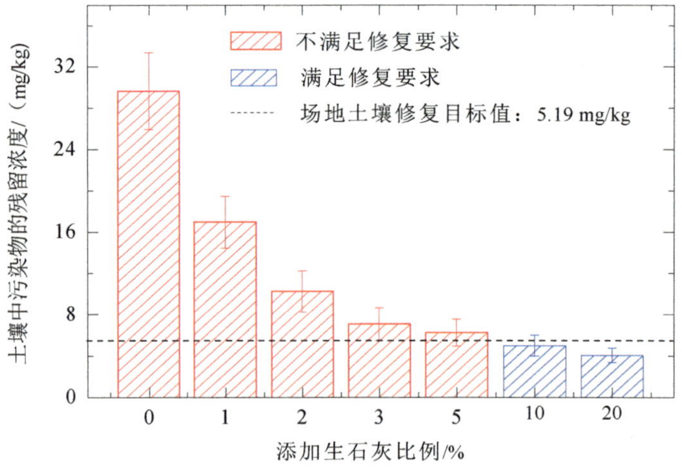

图 5-2 添加不同量生石灰后黏土中三氯乙烯的残留浓度

（实验条件：通风量 20 mL/min；土壤温度 20℃；翻动间隔 30 min、主轴 700 r/min、翻动持续时间 10 s，实验周期 120 min；添加生石灰与干土的质量百分比分别为 0、1%、2%、3%、5%、10%和 20%；实验重复 3 次，即 n=3）

相比于场地的三氯乙烯修复目标值，在只进行常温解吸而不添加生石灰的情况下，2 h 内黏土中三氯乙烯的残留浓度仍高达 29.7 mg/kg，远远高于场地土壤的三氯乙烯修复目标值；添加 1%、2%、3%和 5%生石灰后，土壤中三氯乙烯的残留浓度则明显下降，分别为 17.0 mg/kg、10.3 mg/kg、7.1 mg/kg 和 6.3 mg/kg，但仍高于场地修复目标值；在生石灰的添加量高于 10%和 20%后，有机物的残留浓度降低至 5.0 mg/kg 和 4.1 mg/kg，其值均低于场地土壤的三氯乙烯修复目标值。

（3）生石灰添加量对土壤中三氯乙烯修复时间的影响

土壤的修复周期与场地的修复成本密切相关，修复时间越短，修复的单位成本越低。图 5-3 给出了添加不同量生石灰处理 120 min 后黏土中三氯乙烯的挥发累积去除率，其中虚线为 90%的三氯乙烯挥发累积去除率。计算方法为

$$R = \frac{\sum n_{R,\ t=i}}{\sum n_{R,\ t=120} + n_{S,\ t=120}} \times 100 \tag{5-2}$$

式中：R——三氯乙烯的挥发累积去除率，%；

$\sum n_{R,\ t=i}$——时间为 i 时，甲醇收集到的三氯乙烯挥发总量，mol；

$\sum n_{R,\ t=120}$——从实验开始到实验结束，甲醇收集到的三氯乙烯挥发总量，mol；

$n_{S,\ t=120}$——实验结束后土壤中三氯乙烯的残留量，mol。

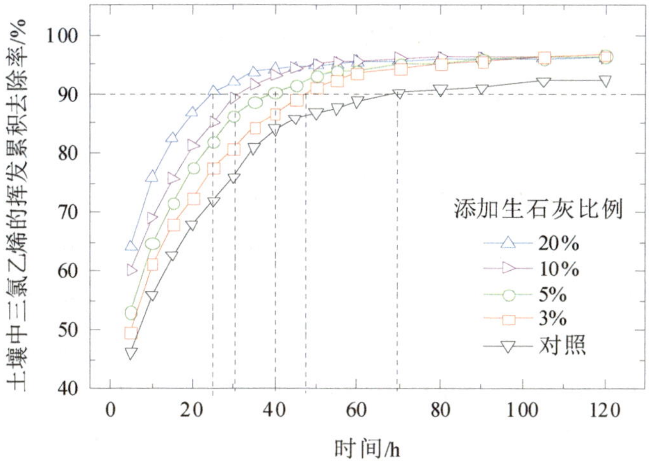

图 5-3　添加不同量生石灰后黏土中三氯乙烯的挥发累积去除率

（实验条件：通风量 20 mL/min；土壤温度 20℃；翻动间隔 30 min、主轴 700 r/min、翻动持续时间 10 s，实验周期 120 min；添加生石灰与干土的质量百分比分别为 1%、2%、3%、5%、10%和 20%，对照为不添加生石灰）

由图 5-3 可知，在土壤中添加生石灰可以显著缩短三氯乙烯污染土壤的修复时间，而且生石灰添加量越高，达到某一修复效果所需的修复时间越短。在达到 90%的三氯乙烯挥发累积去除率的情况下，对照及添加 3%、5%、10%和 20%的生石灰后所需要的修复时间分别为 70 min、50 min、40 min、35 min 和 25 min。

上述实验结果表明，在土壤中添加生石灰不仅可以显著提高土壤中 VOCs 的去除率、降低污染物在土壤中的残留浓度，亦可显著地缩短修复时间、降低修复成本，具有较高的应用价值。

5.1.2.2 不同土壤的生石灰强化修复效果

（1）不同土壤间修复效果的差异

添加不同比例生石灰处理 2 h 后 4 种土壤中三氯乙烯的总去除率见表 5-2。随着生石灰添加量从 0 提高到 20%，粉黏土、粉土、砂土和石英砂中三氯乙烯的总去除率也保持递增，分别是 95.50%～99.59%、97.30%～99.86%、97.36%～99.87%和 97.47%～99.95%。添加 3%的生石灰显著提高了土壤中三氯乙烯的总去除率，尤其对粉黏土效果更明显，相对不添加生石灰提高了约 4%；当生石灰添加比例从 3%提高到 20%时，土壤中三氯乙烯的总去除率变化不大。与 Ko 等[1]的研究结果相比，本研究的修复效果大大提高，尤其是在对照试验中，除土壤质地差异外，主要原因是扰动的影响。

表 5-2 添加不同比例生石灰后土壤中三氯乙烯的总去除率

土壤质地	初始浓度/（mg/kg）	修复目标值*/（mg/kg）	总去除率/%				
			对照	3%	5%	10%	20%
粉黏土	507	5.19	95.50	99.38	99.51	99.59	99.59
粉土	400	5.19	97.30	99.47	99.49	99.74	99.86
砂土	358	5.19	97.36	99.52	99.70	99.80	99.87
石英砂	313	5.19	97.47	99.64	99.69	99.92	99.95

注：*三氯乙烯的修复目标值为 5.19 mg/kg。采用 RBCA 模型，以致癌风险为 10^{-5} 或非致癌危害商值 1 为可接受风险水平计算，计算方法采用向后模式，添加生石灰与干土的质量百分比分别为 3%、5%、10%和 20%，对照为不添加生石灰。

添加不同比例生石灰处理 2 h 后 4 种土壤中三氯乙烯的残留浓度见图 5-4。在相同的实验条件下，同一种土壤中三氯乙烯的残留量随着生石灰添加量的增加而减少，3%～20%不同比例生石灰处理结果差异不大。

由图 5-4 可知，在不添加生石灰、只进行常温解吸修复时，无论粉黏土、粉土、砂土还是石英砂，在 2 h 的实验周期内都未达到该场地土壤的修复目标值，粉黏土、粉土、砂土和石英砂中三氯乙烯的残留浓度分别为 23.0 mg/kg、10.8 mg/kg、9.5 mg/kg 和 7.9 mg/kg；添加 3%生石灰后，粉黏土、粉土、砂土和石英砂中三氯乙烯的残留浓度均明显下降，分别为 3.2 mg/kg、2.1 mg/kg、1.7 mg/kg 和 1.1 mg/kg，均低于本场地修复目标值。故在土壤中加入生石灰可明显提高常温解吸的修复效率，降低土壤中挥发性有机污染物的残留浓度。

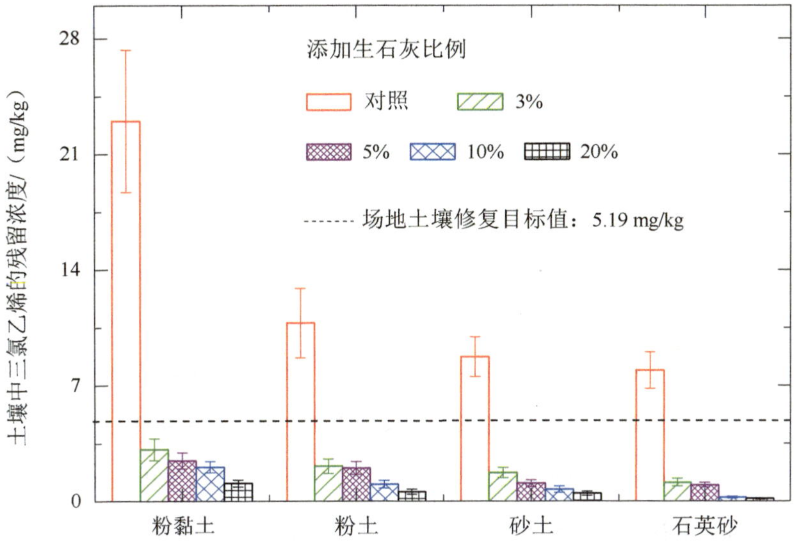

图 5-4　添加不同量生石灰后土壤中三氯乙烯的残留浓度

（实验条件：通风量 20 mL/min；土壤温度 20℃；翻动间隔 30 min、主轴 700 r/min、翻动持续时间 10 s，实验周期 120 min；添加生石灰与干土的质量百分比分别为 0、1%、2%、3%、5%、10%和 20%；实验重复 3 次，即 n=3）

土壤中添加生石灰可以提高土壤中污染物的挥发去除速率，缩短修复时间，降低修复成本。图 5-5 给出了添加不同量生石灰处理 120 min 后粉黏土、粉土、砂土和石英砂中三氯乙烯的挥发累积去除率，计算公式见式（5-2），其中虚线为 90%的三氯乙烯挥发累积去除率。对于不同类型的土壤，即使生石灰的添加量相同，达到相同三氯乙烯挥发累积去除率所需要的修复时间也存在明显差异。在添加 3%生石灰时，粉黏土、粉土和砂土达到 90%的三氯乙烯挥发累积去除率所需的修复时间分别为 45 min、35 min 和 30 min，粉黏土所需的修复时间是砂土的 1.5 倍。

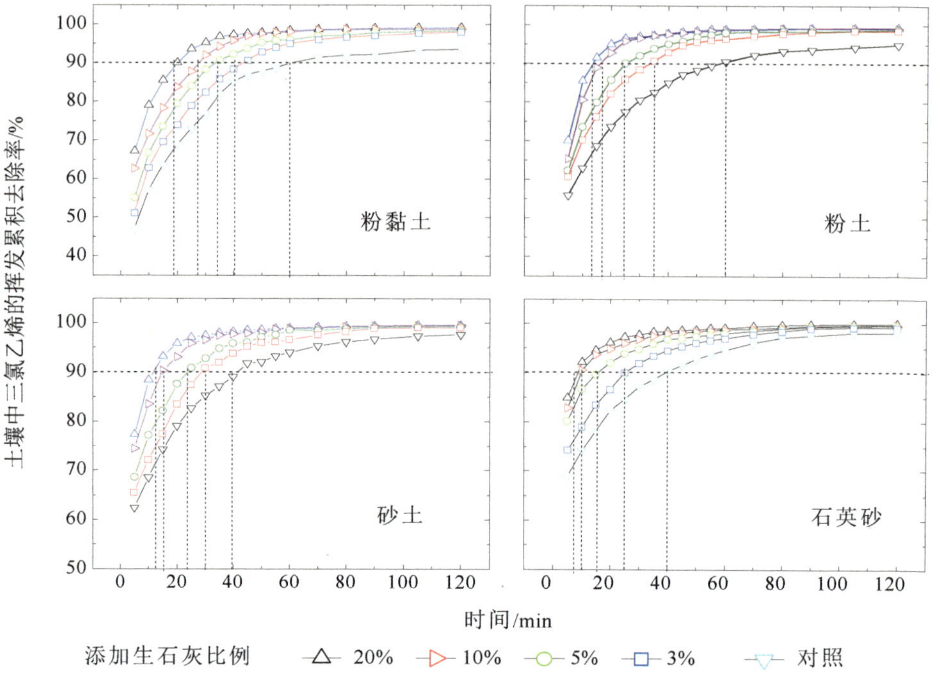

图 5-5 添加不同量生石灰后土壤中三氯乙烯的挥发累积去除率

（实验条件：通风量 20 mL/min；土壤温度 20℃；翻动间隔 30 min、主轴 700 r/min、翻动持续时间 10 s，实验周期 120 min；添加生石灰与干土的质量百分比分别为 3%、5%、10%和 20%，对照为不添加生石灰）

（2）土壤理化性质对修复效果的影响

如上所述，在添加相同比例生石灰及相同实验条件下，三氯乙烯在 5 种人工配制污染土壤中的总去除率、残留浓度和挥发累积去除率都不一样。为筛选出 5 种土壤中对污染物残留浓度（C_X）有显著影响的因素，将实验所用 5 种土壤中的主要理化性质（总有机质、比表面积、砂粒含量、粉粒含量、黏粒含量及 pH 等）与实验结束时土壤中三氯乙烯残留浓度值做多元线性回归分析（表 5-3）。

表 5-3 土壤中污染物残留浓度值与土壤主要理化性质之间多元回归分析的相关系数

	SOM	BET	$C_{砂粒}$	$C_{粉粒}$	$C_{黏粒}$	pH	Gs	CEC	Cp	C0	C3
SOM	1.000										
BET	0.971**	1.000									
$C_{砂粒}$	−0.876	−0.938*	1.000								
$C_{粉粒}$	0.900*	0.953*	−0.997**	1.000							
$C_{黏粒}$	0.600	0.715	−0.880*	0.841	1.000						
pH	−0.964**	−0.937*	0.778	−0.817	−0.427	1.000					
Gs	−0.241	−0.098	−0.243	0.187	0.567	0.408	1.000				

	SOM	BET	$C_{砂粒}$	$C_{粉粒}$	$C_{黏粒}$	pH	Gs	CEC	Cp	C0	C3
CEC	0.965**	0.896*	−0.720	0.759	0.377	−0.977**	−0.486	1.000			
Cp	0.987**	0.990**	−0.933*	0.947*	0.717	−0.928*	−0.108	0.914*	1.000		
C0	0.943*	0.944*	−0.860	0.864	0.715	−0.867	−0.166	0.884*	0.964**	1.000	
C3	0.982**	0.923*	−0.770	0.802	0.463	−0.969**	−0.413	0.995**	0.945*	0.925*	1.000
C5	0.977**	0.930*	−0.767	0.803	0.435	−0.990**	−0.433	0.995**	0.938*	0.903*	0.994**
C10	0.985**	0.933*	−0.789	0.818	0.501	−0.963**	−0.382	0.988**	0.956*	0.943*	0.999**
C20	0.958*	0.881*	−0.702	0.740	0.368	−0.964**	−0.502	0.999**	0.906*	0.887*	0.994**

注：* 表示两者之间有显著相关性（$p<0.05$），** 表示两者之间有极显著相关性（$p<0.01$）；C0、C3、C5、C10 和 C20 分别是对照和添加 3%、5%、10%和 20%（生石灰与干土的质量比）生石灰后土壤中三氯乙烯的残留浓度，但由于一些原因 C5、C10 和 C20 的数据缺失了。SOM 为总有机质；BET 为比表面积；$C_{砂粒}$：砂粒含量；$C_{粉粒}$：粉粒含量；$C_{黏粒}$：黏粒含量；CEC 为阳离子交换量；Gs 为比重；Cp 为比热。

由表 5-3 可知，污染物残留浓度与土壤有机质、比表面积、pH、阳离子交换量和比热有良好的相关性，即土壤有机质、比表面积、阳离子交换量和比热是影响生石灰强化去除土壤中三氯乙烯的最主要因素。从对土壤中三氯乙烯残留浓度的影响还可看出：C_X 值与有机质、比表面积、阳离子交换量和比热之间的关系均为正相关，表明 C_X 值会随这些因素数值的增加而增加；C_X 值与 pH 的关系为负相关，表明 C_X 值会随 pH 数值的增加而减小。

根据文献查阅和数据分析可知，土壤中各个因素之间也存在较为复杂的交互关系。由表 5-3 可知，有机质与所有列出的因素（除了砂粒含量、黏粒含量和土粒比重外）均有较好的相关性；其中，有机质与比表面积、pH、阳离子交换量和比热之间相关性极显著。

1）土壤有机质对污染物去除的影响。

有机质是土壤的重要组成部分之一，也是影响土壤中污染物分布的重要因素。已有的研究结果显示，一般认为以挥发性氯代烃等为代表的疏水性有机污染物在土壤中的滞留是其在土壤有机质中的分配。

常温解吸处理挥发性氯代烃污染土壤的过程实际是通过物理方式促进土壤中污染物挥发的过程，这一过程也是在外力作用下，污染物在气、液、固三相中分配的过程，常用土壤-水分配系数（K_d）来描述，会受到辛醇-水分配系数和溶解度的影响，可以通过试验获得，也可以通过经验方程进行估算[4]。在数据处理过程中，引入一个可以表示化合物被吸附趋势且与土壤性质无关的参数，即土壤-有机碳分配系数（K_{oc}），二者之间关系见第 4 章 4.2.4 小节。辛醇-水分配系数（K_{ow}）是指有机污染物在等体积的辛醇-水混合液中的分配浓度比，该数值主要反映某一化合物的疏水性或亲水性，对有机物来说，其 K_{ow} 值越大，疏水性就越强。三氯乙烯在不同土壤中的理化参数见表 5-4。

表 5-4　三氯乙烯在不同土壤中的理化参数

土壤质地	$\log K_{ow}$	K_{oc}	f_{oc} /%	K_d
黏土	2.17	126	9.2	11.6
粉黏土	2.17	126	4.4	5.5
粉土	2.17	126	3.0	3.8
砂土	2.17	126	1.4	1.8

黏土的有机质含量（f_{oc}）最高为 9.2%，砂土的有机质含量最低为 1.4%。本实验的结论表明，三氯乙烯在土壤中的残留浓度会随有机质含量的增加而增加，而总去除率和挥发累积去除率则会降低。这一现象主要是因为污染物会随有机质含量的增加而被大量地吸附在有机质表面，降低了污染物的可移动性，土壤气相中污染物的浓度较低，土壤固相中污染物的浓度增加，修复时间随之增加，修复效率随之降低，这与 Alves 等[5]的研究结论一致。除此之外，有相关的研究显示，土壤的有机质中存在着丰富的微孔孔隙结构，会对污染物的挥发过程产生"阻塞效应"，将有机污染物锁定于土壤有机质的微孔内部，从而降低了土壤中污染物的去除效率[6, 7]。

2）土壤粒径对污染物去除的影响。

土壤粒径对挥发性氯代烃的吸附-解吸有着重要影响。任何一种土壤都不可能仅由单一粒级组成，而是以某一级或两级颗粒的含量和影响为主，从而表现出不同的土壤性质。土壤质地不同，其比表面积、粒径分布等均有巨大的差异，吸附有机污染物的能力也有所差异。

20 世纪 80 年代，学者 Turcotte[8]用粒径与相应的颗粒数量之间的关系来定义土壤的分形特征，杨培岭等[9]在该理论的基础上，以粒径的重量分布取代了数量分布，得到基于不同粒径组成的土壤重量分布的土壤分维计算模型。

粒径分布的分形维数（D）的范围为 0～3，D 的数值越大表明土壤质地越细。当 D 为 0 时，土壤全部由尺寸相同的颗粒组成。这表示相同粒径土壤颗粒的累积数量具有统计学的分形特征，颗粒数量随着粒径值的变小呈指数形式递增[10]。黏粒含量的增加使土壤的黏附性增强。分维越高，土壤的表面活性越高，使黏附界面水环或水膜中有结构的水分子数目增大，导致其滞阻力变大，并对土壤水产生更大的吸附力，持水性增强，使得土壤对某物体的黏附力提高[11]，即

$$\left(\frac{R_i}{R_{\max}}\right)^{3-D} = \frac{W_i}{W_0} \tag{5-3}$$

式中：R_i ——第 i 粒级的平均直径，μm；

$R_{\max}$ ——最大粒级土壤粒径的平均直径，μm；

W_i——小于第 i 粒级的累积重量，g；

W_0——各粒级重量总和，g。

本研究所用的 5 种土壤粒径分布及分形维数见表 5-5。分形维数越大的土壤，其细颗粒粒径含量越高，质地越细。由表 5-5 可知，石英砂的粒径分布集中在 425～2 000 μm；砂土的粒径分布集中在 74～250 μm；粉土、粉黏土和黏土的粒径分布集中在 5～74 μm，但小于 74 μm 的粒径所占百分比为黏土＞粉黏土＞粉土。石英砂的分形维数最低，质地最粗；黏土的分形维数最高，质地最细。

表 5-5　不同土壤的粒径分布和分形维数

土壤质地	颗粒粒径大小百分比/%						分形维数
	＜1 μm	1～5 μm	5～74 μm	74～250 μm	250～425 μm	425～2 000 μm	
黏土	22.6	14.1	59.4	3.9	0	0	2.80
粉黏土	21.8	13.9	53.6	10.7	0	0	2.78
粉土	10.4	10.2	62.4	17.0	0	0	2.67
砂土	0	0	2.1	65.9	24.6	7.4	1.89
石英砂	0	0	1.1	5.9	14.0	79.0	1.60

本研究的结果表明：由于不同土壤的粒径组成有差异，黏土、粉黏土、粉土、砂土和石英砂等粒径组成不同的土壤中所含的有机污染物的残留浓度、总去除率和挥发累积去除率等指标值也出现差异。随着土壤分形维数增加，三氯乙烯残留在土壤上的量会增加，而总去除率和挥发累积去除率会降低，这是因为颗粒粒径较大的土壤有利于污染物的挥发去除；随着土壤细颗粒粒径含量增加，土壤比表面积变大，较大的吸附作用会降低污染物的挥发速率，同时细颗粒组分含量高的土壤（如黏土）具有较高的结构滞后性，吸附进入孔隙内部的污染物很难被解吸出来，土壤固相中的污染物浓度增加，修复时间增加，修复效率降低，这与 Wang 等[7]和 Ma 等[12]的研究结论一致。此外，土壤颗粒的组成还能通过对土壤中的阳离子交换量（CEC）产生影响来影响挥发性氯代烃在土壤中的赋存状态。土壤中的黏粒含量与 CEC 值成明显的正相关，因此，相比之下黏粒含量较高的土壤可吸附更大量的有机污染物，粉粒含量值与土壤 CEC 值的正相关则相对较弱，砂粒含量与土壤 CEC 值的显著负相关导致砂粒含量高的土壤对有机污染物的吸附量和吸附能力较低。

3）土壤孔隙结构的影响。

对土壤这种孔隙结构丰富的介质来说，其孔隙结构对挥发性氯代烃污染物在土壤中的吸附-解吸过程有着重要的调节作用。图 5-6 和表 5-6 分别给出了粉黏土、粉土和砂土的大孔累积孔隙分布和大孔孔径分布情况。

根据国际理论与应用化学联合会（IUPAC）的划分方法，规定微孔孔径小于 2 nm、中孔孔径为 2～50 nm、大孔孔径大于 50 nm。由图 5-6 可知，在 50～1 000 nm 内，随着土壤大孔孔径的增大，粉黏土、粉土和砂土孔隙分布特征曲线变化缓慢，说明此种孔隙较少；在 1 000～5 000 nm 内，粉土和砂土的孔隙分布特征曲线变化较为陡峭，粉黏土的孔隙分布特征曲线趋于水平，说明该孔径段，粉黏土孔隙的数量最少；在 5 000～50 000 nm 内，粉土、粉黏土和砂土的曲线变化均为陡峭，说明此种孔隙的数量最多；在 50 000～100 000 nm 内，曲线变化再度趋于平缓，说明该孔径段的孔隙数量较少。

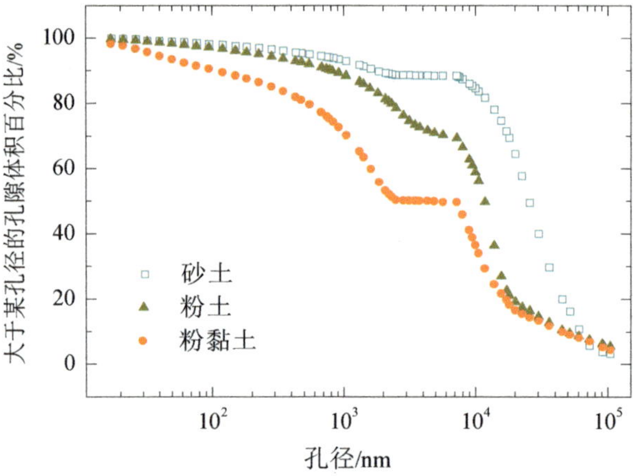

图 5-6　不同土壤的大孔孔隙分布特征曲线

由图 5-6 还可知，对同一孔径而言，砂土的孔隙体积百分比最高，粉黏土的最低，粉土介于二者之间，表明砂土的大孔最多，粉黏土的大孔最少，粉土介于两者之间。不同土壤之间，大孔孔径同样存在较大差异，根据式（5-4）可计算出土壤的孔径分布情况，计算结果见表 5-6。由表 5-6 可知，砂土的 D_{10}、D_{50} 和 D_{90} 最大，粉黏土的最小，粉土介于两者之间，如砂土的 D_{50} 为 25 791 nm，粉土的 D_{50} 为 14 840 nm，粉黏土的 D_{50} 为 4 533 nm。大孔范围（＞50 nm）内，砂土的孔径最大，粉土的次之，粉黏土的孔径最小。在本研究中，在相同的生石灰添加量和实验条件下，砂土中三氯乙烯的挥发累积去除率最大，因为较大的大孔孔隙有利于污染物的挥发去除。Ma 等[12]研究了多孔介质的平均孔径对柴油挥发的影响，也得出类似的结论。

$$D_i = D_{i-1} + \frac{(i - T_{i-1})(T_{i+1} - T_{i-1})}{D_{i+1} - D_{i-1}} \tag{5-4}$$

式中：D_i —— 一个样品的累计孔容分布百分数达到 i%时所对应的孔径，nm；

D_{i-1} ——小于 D_i 的最大孔径，nm；

D_{i+1} ——大于 D_i 的最小孔径，nm；

T_{i-1} —— D_{i-1} 对应的累计孔容分布百分数，%；

T_{i+1} —— D_{i+1} 对应的累计孔容分布百分数，%；

i —— i 取 10、50 和 90。

表 5-6　不同土壤的大孔孔径分布情况　　单位：nm

土壤类型	D_{10}	D_{50}	D_{90}
粉黏土	45 812	4 533	111
粉土	47 421	14 840	702
砂土	63 003	25 791	1 811

注：D_{10} 是指样品的累计孔容分布百分数达 10%时的孔径对应值，其物理学意义是孔径大于该值的孔隙占总量的 10%；D_{50} 是指样品的累计孔容分布百分数达 50%时的孔径对应值，其物理学意义是孔径大于该值的孔隙占总量的 50%，相应地小于该值的孔隙量也占 50%，D_{50} 亦称中值孔径或中位径，常用其表示土壤的平均孔径值；D_{90} 是指样品的累计孔容分布百分数达 90%时的孔径对应值，其物理学意义是孔径大于该值的孔隙占总量的 90%。

土壤是一种复杂的多孔介质，其中孔和微孔的分布可以根据气体吸附法获得。图 5-7 为供试土壤在 77 K 下的 N_2 吸附-脱附曲线。该曲线表示土壤的微孔和中孔的分布情况，根据吸附量和滞后环类型可定性分析土壤孔容大小及孔类型。由于石英砂不存在中孔和微孔分布，在此不予讨论。

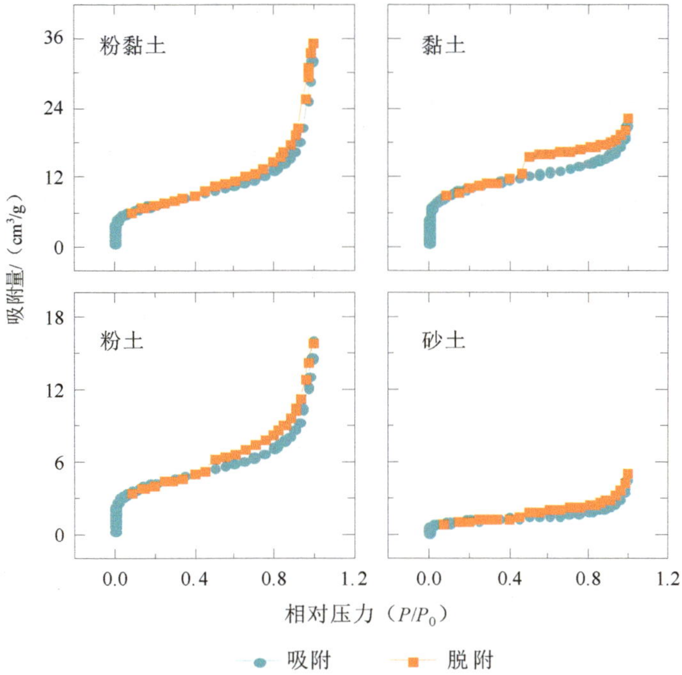

图 5-7　不同土壤的 N_2 吸附-脱附曲线

分析图 5-7 可以得出以下结论：粉土、粉黏土、砂土和黏土的吸附量从大到小依次为粉黏土>黏土>粉土>砂土，说明粉黏土孔容较大，黏土、粉土、砂土的孔容依次减小。由于脱附曲线是剩余吸附量对压力的曲线，如果脱附是完全的，那么吸附曲线与脱附曲线完全重合；当脱附不完全时，也就是剩余的吸附量大于相同压力的吸附量时，脱附曲线就会滞后于吸附曲线，一般当相对压力下降到 0.4 以下时，滞后现象消失，吸附曲线与脱附曲线重新重合，因此形成滞后环。一般认为滞后环的产生与孔的类型有关。根据 IUPAC 对滞后环的分类可知，目前可定性分析 H1～H4 四种类型的滞后环。由图 5-7 可知，粉土、粉黏土、砂土和黏土在相对压力较低处（<0.4）均出现了吸附曲线与脱附曲线的重合现象，该情况表明孔径较小的孔隙多为一端封闭的不透气孔。在相对压力较高处（0.4～0.9）出现的滞后环，表明土壤中存在孔径范围较大的开放型孔隙，且滞后环越明显说明大孔径的孔隙数目越多。粉土、砂土和粉黏土的滞后环比较窄，即使在较高相对压力下也没有出现极限吸附量，为 H3 型滞后环，表明粉土、砂土和粉黏土中存在平板狭缝状孔，其中粉黏土的滞后环最不明显，砂土的最明显，粉土的滞后环明显程度介于二者之间，表明粉黏土中孔径较大的孔隙含量最少，砂土中孔径较大的孔隙含量最多，粉土中孔径较大的孔隙含量介于二者之间；黏土的吸附-脱附曲线成环现象明显，滞后环宽大，具体分类为 H2 型滞后环，表示黏土中存在墨水瓶状孔。

通过 BJH（Barret-Joyner-Halenda）法拟合吸附曲线计算得到的供试土壤中孔孔径分布曲线见图 5-8，同时可以看出，土壤的中孔主要分布在 2～5 nm，土壤小孔径（2～5 nm）中孔的 d*V*/d*D* 值（表示孔容随孔径变化率的规律）存在显著差别，d*V*/d*D* 由大到小依次为黏土、粉黏土、粉土和砂土，与图 5-7 的吸附量分析基本吻合。从该次序可以看出，黏土的小孔径中孔最多，砂土的小孔径中孔最少。其中黏土吸附量小于粉黏土，而在中孔孔径分布曲线中却大于粉黏土的原因是粉黏土存在较大的孔，即 5 nm 以上的孔。

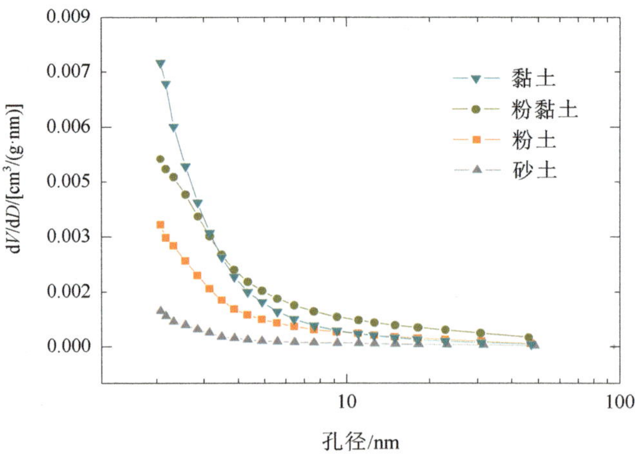

图 5-8　不同土壤的中孔孔径分布曲线

通过 HK 法计算得到供试土壤的微孔孔径分布曲线见图 5-9。由图可知，曲线在孔径小于 1 nm 内出现峰值，说明土壤中微孔的分布主要以小于 1 nm 的孔为主。在微孔范围（<2 nm）内，土壤小孔径（<1 nm）微孔的 dV/dD 之间有显著差异，dV/dD 从大到小依次为黏土>粉黏土>粉土>砂土，较大孔径（1～2 nm）微孔的 dV/dD 之间差异较小，这就表明黏土含有最多的微孔，砂土含有最少的微孔，且土壤微孔的分布差异主要体现在小孔径微孔的分布差异上。

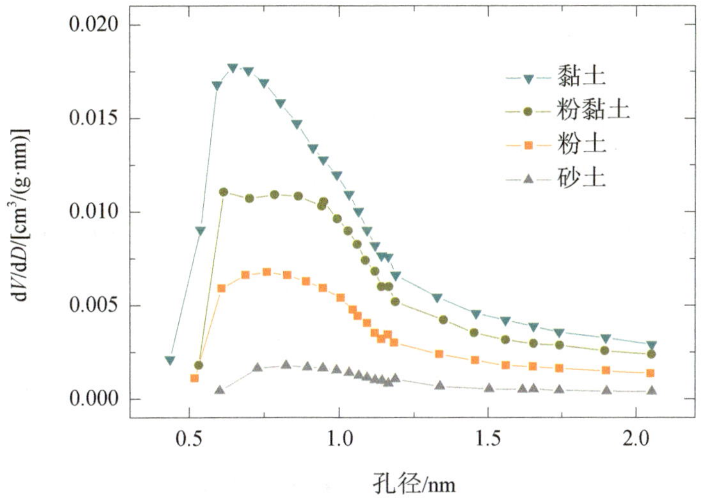

图 5-9 不同土壤的微孔孔径分布曲线

依照 BJH 法计算土壤的中孔孔容参数，以孔径在 2～5 nm、5～10 nm 和>10 nm 为分类标准，各孔径范围的土壤的中孔累积孔容参数见表 5-7。由表 5-7 可知，中孔范围（2～50 nm）内，粉土、粉黏土、砂土和黏土的累积中孔总孔容分别为 0.017 cm^3/g、0.035 cm^3/g、0.005 cm^3/g 和 0.021 cm^3/g，粉土、粉黏土、砂土和黏土的孔径大于 10 nm 的孔的累积孔容所占比例分别为 52.9%、57.1%、60.0%和 38.1%，5～10 nm 孔径段土壤累积孔容所占比例分别为 17.6%、17.1%、20.0%和 14.3%，2～5 nm 孔径段土壤累积孔容所占比例分别为 29.4%、25.7%、20.0%和 47.6%，而大于 10 nm 的孔的累积孔容所占比例最高的原因是有个别孔径较大的中孔存在。由图 5-8 可知，土壤中孔以 2～10 nm 孔径段的孔为主，粉黏土在 2～10 nm 孔径段的孔量最多，砂土在 2～10 nm 孔径段的孔量最少，且粉黏土存在大于 10 nm 的较大中孔。

表 5-7 不同土壤的中孔孔容参数

土壤类型	总孔容/（cm^3/g）	各孔径段的累积孔容/（cm^3/g）及所占的百分比					
		>10 nm	百分比/%	5～10 nm	百分比/%	2～5 nm	百分比/%
黏土	0.021	0.008	38.1	0.003	14.3	0.01	47.6
粉黏土	0.035	0.02	57.1	0.006	17.1	0.009	25.7
粉土	0.017	0.009	52.9	0.003	17.6	0.005	29.4
砂土	0.005	0.003	60.0	0.001	20.0	0.001	20.0

参照 HK 法计算土壤中的微孔孔容参数，以孔径小于 1 nm 和 1～2 nm 为分类标准，各孔径范围的土壤微孔累积孔容分布见表 5-8。由表 5-8 可知，在微孔范围（<2 nm）内，粉土、粉黏土、砂土和黏土的累积总孔容分别为 0.006 cm^3/g、0.010 cm^3/g、0.002 cm^3/g 和 0.014 cm^3/g，这表明黏土的微孔最多，砂土的微孔最少。当粉黏土和黏土孔径小于 1 nm 时，累积孔容所占比例高于孔径在 1～2 nm 时累积孔容所占比例，表明这两种土壤的微孔孔径以小于 1 nm 为主，而粉土和砂土在这两个孔径范围中所占的比例大致相同。

表 5-8 不同土壤的微孔孔容参数

土壤类型	总孔容/（cm^3/g）	各孔径段的累积孔容/（cm^3/g）及所占的百分比			
		1～2 nm	百分比/%	<1 nm	百分比/%
黏土	0.014	0.005	35.7	0.009	64.3
粉黏土	0.010	0.004	40.0	0.006	60.0
粉土	0.006	0.003	50.0	0.003	50.0
砂土	0.002	0.001	50.0	0.001	50.0

综上所述，粉黏土中孔最多，黏土微孔最多，砂土中孔和微孔均最少，粉土介于中间。土壤比表面积主要存在于微孔（micropores）和较小的中孔（smaller mesopores）内；粉黏土和黏土中小孔径的中孔和微孔相对较多，比表面积相应也较大，分别为 22.2 m^2/g 和 36.3 m^2/g；砂土的比表面积最小，为 1.2 m^2/g；粉土的比表面积介于中间，为 15.8 m^2/g。结合本研究，在相同生石灰添加量和实验条件下，砂土中三氯乙烯的挥发累积去除率和总去除率最大，且实验结束后砂土中三氯乙烯的残留量最小。相比较而言，粉黏土和黏土达到相同挥发累积去除率所需的时间较长，土壤中污染物的残留浓度大。粉黏土和黏土中微孔和中孔多，孔隙填充是污染物高吸附容量的重要过程。三氯乙烯是疏水性有机污染物，

对疏水性有机污染物来说，微孔对挥发性氯代烃等有机污染物的强烈截留作用致使其出现不可逆吸附现象，微孔结构由于孔壁和污染物之间具有较强的相互作用力而有利于污染物的吸附。此外，污染物进入多孔介质内部后，毛细管阻力效应的作用限制了其移动性，降低了其去除率，污染物的解吸滞后也与有机质的孔变形并将污染物捕获于孔隙内部有关，中孔和微孔协同效应会增加污染物的吸附能力，这与 Zhang 等[13]和 Peng 等[14]的研究结果相吻合。

5.1.2.3 生石灰处理三氯乙烯污染土壤过程中新产物生成的初步分析

土壤中加入生石灰后，生石灰会使三氯乙烯脱氯降解，生石灰与土壤中水分反应生成的氢氧化钙也会与三氯乙烯发生脱氯还原反应，生成一氯乙炔和二氯乙炔，反应方程式见式（5-5）和式（5-6）；二氯乙炔通过发生聚合反应生成六氯丁二烯，反应方程式见式（5-7）。Firth 和 Stuckey 研究发现[15]三氯乙烯和碱石灰，氢氧化钙、氢氧化钠、氢氧化钾和水的混合物接触后会形成二氯乙炔。

$$C_2HCl_3 \xleftrightarrow{CaO-Ca(OH)_2} C_2H_2Cl_2 \xleftrightarrow{CaO-Ca(OH)_2} C_2HCl + HCl \quad (5\text{-}5)$$

$$C_2HCl_3 \xleftrightarrow{CaO-Ca(OH)_2} C_2Cl_2 + HCl \quad (5\text{-}6)$$

$$Cl_2 + 2Cl \xleftrightarrow{CaO-Ca(OH)_2} C_4Cl_6 \quad (5\text{-}7)$$

本研究中，只有在添加 20%生石灰的情况下，在石英砂中检测到有一氯乙炔和二氯乙炔的生成，其余添加量下土壤中均未检测出新产物，这与石英砂的温度变化密切相关。在添加 20%比例的生石灰时，石英砂的温度最高可达 70.9℃，粉土、粉黏土和砂土的最高温度分别可达 57.0℃、50.9℃和 63.9℃，均不足 70℃。温度升高可能会使土壤中挥发性氯代烃发生脱氯作用。石英砂的比热最小，相比其他类型的土壤，石英砂中自由态的水分布最多并且均匀，石英砂中含有的粗颗粒最多，最有利于生石灰充分的水合作用，放出的热量最多且升温最高、最快，添加生石灰后石英砂的温度变化曲线峰值最高（由图 5-10 可知添加生石灰后土壤温度随时间的变化情况）。一氯乙炔和二氯乙炔的性质极不稳定，由于在实验过程中未买到商业用的标准样品，因此没有定量。根据 Ko 的研究[3]，添加 20%（生石灰与干土的质量百分比）生石灰到土壤后，一氯乙炔和二氯乙炔的生成量极少。

挥发和脱氯是通过生石灰处理、去除有机污染物的可能机制，因为 CaO 的水合作用会使温度升高。温度的升高直接导致污染物的蒸气压上升，从而增大气相有机污染物的比例，增大其挥发速率。加入生石灰后污染物的挥发被广泛地用作土壤修复过程中的一种分离技术，而污染物从土壤中挥发进入大气的速率主要受污染物的理化性质以及土壤本身的理化性质等的影响。

5.1.2.4 生石灰对常温解吸修复中高浓度挥发性氯代烃污染土壤的强化作用小结

（1）将生石灰加入土壤中作为常温解吸修复工艺或其他相关修复技术的一种补充方法，在提高污染物的总去除率、降低土壤中污染物的残留浓度和缩短修复周期方面效果显著，具有明显的实际应用和推广价值，是一种经济实用的方法。

（2）生石灰强化去除有机污染物的效果与其添加量及土壤的类型有关。随着添加量的增加，强化效果逐渐增强；生石灰的添加对常温解吸工艺难以处理的黏土的强化作用要好于粉土和砂土。

（3）黏土中有机质含量最高（为 9.2%），砂土中有机质含量最低（为 1.4%），粉黏土和粉土的有机质含量介于 3.0%和 4.4%。随着有机质含量的增加，土壤中三氯乙烯的残留浓度增大，总去除率和挥发累积去除率降低，有机质对污染物有强烈的吸附和截留作用。

（4）土壤分形维数是反映土壤结构的参数，其数值大小与土壤颗粒粒径的分布相关。黏土的分形维数最大，石英砂的分形维数最小。其变化规律为：随着土壤分形维数的增加，小粒径颗粒所占比重增大，土壤对污染物的吸附作用增强，污染物三氯乙烯的残余浓度也越大，总去除率和挥发累积去除率降低。

（5）砂土的比表面积最小（为 1.2 m^2/g），大孔最多、中孔和微孔最少。在相同的生石灰添加量和实验条件下，砂土中三氯乙烯的挥发累积去除率和总去除率最大，且实验结束后砂土中三氯乙烯的残留量最小，黏土中孔和微孔的协同作用增加了其对三氯乙烯分子的截留。

（6）挥发是去除三氯乙烯的主要机制。只有在石英砂中加入 20%的生石灰时，才发现有极少量二氯乙炔形成。为避免新化合物的形成并节约成本，建议砂土、粉土及黏土（含粉黏土）中加入生石灰的最佳比例分别为 0～3%、3%～5%和 3%～10%（生石灰与干土质量百分比）。

5.2 生石灰强化土壤中挥发性氯代烃去除的作用机制

5.2.1 生石灰强化土壤中挥发性氯代烃去除的物理作用机制

土壤是一种具有界面多、介质多等性质的繁复体系。由于土壤具有异质性与繁复性，土壤吸附及解吸挥发性氯代烃的过程变得更加繁复，同时在此过程中会涉及多种界面。挥发性氯代烃在土壤中的吸附-解吸过程是一种极其复杂的环境行为，不仅会受到挥发性氯代烃本身性质的影响，同时也会受到土壤介质基本理化性质和实验条件的影响。生石灰是在污染土壤修复及改良工程中常用的一种化学添加剂，但针对生石灰在这个过程中的作用机制的研究相对较少。生石灰的加入将引起土壤温度、含水率、粒径、孔隙结构、孔径及比表面积等土壤物理性质的改变，从而影响土壤中挥发性氯代烃的迁移、扩散和释放等环境行为。本节利用现有仪器、土壤物理学等分析方法，通过分析、测定、对照（不添加生石灰）以及添加不同比例生石灰后土壤微结构及其他物理性质的改变，揭示在微观层面上挥发性氯代烃与土壤颗粒的结合特征以及在土壤环境下有机污染物的吸附-解吸行为，对探讨生石灰对挥发性氯代烃强化去除的物理作用机制和科学指导挥发性氯代烃污染土壤修复具有重要意义。

5.2.1.1 提高土壤温度促进挥发性氯代烃的挥发与解吸

（1）土壤温度变化

氧化钙（CaO）是生石灰的主要成分，其中也含有少部分氧化镁（MgO）。生石灰有吸水性，当水和生石灰相遇后会有相应的化学反应发生，并产生大量热量，同时会生成两类碱性物质——氢氧化镁[$Mg(OH)_2$]与熟石灰[$Ca(OH)_2$]，该化学反应见式（5-8）和式（5-9）；$Ca(OH)_2$ 和 $Mg(OH)_2$ 在水中会继续产生巨大的热量，该化学反应见式（5-10）和式（5-11）。生石灰的水合作用及水合产物的进一步溶解是加入生石灰导致土壤温度升高的主要原因。

$$CaO + H_2O = Ca(OH)_{2?} + 热 \quad \Delta H = -65.2\ kJ/mol\ (-15.58\ kcal/mol) \tag{5-8}$$

$$MgO + H_2O = Mg(OH)_{2?} + 热 \tag{5-9}$$

$$Ca(OH)_{2?} = Ca^{2+} + 2OH^- \quad \Delta H = -16.3\ kJ/mol\ (-3.89\ kcal/mol) \tag{5-10}$$

$$Mg(OH)_{2?} = Mg^{2+} + 2OH^- \tag{5-11}$$

温度是影响土壤中挥发性氯代烃污染物挥发去除的重要因素，添加生石灰会引起土壤温度的变化。图 5-10 给出了土壤中添加不同比例生石灰后土壤温度的变化情况。由图 5-10 可知，在土壤中加入生石灰后，土壤温度可迅速升高，5 min 左右达到最大值，之后缓慢下降，约 60 min 后回归实验前的温度。不同土壤和不同生石灰添加量之间在升温幅度上存在差异。例如，在粉黏土中分别加入 3%、5%、10%和 20%比例的生石灰时，其土壤最高温度可分别升至 30.3℃、33.8℃、38.9℃和 50.9℃；在不同土壤中添加 10%生石灰时，粉黏土、粉土、砂土和石英砂的最高温度分别可达 38.9℃、41.7℃、42.3℃和 57.3℃。

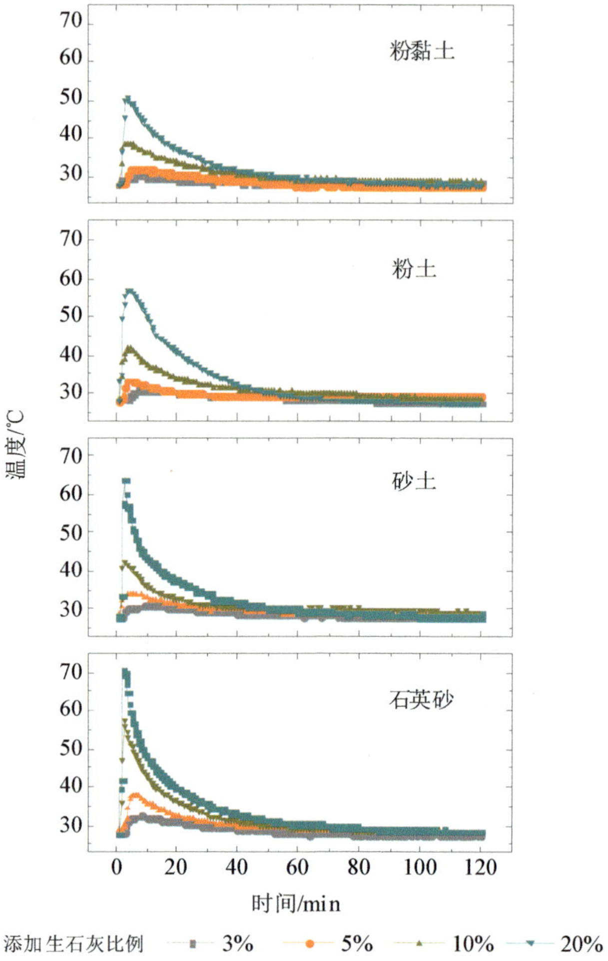

图 5-10 添加生石灰后土壤温度随时间的变化情况

（实验条件：通风量 20 mL/min、土壤温度 20℃；翻动间隔 30 min、主轴 700 r/min、翻动持续时间 10 s，生石灰添加比例 3%、5%、10%和 20%，为生石灰与干土质量百分比）

当在土壤中添加生石灰，土壤中的水会与生石灰中的 CaO 和 MgO 产生化学反应，有 $Mg(OH)_2$ 和 $Ca(OH)_2$ 两种碱性物质生成。该反应是放热反应，CaO 的水合作用释放的热量是 65.2 kJ/mol，$Ca(OH)_2$ 溶解释放的热量是 16.3 kJ/mol。在土壤中的水会因为该反应所产生的巨大热量而挥发，使土壤中的水分有效溢出，从而达到减少水含量的目的，使该类污染物能够从土壤中更有效地被清理。

（2）土壤温度升高促进挥发性氯代烃的解吸与挥发

从有机污染物的吸附-解吸成效方面来看，温度的高低是一个重要影响因素。在通常情况下，吸附效能会随温度的升高而降低，解吸-吸附效能会随温度的升高而加强；相反地，温度降低，吸附效能会提高，而解吸与挥发效能会降低[16, 17]。加入生石灰处理后，由于粉黏土、粉土、砂土和石英砂的温度均大幅度增加（图 5-10），根据前一章所述，当土壤中生石灰的含量逐渐提高时，污染土壤中的挥发性氯代烃类有机污染物的去除量也会逐渐增多。

附着于污染土壤颗粒的该类污染物形态会随着温度的升高而变换，由液态变换成气态；其挥发速率会随温度升高而提高，使该类物质更容易从土壤颗粒表面脱离。同时，随着土壤的温度被逐渐提高，该类污染物的饱和蒸气压会逐渐变大，同时会加大该类物质在气相中所占的比例，可使污染物的挥发速率和扩散系数提高，因而提高污染物的去除效率。也有助于土壤颗粒中吸附态有机物的解吸，加速 VOCs 蒸气态形成，提高污染土壤修复效率，缩短修复时间。Heron 等[18]的研究表明，对于中等分子量有机化合物，温度每升高 10℃，其蒸气压可提升 4 倍。Jury 等[19]的研究还表明，当土壤温度从 20℃升高到 100℃时，三氯乙烯的挥发性增加 11～18 倍，该类物质的扩散系数会相应增加（1.4 ±0.1）倍。在土壤中添加生石灰以提高土壤温度、促进挥发性氯代烃污染物的挥发是生石灰强化修复挥发性氯代烃污染土壤的一个重要机制[20]。

在常温解吸修复工艺中，加入强烈的机械翻动和通风过程，可进一步促进土壤中挥发性氯代烃污染物的逸出与去除。因此，在土壤中加入生石灰以提升土壤温度、促进污染物的解吸和挥发是强化土壤中挥发性污染物去除的一个重要原因。

5.2.1.2 降低土壤含水率优化挥发性氯代烃的传质过程

（1）土壤含水率变化

向土壤中加入生石灰会大大减少土壤的水分含量。由于生石灰具有吸水性，当土壤中的 H_2O 与生石灰中的 CaO 和 MgO 混合时会发生化学反应，生成两类碱性物质——氢氧化镁[$Mg(OH)_2$]与熟石灰[$Ca(OH)_2$]；这两类物质会继续和土壤中的水发生反应，并伴随有电离现象。这些化学反应加上生石灰的升温作用，可能导致土壤中自由水因生石灰熟化反应或受热蒸发而减少。

加入生石灰后，土壤含水率的变化原因是生石灰中 CaO 和 MgO 的水合作用以及在氮气冲洗期间水分的蒸发，可通过式（5-12）来估算土壤中的含水率。

$$W=\frac{M_{\mathrm{w}}-18\times n_{\mathrm{CaO}}-M_{\mathrm{v,i}}-M_{\mathrm{v,f}}}{M_{\mathrm{soil}}+M_{\mathrm{CaO}}+\left[M_{\mathrm{w}}-(M_{\mathrm{v,i}}-M_{\mathrm{v,f}})\right]}\times 100 \quad (n_{\mathrm{H_2O}}>n_{\mathrm{CaO}}) \tag{5-12}$$

式中：M_{w} ——加入的水的质量，g；

M_{soil} ——加入的土的质量，g；

M_{CaO} ——加入的生石灰的质量，g；

n_{CaO}——添加生石灰的摩尔数，mol；

n_{H_2O}——水的摩尔数，mol；

$M_{v,i}$——反应装置在实验前的质量，g；

$M_{v,f}$——反应装置在实验后的质量，g；

土壤的通透性、渗透性等会受到土壤含水量的影响，进而影响土壤中挥发性氯代烃的运移。当向土壤中加入不同量的生石灰后，土壤中的水分含量会发生相应变化（表 5-9）。无论是何种土壤，随着生石灰添加比例的增加，土壤中含水率均呈明显的下降趋势。添加 20%的生石灰后，土壤含水率的下降幅度近 50%，粉土中的含水率减少比例为 8.42%（由 18.57%降至 10.15%），粉黏土中的含水率减少比例为 8.58%（由 18.95%降至 10.37%），砂土中的含水率减少比例为 8.26%（由 18.04%降至 9.78%），黏土中的含水率减少比例为 8.63%（由 19.19%降至 10.56%），石英砂中的含水率减少比例为 8.18%（由 17.61%降至 9.43%）。研究结果显示，土壤中的含水率在添加生石灰后显著减少。

表 5-9 添加生石灰后土壤含水率的变化情况

生石灰添加比例/%	土壤含水率/%				
	黏土	粉黏土	粉土	砂土	石英砂
0	19.19	18.95	18.57	18.04	17.61
3	17.68	17.25	17.03	16.71	16.24
5	16.72	16.28	16.05	15.87	15.38
10	14.48	14.07	13.96	13.41	12.87
20	10.56	10.37	10.15	9.78	9.43

（2）土壤含水率降低促进挥发性氯代烃的传质

能对挥发性氯代烃去除效率造成影响的因素有很多，其中土壤的含水率是一个关键因素。挥发性氯代烃类有机污染物在土壤中有多种赋存状态，有些附着于土壤颗粒表面，有些散布在土壤孔隙的空气中，有些溶解于土壤水分中，形成一个多相动态平衡体系[21, 22]。

存在于土壤孔隙中的土壤水分占据一部分扩散通道，降低土壤的通透性，抑制污染物的扩散和逸出，不利于土壤中污染物的挥发。随着饱和度的提高，多孔介质在水中的迂曲度也会相应增大，且迂曲度越大，意味着饱和度也越高，这在很大程度上阻碍了土壤颗粒间气态污染物的挥发和扩散；由于土壤的含水率被降低，有机污染物的挥发速率也会被减弱[23]。含水率增高会降低污染物在非水液体相和气相之间的传质系数，且污染物在水中的扩散系数比在空气中的扩散系数低几个数量级，因而增加土壤的含水率能够起到降低该类污染物解吸效能的作用[24, 25]。对溶解度较低的挥发性氯代烃类物质来说，与水分子存在竞争吸附的关系；当含水率较大时，土壤对水分子的吸附能大于对挥发性氯代烃的吸附能，而已经吸附的水分子会降低土壤吸附位的吸附能，从而能够起到降低该类污染物吸附效能的作用[26]。土壤颗粒属于亲水性的多孔介质；当液体充斥于孔隙时，孔隙充当了存在于介质中的气体的蔓延通道，因为在有液体（主要是水）充斥孔隙时，在液体分子间引力的作用下，小孔径孔隙会最先被水填塞，由于土壤的含水率逐渐提升，大孔径孔隙也会被水填塞，从而使孔隙的气体运输效率下降甚至丧失。所以当土壤处于低水分状态时，能够更好地促使污染物从土壤中被清除。根据表 5-9 给出的结果，加入生石灰后，土壤的含水率降低，土壤通透性提高，有利于气态挥发性氯代烃污染物从土壤颗粒间及孔隙内运移，使土壤中的挥发性氯代烃污染物能更好地被去除。

在常温解吸修复后期，土壤中大部分污染物已被去除，残留的污染物主要在土壤固相中。一般条件下，水膜都会笼罩在土壤固相的最外层，而固相和气相间有相界面的概率很小。在常温解吸后，土壤中的气体几乎不会和土壤中的残留污染物有直接联系，而因为有表层水膜，残留的污染物得以流向土壤的孔道中，再利用气流作用使残留污染物从土壤中清离。这一过程因存在污染物在水膜和土壤孔隙空气的再平衡和分子扩散过程，其扩散速率是非常缓慢的。已有研究表明，当土壤含水率较高时，土壤中的水分还会占据气体扩散通道，使土壤的孔隙率下降、通透性变差，影响污染物的扩散。生石灰可有效地降低土壤水分含量，进而起到改善挥发性氯代烃在土壤中的传质过程、促进污染物气体挥发和逸出的作用。

5.2.1.3 优化土壤结构促进挥发性氯代烃的去除

（1）土壤粒径粗化利于挥发性氯代烃挥发

土壤颗粒的组成对赋存于其中的有机污染物的去除效率有很大影响。图 5-11 给出了添加与不添加生石灰的土壤颗粒组成的变化情况。土壤中添加与不添加生石灰能够对土壤颗粒组成造成相应影响。在粉黏土和粉土中掺入 3%的生石灰后，土壤颗粒大小分布曲线明显左移，说明土壤粒径分布发生了明显的变化，加入生石灰会导致土壤颗粒不同程度粗化。这是由于加入生石灰后，充足的 Ca^{2+} 会使土壤颗粒发生胶结作用，形成粗颗粒；向土壤中引进的 Ca^{2+} 还会与土壤黏粒表面的金属离子发生阳离子交换反应和凝胶化反应；同时由于土壤空气中二氧化碳和水分的存在，还会发生碳酸化反应和结晶作用，改变黏粒周围的含水层，降低黏粒表面的电荷密度，使得黏粒之间的相互吸引力增强从而发生团聚，形成粗颗粒[27]，这与 Di Sante 等[28]的研究结果一致。

由于所投入的生石灰比例不同，土壤颗粒大小会有相应改变且改变情况不同，本研究的扫描电镜结果也从微观角度对此进行了验证。图 5-11 给出了添加不同比例的生石灰后粉黏土和粉土放大 1 000 倍的扫描电镜图。由图可知，不论是何种类型的土壤，在加入生石灰后，土壤的微观结构及形貌均会发生改变，出现团粒结构，团聚体大小混杂，土壤颗粒均表现出不同程度的粗化，从而增加了土壤的通透性和渗入能力，提高了挥发性氯代烃污染气体的运移速度，同时孔隙孔径变大，降低了对污染物的吸附比表面积。粉黏土和粉土均表现出相同的规律，即生石灰加入的比例越高，形成的团聚体越大，土壤的通透性能会因大孔径孔隙数量的增加而增强，同时比表面积也会相应减少，从而使污染物的去除效率得以提高，进一步从微观角度证明了生石灰强化土壤中挥发性氯代烃污染物去除的物理作用。

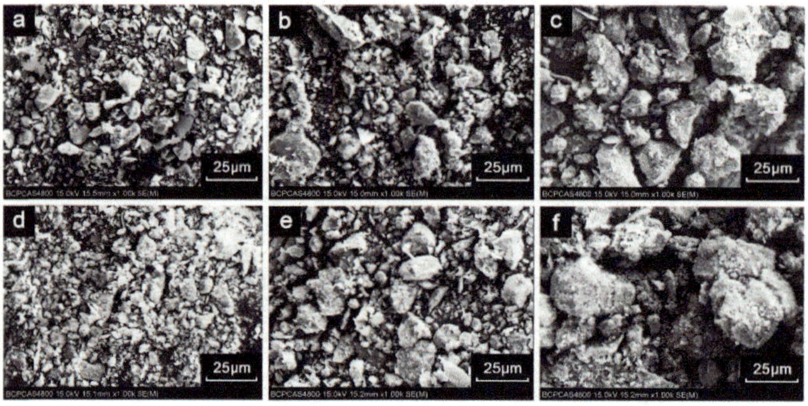

图 5-11　添加不同比例生石灰后粉土和粉黏土的扫描电镜

（实验条件：通风量 20 mL/min、土壤温度 20℃；翻动间隔 30 min、主轴 700 r/min、翻动持续时间 10 s，生石灰添加比例 3%和 20%，该比例为生石灰与干土质量比）

a-粉土不添加生石灰；b-粉土添加 3%生石灰；c-粉土添加 20%生石灰；

d-粉黏土不添加生石灰；e-粉黏土添加 3%生石灰；f-粉黏土添加 20%生石灰

生石灰是常用的土壤优化物。在将其加入到土壤中后，通过离子交换、碳酸化、凝胶和结晶等作用，可明显改变土壤粒度和化学组成[29-31]。图 5-12 给出了添加与不添加生石灰土壤颗粒大小的分布曲线。由图可知，向粉黏土里添加生石灰后，粉黏土颗粒的粒径会产生相应的粗化，且粗化程度不同，从而使砂粒数量激增、黏粒数量锐减，破坏了不添加生石灰时土壤中挥发性氯代烃污染物吸附-解吸所达到的平衡，使土壤中污染物的解吸效能得以增强[29]。土壤的通透性能和渗透性能对有机污染物气体的运移和扩散效率有较大影响，土壤的渗透性能随土壤颗粒体积的增大而提高，土壤的渗透性能随土壤孔隙的增大而提高。土壤颗粒粗化后，比表面积减小，土壤颗粒对挥发性氯代烃污染物的吸附能力减弱，污染物相应的解吸量加大[32]。

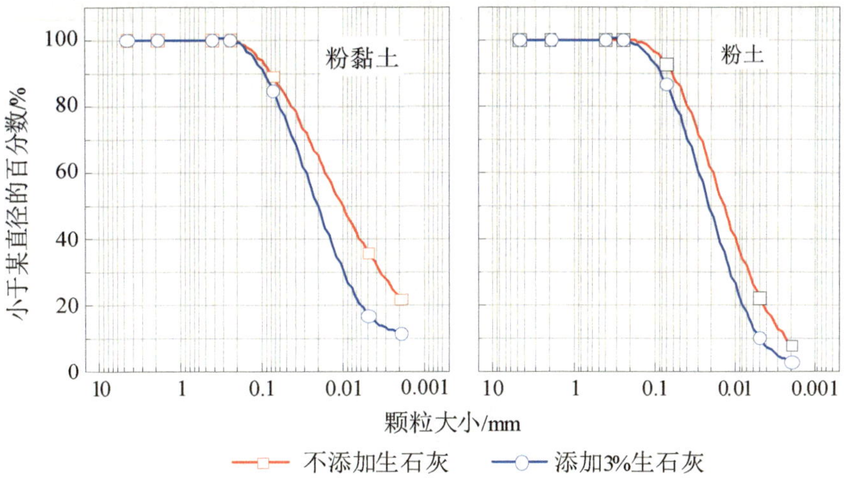

图 5-12　添加与不添加生石灰土壤颗粒大小分布曲线对比

［实验条件：通风量 3 L/min、土壤温度 20℃；添加 3%（生石灰与干土质量百分比）生石灰；翻动间隔 2 h、主轴转速 200 r/min、翻动持续时间 10 s］

综上所述，在土壤中加入生石灰，能粗化土壤粒径、提高土壤通透性、破坏挥发性氯代烃污染物的原有平衡，进一步提高污染物运移的效率，从而增强挥发性氯代烃类有机污染物的挥发效率。

（2）土壤孔隙特征改变利于挥发性氯代烃的去除

1）土壤大孔孔隙特征变化对污染物强化去除的影响。

土壤大孔是土壤中污染物的迁移通道。添加生石灰后，土壤的大孔特征会发生变化。图 5-13 给出了添加不同比例生石灰后粉土的大孔累积孔容分布曲线，由图可知，不添加生石灰以及添加 3%、10%和 20%的生石灰后，在 100～50 000 nm 孔径段，土壤累积孔容变化显著并且在这一孔径段内出现激增现象；累积孔容大小与生石灰的添加量有直接关系，其关系依次为添加 20%生石灰＞添加 10%生石灰＞添加 3%生石灰＞不添加生石灰。说明添加生石灰后土壤的大孔孔隙数量增加，在 50 000～100 000 nm 孔径段，添加不同比例生石灰后与粉土的累积孔容基本重合，阐释了大孔数量在此孔径段内几乎无改变。可以认为，添加生石灰可以促进土壤小颗粒连接在一起并组成较大的土壤颗粒，使得团粒间的孔隙数量增加[33]。向土壤里投入生石灰后，生石灰会与土壤中的多种物质产生不同的化学反应，例如，结晶、凝胶化反应等，形成的水合硅酸钙等反应产物覆盖在细颗粒表面，促进土壤小颗粒团聚成海绵状或针状大颗粒［与（1）的结果相似］，利于稳定且疏松多孔的团粒结构的形成，使土壤孔径增大，进而改善土壤的通气性，且生石灰添加比例越高，通过团聚形成的粗大颗粒越多，促进更多多孔团粒结构形成[28, 34]。图 5-14 的结果也对此结论进行了验证。

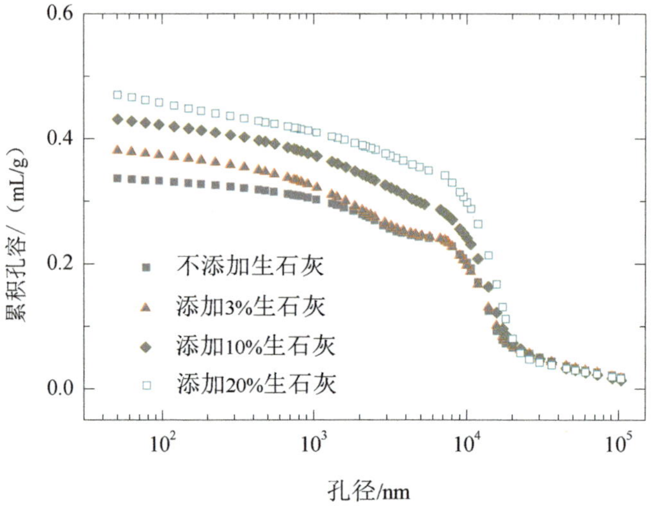

图 5-13　添加不同比例生石灰后粉土大孔累积孔容分布曲线

（实验条件：通风量 20 mL/min、土壤温度 20℃；翻动间隔 30 min、主轴 700 r/min、翻动持续时间 10 s，生石灰添加比例 3%、10%和 20%，该比例为生石灰与干土质量比）

不同土壤孔径的分布情况对有机污染物的运移有直接影响。图 5-14 给出了添加不同比例生石灰后粉土的大孔孔径分布曲线。由图可知，大孔孔径分布呈典型的双峰型分布，在 1 000～5 000 nm 内存在一个较小的峰，峰值差异较小；在 10 000 nm 附近出现一个最高峰，且峰值随着生石灰加入比例升高而升高，不添加生石灰以及添加 3%、10%和 20%生石灰时，对应的峰值分别为 0.475 mL/g、0.554 mL/g、0.766 mL/g 和 0.918 mL/g，说明在 10 000 nm 附近的大孔最多，且生石灰添加比例越高，该孔径段大孔越多。土壤颗粒内孔隙与土壤颗粒间的孔隙不能被测试仪器（压汞仪）有效甄别，所以所测大孔孔径可能包含土壤颗粒间孔隙的孔径和颗粒内孔隙的孔径。根据式（5-13）计算得到大孔的平均孔径变化情况，结果见表 5-10。

$$d = \frac{4V \times 10^{-6}}{A} \times 10^{9} \tag{5-13}$$

式中：d ——大孔平均孔径，nm；

V ——累积孔容，cm^3/g；

A ——累积孔面积，m^2/g。

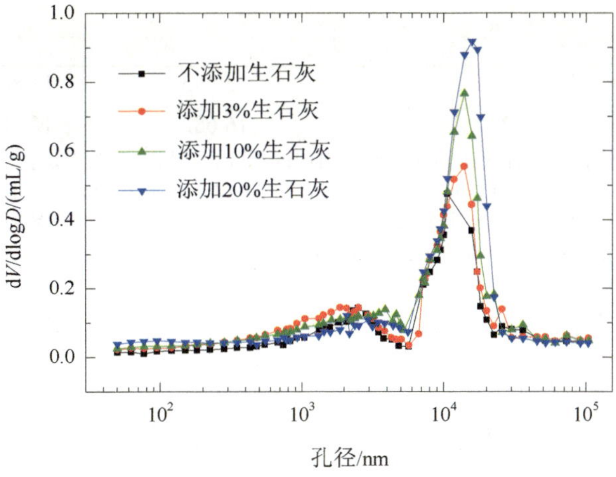

图 5-14　添加不同比例生石灰后粉土大孔孔径分布曲线

（实验条件：通风量 20 mL/min、土壤温度 20℃；翻动间隔 30 min、主轴 700 r/min、翻动持续时间 10 s，生石灰添加比例 3%、10%和 20%，该比例为生石灰与干土质量比）

表 5-10　添加不同比例生石灰后粉土的大孔平均孔径变化情况

土壤质地	生石灰添加比例/%	大孔平均孔径/nm
粉土	0	13 266
	3	13 435
	10	13 547
	20	14 162

由表 5-10 可知，大孔孔径的期望值会因为土壤中投入的生石灰比例渐增而逐渐增大。未添加生石灰的土壤与添加 20%生石灰的土壤中大孔孔径的期望值分别是 13 266 nm 和 14 162 nm；同时，根据式（5-4）计算得到大孔的孔径分布情况（表 5-11），结果表明添加生石灰后，土壤的 D_{30}、D_{50} 和 D_{60} 明显增大，分别由 15 193 nm、11 847 nm 和 9 801 nm 增大到 16 632 nm、12 692 nm 和 10 379 nm，这是因为土壤中添加生石灰后，土壤 Ca^{2+}浓度和离子强度会升高，降低了土壤颗粒之间的排斥力，导致土壤颗粒发生凝聚-絮凝，形成的大团粒使得土壤孔径增大，随着生石灰添加比例升高，土壤中 Ca^{2+}浓度会进一步增高，这有利于土壤颗粒不断凝集成更多的大团粒，从而提高了土壤孔径的期望值，土壤孔径增大。这与图 5-11 中扫描电镜的研究结果一致。进一步表明加入生石灰不仅使得大孔增多，还使得土壤的大孔平均孔径增大。

表 5-11 添加与不添加生石灰粉土大孔孔径分布情况的对比

土壤质地	生石灰添加比例/%	D_{30}/nm	D_{50}/nm	D_{60}/nm
粉土	0	15 193	11 847	9 801
粉土	20	16 632	12 692	10 379

注：D_{30}是指一个样品的累计孔容百分数达到 30%时所对应的孔径，它的物理意义是孔径大于它的孔隙占 30%；D_{50}是指一个样品的累计孔容百分数达到 50%时所对应的孔径，它的物理意义是孔径大于它的孔隙占 50%、小于它的孔隙也占 50%，D_{50}也叫中位径或中值孔径。常用来表示土体的平均孔径；D_{60}是指一个样品的累计孔容百分数达到 60%时所对应的孔径，它的物理意义是孔径大于它的孔隙占 60%。

综上可知，添加生石灰后，土壤大孔明显增多，土壤大孔孔径也明显增大，使得土壤的渗透系数增大，土壤通透性变好，迂曲度明显减小，减少了土壤中挥发性氯代烃污染物的迁移阻力，有利于土壤中挥发性氯代烃污染物的运移[35]。大孔增多及大孔孔径增大使得土壤比表面积大幅度减小，降低了土壤对挥发性氯代烃污染物的吸附容量，挥发性氯代烃污染物的解吸量相应增加[36]。

2）土壤中孔孔隙特征变化对污染物强化去除的影响。

土壤的孔隙特征会因为生石灰的添加而产生改变。图 5-15 给出了粉土和黏土中添加与不添加生石灰时土壤的 N_2 吸附-脱附曲线的对比，根据吸附量和滞后环类型可定性分析土壤孔容大小及孔的类型。由图可知，添加生石灰与不添加生石灰相比，粉土和黏土的吸附量均明显降低，表明添加生石灰后土壤的微孔孔容和中孔孔容降低了，因而有机污染物的去除效率得以提高。

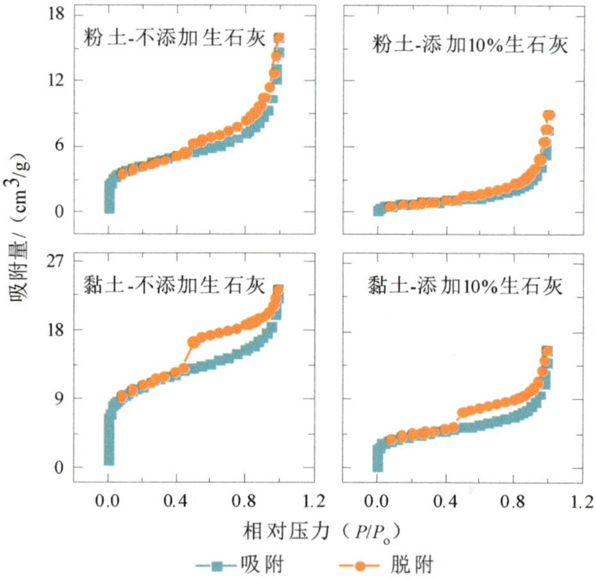

图 5-15 添加与不添加生石灰土壤的 N_2 吸附-脱附曲线对比

（实验条件：通风量 20 mL/min；土壤温度 20℃；翻动间隔 30 min、主轴 700 r/min、翻动持续时间 10 s，生石灰添加比例 10%，该比例为生石灰与干土质量比）

由图可知，脱附等温线与吸附等温线会在土壤相对压力处于较低的范围（小于 0.4）时发生重合，表明在小孔径区间内，这类孔大部分是单端闭塞的不通孔[37]；而当土壤相对压力处于较高的区间（0.4～0.9）时，滞后环现象显著，表明土壤中存在敞开式的大孔径孔隙[37]。当相对压力较高时，对粉土而言，滞后环比较窄，即使较高相对压力下，也没有出现极限吸附量，参照对比 IUPAC 列出的分类标准，测得该类滞后环隶属于 H3 型，由此表明：由于粉土中含有状的孔，从而增强了污染物的脱附效能，加入生石灰后，滞后环变窄，吸脱附曲线几乎重合，说明中孔孔径分布变窄，大孔分布增加，污染物去除效率提高[38, 39]；依照黏土的成像特征，有显著的成环现象产生，且有相对宽阔的滞后环，属于典型的 H2 型滞后环，说明黏土中存在墨水瓶状孔或狭窄的裂隙孔，加入生石灰后，宽大的滞后环逐渐变窄，表明墨水瓶状孔或狭窄的裂隙孔变少，大孔分布增加，对污染物去除有利[38]。这是因为土壤中添加生石灰后，土壤成为强碱性环境，该环境下可以通过水化胶结反应生成硅酸铝盐等胶结产物，使土壤颗粒通过键合发生凝聚，土壤中孔和微孔分布减少，大孔分布增加[27]。

通过 BJH 法拟合 N_2 吸附曲线，计算得到添加与不添加生石灰的粉土和黏土中孔孔径分布曲线的对比（图 5-16）。由图可知，添加生石灰后，中孔明显减少，特别是小于 10 nm 的小孔径中孔，这是因为添加生石灰不仅会使土壤颗粒发生凝聚-絮凝效应和阳离子交换反应，增加土壤颗粒性，即将土壤细颗粒组分转变成粗颗粒组分，降低了微孔和中孔的含量，还会使得土壤无侧限抗压强度增加，土壤颗粒中出现大孔[34, 40]。采用 BJH 法测算土壤中孔孔容参数，分别以孔径大小为 2～5 nm、5～10 nm 和大于 10 nm 为界限孔隙直径，添加与不添加生石灰土壤的中孔孔容参数对比见表 5-12。

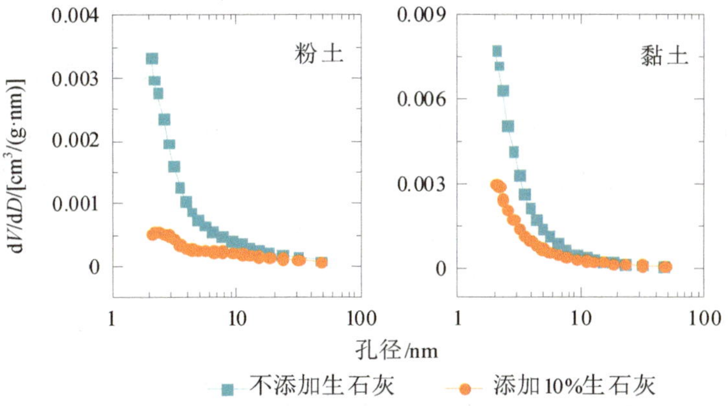

图 5-16 添加与不添加生石灰土壤中孔孔径分布曲线的对比

（实验条件：通风量 20 mL/min；土壤温度 20℃；翻动间隔 30 min、主轴 700 r/min、翻动持续时间 10 s；生石灰添加比例 10%，该比例为生石灰与干土质量比）

表 5-12 添加与不添加生石灰土壤的中孔孔容参数对比

土质	生石灰添加比例/%	总孔容/（cm^3/g）	各孔径段的累积孔容/（cm^3/g） 及所占的百分比/%					
			>10 nm	百分比	5～10 nm	百分比	2～5 nm	百分比
黏土	0	0.021	0.008	38.1	0.003	14.3	0.010	47.6
	10	0.015	0.008	53.3	0.002	13.3	0.005	33.3
粉土	0	0.017	0.009	52.9	0.003	17.6	0.005	29.4
	10	0.008	0.006	75.0	0.001	12.5	0.001	12.5

注：通风量 20 mL/min、土壤温度 20℃；翻动间隔 30 min、主轴 700 r/min、翻动持续时间 10 s。

由表可知，加入生石灰后，粉土小孔径段（2～5 nm）中孔的累积孔容由 0.005 cm^3/g 减少至 0.001 cm^3/g，黏土小孔径段（2～5 nm）中孔的累积孔容由 0.010 cm^3/g 降至 0.005 cm^3/g；土壤在大于 10 nm 和 5～10 nm 孔径范围内的中孔累积孔容与未投入生石灰的土壤的中孔累积孔容的差别不大，表明加入生石灰后土壤的小孔径中孔显著减少，而较大孔径和大孔径中孔基本不变；可见，加入生石灰能改变土壤中孔的分布且主要改变小孔径中孔的分布。中孔范围（2～50 nm）内，无论添加生石灰还是不添加生石灰，土壤累积孔容在大于 10 nm 的孔径范围内所占比例均高于 5～10 nm 及 2～5 nm 孔径范围内的累积孔容所占比例；加入生石灰后，粉土孔径大于 10 nm 范围的累积孔容所占比例为 75.0%，黏土为 53.3%，明显高于不添加生石灰时土壤累积孔容所占比例（粉土为 52.9%，黏土为 38.1%），5～10 nm 孔径范围的累积孔容变化不明显；2～5 nm 孔径范围的累积孔容所占的比例大幅降低，说明加入生石灰会促进土壤孔径增大，这是由于加入生石灰后，土壤中发生了阳离子交换反应和土壤颗粒的凝聚-絮凝。

有机污染物在土壤中的状态与土壤孔隙组成有直接关系，土壤孔隙组成也对土壤比表面积的测量参数以及传质过程有影响，同时也是影响污染物解吸效能的重要因素。在中孔内，由于毛细凝聚作用力，污染物会发生凝聚，以液态存在于中孔内；同时，多层吸附的出现会导致中孔内吸附更多的污染物[41]。在加入生石灰后，土壤中孔明显减少，削弱了对污染物的毛细凝聚作用力，污染物多以气态形式存在。可见，在土壤中添加生石灰可以降低土壤中孔数量，促进土壤中挥发性氯代烃污染物的挥发去除。

3）土壤微孔孔隙特征变化对污染物强化去除的影响。

通过 HK 法拟合曲线，计算得到添加与不添加生石灰的粉土和黏土微孔孔径分布曲线的对比图（图 5-17），可见微孔的数量会因土壤中添加的生石灰增多而减少。根据 HK 法计算土壤微孔孔容参数，以孔径小于 1 nm 和 1～2 nm 为界限孔隙直径，表 5-13 给出了添加与不添加生石灰土壤的微孔孔容参数变化情况。由表可知，添加生石灰后，在孔径小于

1 nm 范围内，黏土和粉土的微孔累积孔容均降低了，分别由 0.003 cm^3/g 降至 0.001 cm^3/g、0.009 cm^3/g 降至 0.004 cm^3/g；大孔径段的累积微孔孔容同样明显降低了，说明加入生石灰后，粉土和黏土的微孔明显减少，这是因为加入生石灰使土壤发生了团聚，从而改变了土壤微孔分布；黏土孔径小于 1 nm 的累积孔容所占比例比孔径在 1～2 nm 范围的累积孔容所占比例高，说明黏土微孔主要集中在小于 1 nm 范围内，而粉土在这两个孔径范围的累积孔容所占比例相同；添加生石灰后，粉土和黏土的微孔累积孔容均减小，表明土壤微孔减少。

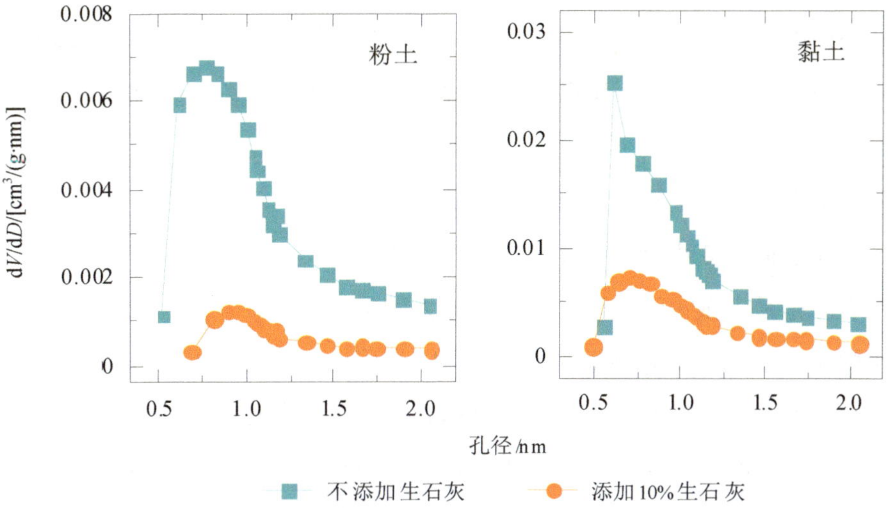

图 5-17　添加与不添加生石灰后土壤微孔孔径分布曲线的对比

（实验条件：通风量 20 mL/min、土壤温度 20℃；翻动间隔 30 min、主轴 700 r/min、翻动持续时间 10 s，生石灰添加比例 10%，该比例为生石灰与干土质量比）

表 5-13　添加与不添加生石灰土壤微孔孔容参数的对比

土壤质地	生石灰添加比例/%	总孔容/(cm^3/g)	各孔径范围的累积孔容/(cm^3/g)及所占的百分比/%			
			1～2 nm	百分比	<1 nm	百分比
黏土	0	0.014	0.005	35.7	0.009	64.3
黏土	10	0.006	0.002	33.3	0.004	66.7
粉土	0	0.006	0.003	50.0	0.003	50.0
粉土	10	0.002	0.001	50.0	0.001	50.0

注：通风量 20 mL/min；土壤温度 20℃；翻动间隔 30 min、主轴 700 r/min、翻动持续时间 10 s。

土壤微孔孔壁间的势能会彼此重叠，所以大孔内及土壤颗粒表层的吸附效能均比微孔内弱。截至此次研究阶段，对土壤微孔怎样拦截或扣留污染物存在两种假设：一是微孔对有机污染物的扩散有抑制作用；二是该类污染物在微孔内发生化学反应[42]。微孔能抑制污染物蔓延的主要原因包括：受孔壁间势能的影响，原子空间排列所造成的阻碍；截留在微孔内的物质是非液态的，且有可能是以不规律流动的气态存在于微孔内；当土壤颗粒微孔内有污染物扩散进来时，污染物会与微孔孔壁产生分子间作用力且相互影响，因而使污染物在微孔内被长时间扣留[42, 43]。

根据王震宇等[44]的研究成果，由于孔壁间的作用会相互重叠，使得平面的力场相较于小孔隙内的力场而言比较弱，因此孔隙结构特别是微孔的孔隙结构能对吸附-解吸效能起到阀门的作用。加入生石灰后，土壤微孔明显减少，通过物理吸附、范德华力等截留后，挥发性氯代烃污染物也会随之减少。此外，修复后期出现的拖尾效应也与土壤孔隙特征密切相关，故加入生石灰能强化修复效果。

（3）土壤比表面积变小利于挥发性氯代烃的去除

土壤比表面积是土壤中污染物发生吸附行为的重要场所，主要存在于土壤的中孔和微孔内；土壤微孔和中孔孔径的期望值能有效影响土壤比表面积，两种孔径的期望值越小，则土壤比表面积越大，吸附的污染物的量就越高；中孔和微孔的平均孔径越小，比表面积越大，对污染物的吸附容量越大；中孔和微孔的平均孔径越小，比表面积越小，越有利于土壤中污染物解吸[13, 45]。表 5-14 给出了粉土和黏土添加不同比例生石灰后土壤比表面积及中孔、微孔平均孔径的变化情况。土壤比表面积会因土壤中投入生石灰比例增加而降低，微孔和中孔孔径的期望值也会增大。相较于未投入生石灰的土壤，投入 10%生石灰的黏土的比表面积会降低，由 38.01 m^2/g 降低到 14.88 m^2/g，中孔的平均孔径由 3.81 nm 增大到 6.54 nm，微孔的平均孔径由 0.83 nm 增大到 0.85 nm；粉土的比表面积从 12.53 m^2/g 降低到 5.39 m^2/g，中孔的平均孔径由 8.38 nm 增大到 18.84 nm，微孔的平均孔径由 0.91 nm 增大到 0.98 nm。有研究表明，在土壤中添加生石灰后，会即刻发生水合反应，生成的水合产物的离解会导致土壤颗粒迅速凝聚，而使土壤比表面积因土壤微孔和中孔孔径的期望值增大而降低[46]。

微孔和中孔是土壤比表面积的主要存在场所，土壤比表面积会因微孔和中孔数量的增多而增大，吸附的污染物也就越多。加入生石灰后，不仅减少了土壤微孔和中孔的数量，还使得平均中孔孔径和平均微孔孔径增大，土壤比表面积随之降低，吸附进入孔隙内部表面积的污染物含量降低，土壤中吸附态挥发性氯代烃污染物的含量降低，自由态挥发性氯代烃污染物的含量随之增加；由于中孔和微孔平均孔径增加，拓宽了污染物的运移通道，土壤中挥发性氯代烃污染物的可移动性大幅度提升，促使更多污染物从土壤中解吸[40, 47]。

表 5-14　添加不同比例生石灰后土壤比表面积及中孔微孔平均孔径变化情况

土壤质地	生石灰添加比例/%	比表面积/（m^2/g）	中孔平均孔径/nm	微孔平均孔径/nm
黏土	0	38.01	3.81	0.83
	3	33.37	4.07	0.84
	10	14.88	6.54	0.85
粉土	0	12.53	8.38	0.91
	3	6.05	16.34	0.95
	10	5.39	18.84	0.98
	20	5.19	22.29	1.00

注：0、3%、10%、20%为生石灰和干土的质量比；通风量 20 mL/min、土壤温度 20℃；翻动间隔 30 min、主轴 700 r/min、翻动持续时间 10 s。

5.2.1.4　生石灰强化土壤中挥发性氯代烃去除的物理作用机制小结

本节着重从生石灰对挥发性氯代烃强化去除的物理作用机制展开初步探讨。从土壤物理指标（温度、含水率）和微结构（粒径分布、孔隙特征）的变化阐述了挥发性氯代烃在土壤中的去除机制；同时，结合扫描电子显微镜等微观表征手段，考察添加生石灰后土壤颗粒表面形貌的变化，探究土壤微结构对挥发性氯代烃污染物去除的影响，主要结论如下：

（1）土壤中添加生石灰，提高了土壤温度，促进污染物的解吸和挥发，且生石灰添加比例越高，土壤温度越高，对挥发性氯代烃类污染物的去除越有利。

（2）土壤中添加生石灰会降低土壤含水率，改善污染物的传质和传递过程；生石灰添加比例越高，土壤含水率越低，土壤通透性越高，越有利于气态挥发性氯代烃污染物从土壤颗粒间及孔隙内运移，为气态污染物挥发进入大气提供了更多的途径，促进挥发性氯代烃污染物从土壤中去除。

（3）土壤中添加生石灰会粗化土壤粒径，增加土壤通透性，促进污染物气体的运移和扩散。结合扫描电镜图可以看出，添加生石灰后，土壤的颗粒发生了不同程度的粗化；生石灰加入比例越高，形成的粗颗粒越多，越有利于挥发性氯代烃污染物的去除。

（4）土壤中添加生石灰后，土壤孔隙特征和比表面积发生改变，土壤大孔和平均孔径随着生石灰添加比例的升高而明显增加，使得土壤的渗透性增大，土壤通透性变好，迂曲度明显减小，有利于土壤中挥发性氯代烃污染物的去除；添加生石灰后，土壤中孔和微孔的数量和累积孔容显著降低，随着生石灰添加比例的增加，中孔和微孔的平均孔径逐渐增大，比表面积逐渐降低。对中孔而言，发生凝聚的污染物减少，通过多层吸附污染物的量也减少，污染物的去除量相应增多；对微孔而言，通过物理吸附、范德华力等截留的污染物也会减少。

5.2.2 生石灰强化土壤中挥发性氯代烃去除的化学作用机制

生石灰是对污染土壤进行化学修复常用的一种化学添加剂或土壤改良剂。生石灰不仅能改良土壤的物理性能，而且能改变土壤有机质（SOM）的形态和结构、提高土壤酸碱度（pH）、调节土壤的阳离子交换量（CEC）与氧化还原电位（Eh），进而影响污染物在土壤中的吸附、吸收、迁移、挥发、扩散和降解等环境行为，改变污染物在土壤中的赋存状态和残留浓度，清除或降低污染物的浓度至安全范围内。本节将对比不添加生石灰与添加不同比例生石灰的土壤，分析土壤中 SOM、矿物质、pH、CEC 和 Eh 等指标，采用傅里叶变换衰减全反射红外光谱（ATR-FTIR）、X-射线衍射（XRD）和固体三维荧光（3DEEM）等已有成熟技术和方法表征土壤 SOM 微观特征的改变，结合污染物去除的实验数据，揭示生石灰对挥发性氯代烃强化去除的化学作用机制，为生石灰用于强化挥发性氯代烃污染土壤修复提供一定的理论支持。

5.2.2.1 土壤 pH 升高促进挥发性氯代烃污染物的去除

pH 是对土壤中氯代烃污染物残留浓度产生影响的主要因素之一。生石灰的加入会改变土壤的 pH（表 5-15）。由表可知，增大生石灰的添加量，可不断增大土壤的 pH。当生石灰添加比例为 20%时，粉土的 pH 从 8.69 增大到 12.27，粉黏土的 pH 从 8.74 增大到 12.32，砂土的 pH 从 9.09 增大到 12.53，黏土的 pH 从 7.85 增大到 12.13，石英砂的 pH 从 9.03 增大到 12.31，各类土壤均由弱碱性变为强碱性，使得土壤结构和性能发生改变。

表 5-15 添加不同比例生石灰后土壤 pH 的变化情况

供试土壤	土壤 pH				
	0	3%	5%	10%	20%
黏土	7.9	9.5	9.7	12.1	12.1
粉黏土	8.7	11.8	12.1	12.2	12.3
粉土	8.7	12.0	12.1	12.2	12.3
砂土	9.1	12.2	12.3	12.5	12.5
石英砂	9.0	12.1	12.2	12.3	12.3

土壤中有机污染物的吸附-解吸主要取决于土壤结构、土壤有机质官能团解离度及污染物自身赋存状态等因素的影响，而这些因素又受 pH 的影响[47]。楚伟华等[47]认为土壤的 pH 越高，越有利于有机质中羧基、酚羟基等官能团发生离解，静电斥力增强，使得土壤结构更为疏松，极性增强，促进有机污染物从土壤中释放。Alawi 等[48]认为土壤 pH 的高低会影响卤代烃污染物（四氯杀螨风、2-邻氯苯基-2-对氯苯基-1,1-二氯乙烷和 2-邻氯苯基-2-对氯苯基-1,1,1-三氯乙烷）的赋存状态；pH 小于 5 时，污染物处在酸性环境中，由于其较大的亲脂性，有机污染物在土壤中从溶解态转变至吸附态。环境 pH 与有机污染物的 pK_a 值相近时，对污染物在土壤中的吸附达到峰值，吸附态有机污染物所占比例最高；随着 pH 的增加（pH＞10），有机污染物的亲水性增强，亲脂性减弱，土壤中吸附态有机污染物会向溶解态转化，减弱了污染物所受的束缚，更加有利于污染物的挥发。有研究认为甲苯等疏水性有机污染物在土壤中的去除会受到 pH 变化的影响，土壤腐殖质的粒径随着土壤 pH 的升高而增大。pH 越高，土壤有机质中的酸性官能团发生离解的量越多，进而产生更多的阳离子，使土壤团聚形成更多的粗颗粒，利于土壤中污染物解吸[49]。

土壤中有机质表面电荷受环境的 pH 调节，因此 pH 在污染物的吸附过程中有着十分关键的影响。pH 处在正常范围时，土壤有机质表面均带负电，其分子在静电力作用下相互排斥，使土壤更加疏松，利于污染物从土壤中解吸；当土壤 pH 较低时，这种静电排斥力会减弱，导致土层结构变得紧密，将污染物束缚在这种紧密结构内，抑制污染物的解吸[50]。环境中的 pH 增大时，土壤中的无机碱可与有机质中的酸性基团发生反应，得到中性的有机化合物，高分子趋于蜷缩成团，促进土壤团聚，增大了土壤粒径，有利于污染物的解吸[49, 51]。

ATR-FTIR 谱图表明土壤有机质中含有丰富的表面官能团［见 5.2.2.5（1）］，例如，强酸性基团羧基和酚羟基等，土壤的 pH 会对有机质中酸性基团的解离度产生影响。具体表现为：在高 pH 条件下，酸性基团易被解离，有机分子的亲水性增强，土壤对氯代烃污染物的吸附力降低，相应的解吸量加大[47, 49]；在低 pH 条件下，土壤有机质中所含的羧基和酚羟基会与挥发性氯代烃污染物形成氢键和静电引力等表面吸附作用力，增强土壤对污染物的吸附力。pH 的增大可导致羧基和酚羟基等酸性基团的电离，减弱了羧基和酚羟基与污染物之间的氢键作用，有机质很难与不饱和挥发性氯代烃污染物发生阳离子-π 键作用或 H-π 键作用，有机质对污染物的吸附能力减弱，吸附态污染物含量降低，自由态污染物含量增加，污染物的可移动性增加[50]。加入生石灰后，土壤 pH 会大幅度升高，挥发性氯代烃与土壤有机质结合达到的动态平衡被破坏，促进挥发性氯代烃污染物从土壤中释放。

5.2.2.2 降低土壤阳离子交换量（CEC）促进挥发性氯代烃的去除

CEC是土壤胶体化学研究的主要内容，也是对土壤吸附性产生影响的重要因素之一。表5-16给出了粉黏土中加入生石灰后CEC的变化情况。由表可以看出，加入生石灰能改变土壤的CEC；随着生石灰加入比例升高，土壤CEC逐渐降低，粉黏土的CEC由未加生石灰的10 cmol/kg逐渐降低到添加20%生石灰的6.6 cmol/kg，有观点认为产生这一现象的原因是生石灰对土壤中黏粒和砂粒比例的调节[52]。

表5-16 添加不同比例生石灰后粉黏土的阳离子交换量

生石灰添加比例/%	CEC/（cmol/kg）
0	10
3	8.1
10	7.5
20	6.6

注：3%、10%和20%为生石灰与干土质量比，0表示没有添加生石灰。

CEC的大小同时受土壤中有机质含量、矿质元素组成及环境pH等因素的影响。有文献显示，土壤的CEC值和土壤小颗粒含量比例、有机质含量及环境pH具有显著正相关关系，而与大颗粒（如砂粒）的含量比例呈明显负相关[52-55]。本实验中，在被污染土壤中加入生石灰后，不但可导致土壤的pH增大，亦可降低土壤的小颗粒（黏粒和粉粒）含量，增加大颗粒（砂粒）含量。实验结果显示，随着生石灰添加量的增多，土壤CEC值逐渐降低。本研究的结论为：土壤中小粒径颗粒和大粒径颗粒含量及比例的变化对土壤CEC值的影响大于pH改变所产生的影响，最终结果表现为随着生石灰添加量增大，土壤的CEC值减小。

土壤CEC主要通过影响氯代烃污染物的存留相态对土壤中污染物的吸附-解吸过程产生影响。具体表现为：CEC的值越大，土壤中以吸附态存留的氯代烃污染物的含量越高，以自由态存在的污染物含量越低，即土壤中氯代烃污染物的吸附越多，相应的解吸量越低[56]。此外，土壤CEC越低，土壤负电荷越低，土壤胶体颗粒间排斥力减弱，有利于土壤颗粒团聚，土壤粒径变大，利于污染物解吸[57, 58]。加入生石灰后，降低了土壤CEC，破坏了土壤中原有的挥发性氯代烃污染物的吸附-解吸平衡，促进了挥发性氯代烃从土壤中释放。

5.2.2.3 改变土壤矿物质的组成及含量对挥发性氯代烃吸附的影响

土壤中，除了有机质会对氯代烃污染物的吸附-解吸造成影响，其矿物质的组成及含量亦会影响氯代烃污染物的迁移和解吸等。图 5-18 为添加不同比例生石灰后黏土样品的 X-射线衍射谱图。根据 X-射线衍射半定量分析，表 5-17 列出了黏土中不同生石灰添加比例下的矿物质组成及含量。由表可知，土壤的矿物组成以石英、长石和黏土矿物（角闪石和伊利石）为主；与不添加生石灰相比，添加 20%生石灰后，角闪石的含量从 16.2%降低到 9.8%，伊利石的含量从 11.4%降低到 5.5%。从 X-射线衍射半定量分析的结果可以得出初步结论：在土壤中加入生石灰有可能改变土壤矿物质组成，降低黏土矿物质的含量，也就是降低了土壤黏粒的含量[51]。在土壤中添加生石灰后，土壤-生石灰的混合物有可能会发生火山灰反应[46]，消耗了土壤中的黏土矿物（角闪石和伊利石），在 X-射线衍射谱图中表现为相应峰值的降低。

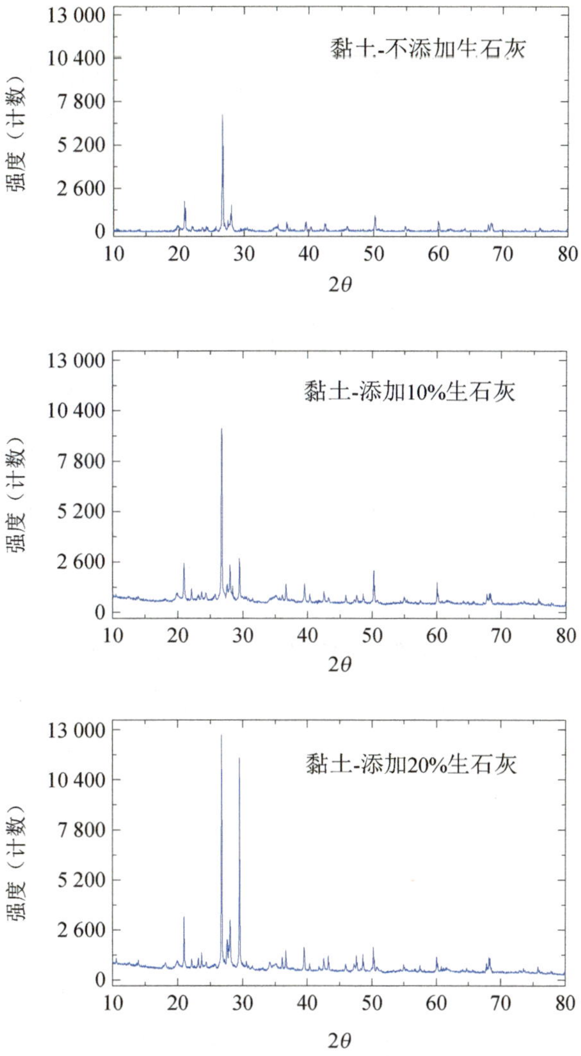

图 5-18　添加不同比例生石灰后黏土的 X-射线衍射谱图

表 5-17　添加不同比例生石灰后黏土的矿物质组成及含量

矿物质	分子式	质量百分比/%		
		黏土-对照	黏土-10%	黏土-20%
石英	SiO_2	30.7	30.6	28.1
微斜长石	$K(AlSi_3)O_8$	12.2	17.5	26.4
钙钠长石	$(Na, Ca)Al(Si, Al)_3O_8$	29.5	30.6	30.2
绿泥石	$Al_{3.2}Ca_{3.4}Fe_{4.02}K_{0.6}Mg_6NaSi_{12.8}O_{44}(OH)_4$	0.0	0.0	0.0
角闪石	$(Mg, Al, Fe)_6(Si, A)_4O_{10}(OH)_8$	16.2	11.4	9.8
云母	$KAl_2Si_3AlO_{10}(OH)_2$	—	—	—
伊利石	$KAl_2Si_3AlO_{10}(OH)_2$	11.4	9.9	5.5

注："—"代表低于检出限；10%和 20%代表加入的生石灰比例（生石灰与干土质量比），对照是不添加生石灰。

文献中的结果表明，矿物组分尤其是黏土中的矿物组分对有机污染物的吸附有着重要的作用[59]。黏土中的矿物组分表面含有诸多可作为吸附位点的空穴，通过氢键、静电力等形式的作用力作用于有机污染物分子，对污染物的黏结性很强。添加生石灰有可能会降低土壤中黏土矿物的含量，进而降低土壤对挥发性氯代烃污染物的吸附量，削弱土壤对污染物的吸附力，有利于氯代烃污染物的解吸。

5.2.2.4　改变土壤氧化还原电位（Eh）有可能促进挥发性氯代烃脱氯

氧化还原法是非生物途径降解有机污染物的重要可行方法。在土壤中添加生石灰后，通过影响土壤 Eh 进而影响土壤中挥发性氯代烃污染物的还原脱氯效率。表 5-18 给出了在粉土中添加不同比例生石灰后土壤 Eh 的变化。可以看出，添加生石灰后，土壤 Eh 呈明显下降趋势；与不添加生石灰相比，添加 20%生石灰后，土壤 Eh 从 174 mV 降低到 −79 mV，这是由于添加生石灰后，土壤 pH 显著升高。刘牧[60]的研究认为，土壤 Eh 与 pH 呈线性负相关。

表 5-18　添加不同比例生石灰后粉土的氧化还原电位

生石灰添加比例/%	Eh/mV
0	174
3	−71
10	−77
20	−79

注：表中生石灰添加比例为生石灰与干土的质量比。

不添加生石灰时，土壤为氧化环境；添加生石灰后，土壤由氧化环境变为还原性环境，且随着生石灰添加比例增大，土壤还原度逐渐增强。加入生石灰后，由于土壤 Eh 明显降低，土壤还原度急剧增加，促进土壤中挥发性氯代烃污染物发生还原脱氯反应，且 Eh 越低，土壤还原度越高，越有利于挥发性氯代烃污染物脱氯[61, 62]，这与以往的研究结果一致[63, 64]。还原脱氯反应导致土壤中部分挥发性氯代烃污染物受到破坏，形成有机副产物，副产物的种类和生成量取决于土壤还原度的强弱。在本次研究中，加入生石灰后，Eh 降低到 −79 mV，土壤变成中强度还原性环境，污染物最终呈中弱程度的脱氯[61]。O'Loughlin 等[65]的研究认为，三氯乙烯通过还原脱氯的降解可能存在多种途径及产物（图 5-19）。由图可知，三氯乙烯在一定环境条件下存在多种转化途径，通过不同的脱氯还原反应形成对应脱氯中间产物——烯烃（反式-1,2-二氯乙烯、顺式-1,2-二氯乙烯和 1,1-二氯乙烯等）和炔烃（一氯乙炔和乙炔等），这些中间产物由加氢反应生成乙烯，乙烯进一步通过加成反应还原成乙烷，降低了物质的反应活性。结合 5.1.2 小节的结果：只有在石英砂中加入 20%的生石灰时，才发现极少量二氯乙炔的形成。因此，土壤 Eh 促进土壤中挥发性氯代烃污染物脱氯形成的副产物的量很少。

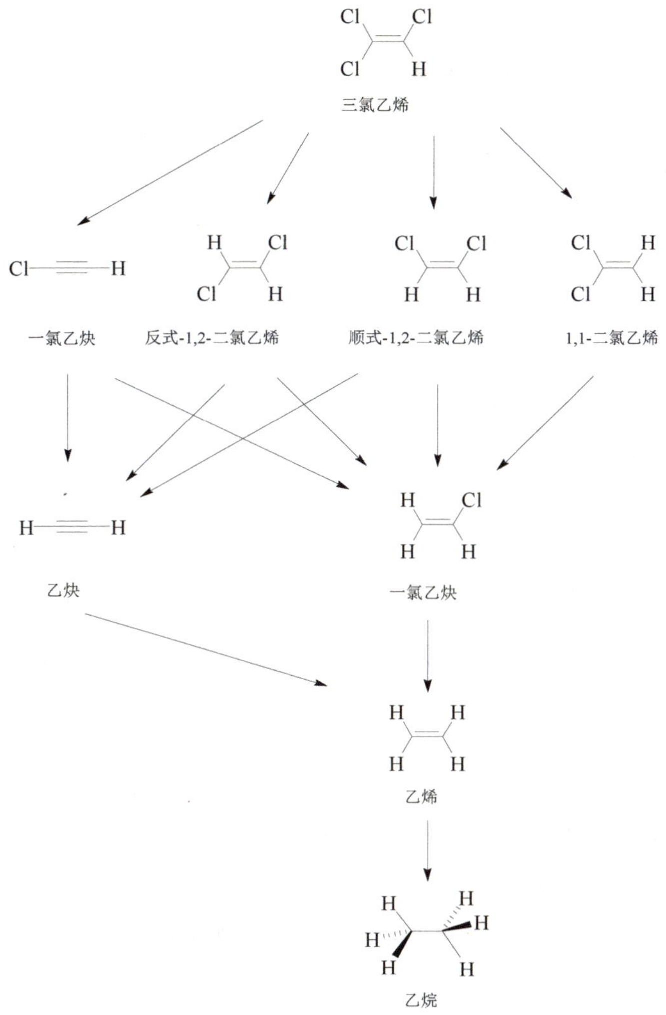

图 5-19　三氯乙烯还原脱氯的可能途径及产物

5.2.2.5 改变有机质形态与结构加快土壤中污染物的解吸与释放过程

（1）ATR-FTIR 谱图解析

分子中各个原子的振动、转动能级跃迁导致分子的振动和转动光谱的产生。ATR-FTIR 是基于光的内发射原理设计的，即以光辐射在两种介质的界面发生全内反射为基础。发射的红外光并未全部反射，部分光线透过样品表层一定深度，再返回到样品表面；在这个过程中，样品会进行选择性吸收，使得反射光强度减弱，从而获得样品化学组成的结构信息[66, 67]。本研究采用 ATR-FTIR 法分析了土壤中有机质分子基团的形态及结构，结果显示，在土壤中加入生石灰后，其有机质的官能结构产生了不同程度的变化。

1）土壤有机质 ATR-FTIR 谱图定性分析。

作为有机质结构研究的重要方法之一，在过去的六七十年间，ATR-FITR 法已经被广泛地应用于土壤有机质的研究。随着 ATR-FITR 技术的深入发展，其在土壤有机质的研究中取得了一系列优秀成果[68, 69]。图 5-20、图 5-21 和图 5-22 分别为添加不同比例生石灰后粉土、粉黏土和黏土的 ATR-FTIR 谱图。

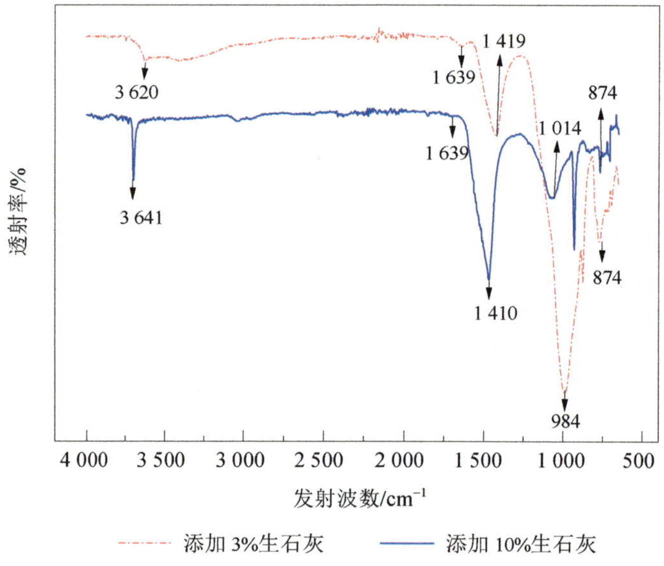

图 5-20 添加不同比例生石灰后粉土中有机质的 ATR-FTIR 谱图

（实验条件：通风量 20 mL/min；土壤温度 20℃；翻动频率 30 min/次；主轴转速 700 r/min、每次翻动持续 10 s；生石灰添加比例 3%、10%，该比例为生石灰与干土的质量比）

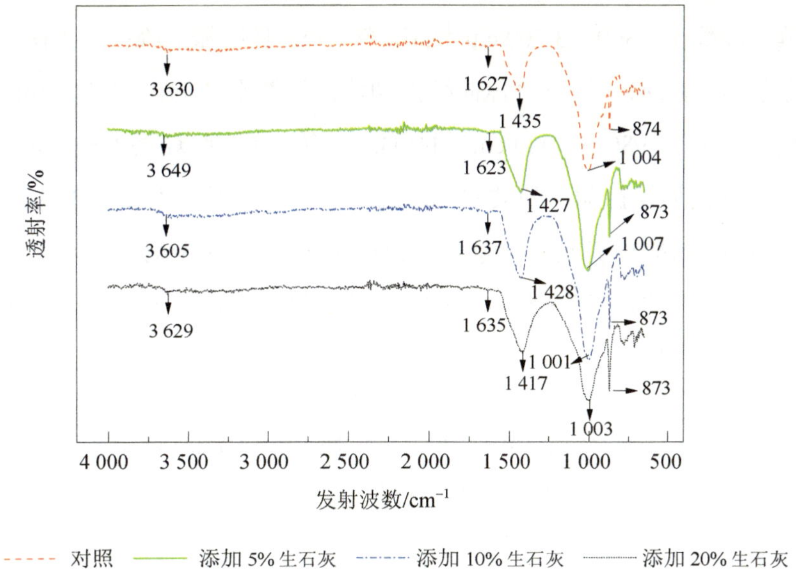

图 5-21　添加不同比例生石灰后粉黏土中有机质的 ATR-FTIR 谱图

（实验条件：通风量 20 mL/min；土壤温度 20℃；翻动频率 30 min/次；主轴转速 700 r/min、每次翻动持续 10 s；生石灰添加比例 5%、10%和 20%，该比例为生石灰与干土的质量比，对照组为不添加生石灰）

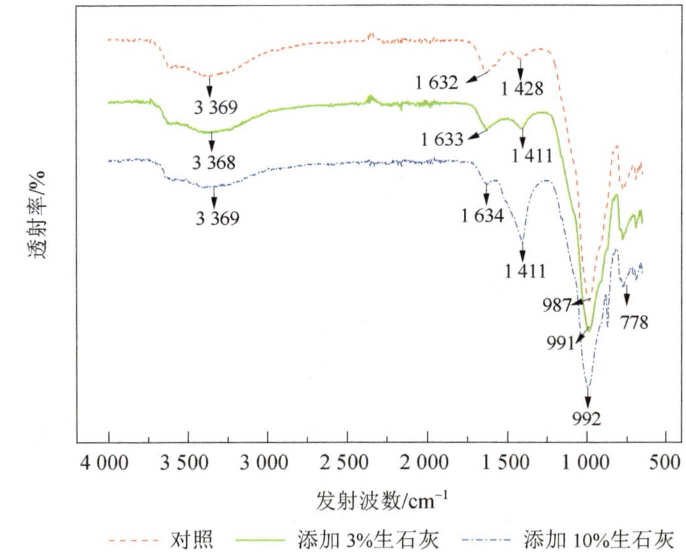

图 5-22　添加不同比例生石灰后黏土中有机质的 ATR-FTIR 谱图

（实验条件：通风量 20 mL/min、土壤温度 20℃；翻动频率 30 min/次；主轴转速 700 r/min、每次翻动持续 10 s；生石灰添加比例 3%、10%，该比例为生石灰与干土的质量比，对照组为不添加生石灰）

由图可知，土壤有机质的 ATR-FTIR 谱图主要包括波数在 3 500～3 660 cm^{-1} 的自由—OH 伸缩振动峰；波数在 3 300～3 500 cm^{-1} 的缔合—OH 伸缩振动峰；波数在 1 600～1 660 cm^{-1} 的极性官能团（—COO）的反对称伸缩振动峰；波数在 1 410～1 440 cm^{-1} 的—COO 对称伸缩振动峰；波数在 980～1 020 cm^{-1} 的可能结构，如脂肪烃类 C—C 的骨架振动、CH_3O 和烷氧基 C—O 的伸缩振动、酚类 C—O 的伸缩振动以及多糖 C—O 的伸缩振动峰；波数在 770～880 cm^{-1} 的醇羟基或酚羟基（—OH）的面外弯曲振动峰[67, 70]。由此可见，3 种土壤有机质结构相似，均含有较为丰富的酚羟基或醇羟基、脂肪烃基、羧基、甲氧基、羰基及芳香结构等官能团（表 5-19）。

表 5-19 添加不同比例生石灰后供试土壤中有机质的特征官能团归属

波数/cm^{-1}	特征官能团归属
3 500～3 660	ν（—OH 自由）酚羟基或醇羟基
3 300～3 500	ν（—OH）形成分子间氢键羟基（宽峰）；ν（—OH 缔合）酚羟基或醇羟基
1 600～1 660	$ν_{as}$（—COO）羧酸盐
1 410～1 440	$ν_s$（—COO）羧酸盐
980～1 020	ν（C—C）脂类骨架振动，ν（C—O）甲氧基、烷氧基、酚或多糖
770～880	σ（—OH）酚或醇

注：ν 表示伸缩振动；$ν_s$ 表示对称伸缩振动；$ν_{as}$ 表示反对称伸缩振动；σ 表示面外弯曲振动。

2）ATR-FTIR 法对土壤中有机质的半定量分析。

马连刚等[66]利用 ATR-FTIR 法对黄壤和石灰土中胡敏酸的官能团进行了半定量研究，结果表明黄壤胡敏酸的脂肪碳含量比石灰土的高，芳香结构含量却比石灰土芳香结构含量低，这一结果表明可采用 ATR-FTIR 法实现对土壤中有机质官能基团的半定量分析。加入生石灰后，ATR-FTIR 谱图的峰强和峰位置均有一定程度的变化，说明加入生石灰后，土壤有机质的整体结构和部分官能团发生了一定的改变（图 5-20～图 5-22）。

加入生石灰后土壤有机质极性官能团 $ν_s$（—COO）的变化情况见表 5-20。

表 5-20 添加不同比例生石灰后土壤中有机质极性官能团 $ν_s$（—COO）的变化

土壤质地	生石灰添加比例/%	波数/cm^{-1}	归一化结果
黏土	0	1 428±1.5	0.11±0.00
	3	1 411±0.0	0.15±0.00
	10	1 411±0.5	0.39±0.00

土壤质地	生石灰添加比例/%	波数/cm^{-1}	归一化结果
粉黏土	0	1 435±0.5	0.37±0.00
	5	1 427±0.5	0.47±0.01
	10	1 428±0.0	0.48±0.00
	20	1 417±0.5	0.60±0.01
粉土	3	1 419±0.0	0.30±0.00
	10	1 410±2.5	0.34±0.01

注：峰值范围在 1 410～1 440 cm^{-1}，归属于 ν_s（—COO）羧酸盐，对称伸缩振动；0、3%、5%、10%和 20%为生石灰与干土的质量百分比；“±”左边的数据为平均值，“±”右边的数据为标准差，n=3。

随着生石灰添加比例增加，粉土羧酸（—COO）官能团发生了红移，从 1 419 cm^{-1} 红移到 1 410 cm^{-1}，表明官能团（—COO）的结构发生了变化，据此推断出生石灰与有机质中的羧酸发生了反应，即

$$RCOOH + Ca^{2+} \longrightarrow RCOOCa^{+} + H^{+} \tag{5-14}$$

红外吸光度的强弱不能直接反映官能团的变化，但不同红外光谱峰高比例可以半定量判断官能团的变化趋势。ν_s（—COO）羧酸盐峰的峰高比上 ν（C—C）脂类骨架振动峰高，结果分别为 0.30（加入生石灰比例为 3%）和 0.34（加入生石灰比例为 10%），这一结果阐明了土壤中有机质与 Ca^{2+} 的反应。土壤有机质中的 —COOH 通过与 Ca^{2+} 的反应增大极性。Xing 等[71]的研究结果表明，亲脂性有机物的吸附系数与土壤中有机质的极性大小呈负相关，显示土壤中吸附态的污染物含量和有机质的极性紧密相关，即极性越高，吸附态亲脂性有机污染物的含量越低，越有利于其解吸。在粉黏土和黏土中加入生石灰后，有机质的极性也表现出了和粉土中相似的结果（表 5-20），有观点认为这是对土壤中挥发性氯代烃污染物吸附产生影响的主要因素之一。ν_{as}（—COO）的变化进一步表明添加生石灰后土壤有机质的极性增加（表 5-21）。主要是因为添加生石灰后，生石灰与土壤中有机质的官能团发生反应，使得有机质的官能团的电负性增加。

表 5-21 添加不同比例生石灰后土壤中有机质极性官能团 ν_{as}（—COO）的变化

土壤质地	生石灰添加比例/%	波数/cm^{-1}	归一化结果
黏土	0	1 632±1.0	0.14±0.00
	3	1 633±0.5	0.15±0.00
	10	1 634±0.5	0.16±0.00

土壤质地	生石灰添加比例/%	波数/cm^{-1}	归一化结果
粉黏土	0	1 627±1.0	0.02±0.00
	5	1 623±4.0	0.05±0.01
	10	1 637±1.0	0.06±0.00
	20	1 635±2.5	0.063±0.01
粉土	3	1 639±1.0	0.14±0.00
	10	1 639±0.5	0.52±0.00

注：ν_{as}（—COO）的反对称伸缩振动峰值范围在 1 600～1 660 cm^{-1}；表中的百分比表示生石灰和干土的质量比；“±”左边的数据为平均值，“±”右边为标准差，其中 n=3。

随着土壤中生石灰添加比例的增大，有机质中的—OH 在谱图上的位置由 3 620 cm^{-1} 向 3 641 cm^{-1} 偏移，这可能是由于生石灰中的钙离子和土壤有机质中的羟基（包括酚羟基和醇羟基）反应，即

$$RCOH + Ca^{2+} \longrightarrow RCOCa^{+} + H^{+} \tag{5-15}$$

表 5-22 给出了土壤有机质中羟基含峰强度随着生石灰加入比例的变化。可见随着生石灰添加比例的增大，羟基峰出现规律性的增加，从 0.10 增加到 0.15，这主要是由于加入生石灰后，引起了土壤有机质形态和结构的改变，进一步证实了羟基峰与钙离子的结合[72, 73]。羟基与钙离子反应后增加了土壤有机质的极性，从而可能降低挥发性氯代烃的吸附效应，有利于挥发性氯代烃污染物的释放。

表 5-22　添加不同比例生石灰后土壤有机质中极性官能团 ν（—OH）的变化

土壤质地	生石灰添加比例/%	波数/cm^{-1}	归一化结果
黏土	0	3 369±1.0	0.15±0.00
	3	3 368±0.5	0.16±0.00
	10	3 369±0.5	0.17±0.00
粉黏土	0	3 630±1.0	0.05±0.01
	5	3 649±3.0	0.078±0.01
	10	3 605±2.0	0.08±0.01
	20	3 629±1.0	0.09±0.01
粉土	3	3 411±0.0	0.10±0.00
	10	3 641±1.0	0.15±0.00

注：峰值范围在 3 300～3 500 cm^{-1}，归属于 ν（缔合—OH），伸缩振动；峰值范围在 3 500～3 650 cm^{-1}，归属于 ν（自由—OH），伸缩振动；0、3%、5%、10%和 20%为生石灰与干土的质量百分比；“±”左边的数据为平均值，“±”右边的数据为标准差，n=3。

考虑到粉黏土和黏土中存在较大量的羧酸盐，我们认为粉黏土和黏土这种醇羟基或酚羟基的脂肪烃类或苯酚类有机质含量很少，但是对于脂肪酸类或者苯甲酸盐类有机质百分比较大的土壤，仅靠加入少量的生石灰很难改变有机质中存在的—OH 类型，对性状的影响有限。此外，土壤中的极性基团酚羟基或醇羟基（—OH）面外弯曲振动同样会受到生石灰添加量的影响。表 5-23 给出了加入生石灰后土壤有机质中极性官能团（—OH）面外弯曲振动的变化情况。以粉黏土为例，对粉黏土红外谱图进行归一化处理，归一化的结果分别为 0.69、0.77、0.80 和 0.91，说明生石灰添加量越大，越有利于钙离子与羟基结合，其中有机质的极性就越大，进一步地验证了表 5-23 中提供的结果。

表 5-23　添加不同比例生石灰后土壤有机质中极性官能团 σ（—OH）的变化

土壤质地	生石灰添加比例/%	波数/cm^{-1}	归一化结果
黏土	0	778±0.5	0.58±0.00
	3	778±0.0	0.60±0.00
	10	778±0.0	0.62±0.00
粉黏土	0	874±0.0	0.69±0.01
	5	873±0.0	0.77±0.01
	10	873±0.0	0.80±0.00
	20	873±0.0	0.91±0.00

注：峰值范围在 770～880 cm^{-1}，归属于 σ（—OH）酚或醇，面外弯曲振动；表中的百分比表示生石灰和干土的质量比；“±”左边的数据为平均值，“±”右边为标准差，其中 n=3。

综上可知，土壤有机质中含有丰富的、可作为污染物分子吸附位点的官能团，在各种分子间作用力的作用下吸附挥发性氯代烃污染物。加入生石灰后，土壤有机质官能团的形态和结构发生了改变。随着生石灰加入比例增加，极性官能团（—COO）和（—OH）的红外发生不同程度的位移，这可能是由于呈酸性的羧基和羟基与碱性的生石灰发生了反应。同时，土壤有机质中官能团（—COO）和（—OH）峰高的改变进一步验证了二者与钙离子的反应。土壤有机质与钙离子的反应导致土壤有机质极性增强，利于挥发性氯代烃污染物的解吸[74, 75]。

（2）生石灰处理前后土壤中固体有机质的 3DEEM 分析

分子荧光是分子吸收一定的能量后，由基态跃迁至稳定性较差的激发态，而激发态的分子通过辐射（如荧光等）或非辐射形式（如振动弛豫、内外部能转换等）释放能量，跃迁回基态。分子由第一激发态的最低能级（S_1*，V_0），以光辐射形式跃迁至基态的任意能级（S_0），所产生的光辐射。荧光分析法灵敏度高（检出限 10～10 g/mL），选择性好，广泛应用于水体、土壤和沉积物中有机质结构和组成的研究与表征。荧光扫描技术较多，光谱类型丰富，主要包括3DEEM、同步扫描荧光光谱（SSFS）、激发荧光光谱及发射荧光光谱等。3DEEM 也称总发光光谱或三维激发发射矩阵荧光光谱，其谱图分析结果可全面反映产生荧光组分的总体特征。在实际样品分析测定过程中，常常受到拉曼和瑞利散射峰的影响，需要利用 SSFS 技术对荧光光谱信息进行进一步的研究和分析。SSFS 技术的特征在于设定波长 Ex（激发光）和 Em（发射光）的差值不变，来测定样品在各个波长范围上的荧光强度，对 SSFS 的谱图进行分析可得到更多的结构信息。本节综合应用 3DEEM 和 SSFS 技术对土壤中有机质组分进行了分析，结果表明，添加生石灰后，黏土中有机质组分发生了规律性变化。

1）土壤中有机质的 3DEEM 谱图分析。

天然土壤和水体中有机质的荧光光谱特性受到环境科学、地球化学和材料科学研究者的广泛关注。近年来，有诸多利用荧光光谱分析法对土壤和水中有机质进行研究的案例和文献报道。例如，胡丽华等[76]详细研究了固态荧光的测试方法及其在材料科学中的应用。姜杰等[77]利用 3DEEM 研究了土壤腐殖质氧化还原特性。随着相关研究的广泛开展，针对环境样品，初步确定了不同环境有机质组分对应的荧光峰位置。一般分为 Class Ⅰ（Ex 为 200～250 nm，Em 为 375～500 nm），Class Ⅱ（Ex 为 200～250 nm，Em 为 280～375 nm）和 Class Ⅲ（Ex 为 250～290 nm，Em 为 280～375 nm）。其中 Class Ⅰ称为类腐殖酸荧光（Humic-like），Class Ⅱ和 Class Ⅲ称为类蛋白荧光[78-80]。Class Ⅰ的产生与腐殖质分子中的酸性结构羰基（C═O）和羧基（—COO）相关。Class Ⅱ荧光峰和小分子芳香性蛋白（如色氨酸）有关，Class Ⅲ荧光峰和微生物活动产生的复杂蛋白有关。一般认为，Class Ⅰ的产生主要与陆源有机质相关，而 Class Ⅱ主要表明生物或人类活动对环境中产生的有机质的影响[78-81]。

在几种土壤中，黏土的有机质含量最高，本部分实验选择黏土作为实验对象，主要研究了生石灰添加量和土壤有机质含量及内部结构的关系（图 5-23）。生石灰的加入会影响土壤 pH。为保持实验与工程实践过程的一致性，加入生石灰后未进行 pH 调节。本研究与前人的研究均表明，pH 对土壤有机质的荧光性质影响较小，基本可以忽略。不添加生石灰的土壤有机质表现为一个宽的荧光峰带，根据 3DEEM 归属理论，应该归属为 Class Ⅰ和 Class Ⅱ，即腐殖物质和小分子芳香性蛋白。由图 5-23 可知，添加不同比例生石灰后土壤的 3DEEM 发生明显的变化，新出现了 Class Ⅲ峰。由于受到拉曼散射的影响，Class Ⅰ峰强和峰位置难以准确确定。

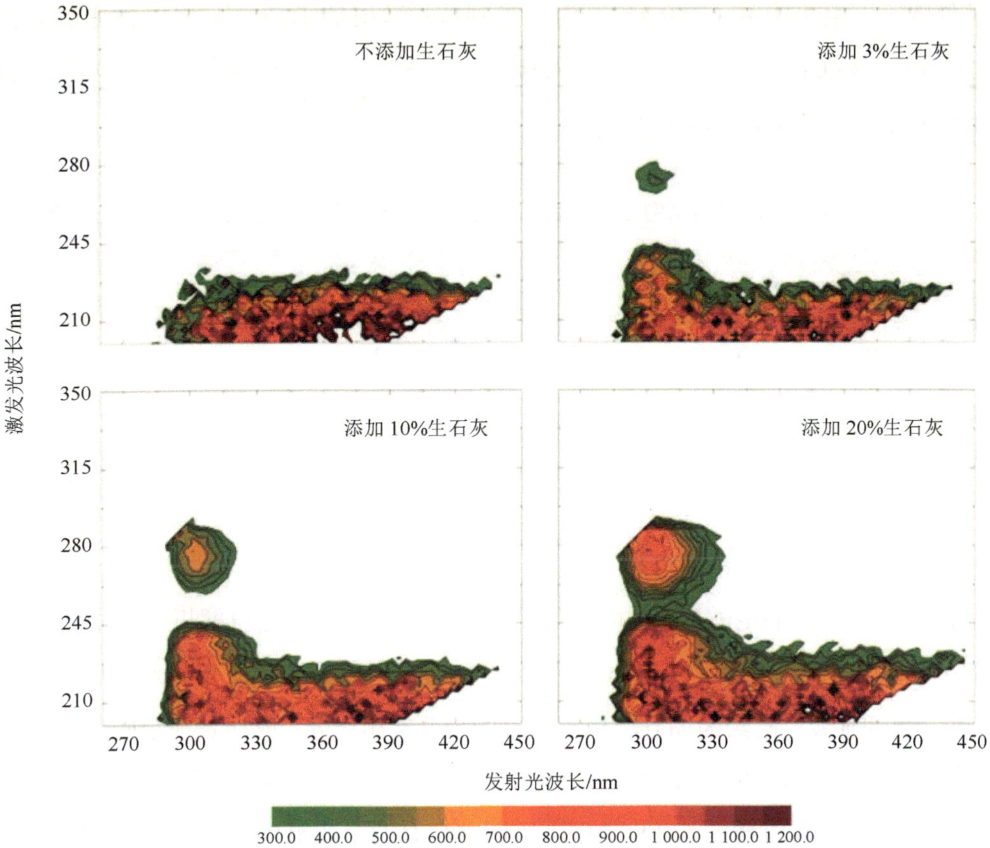

图 5-23　添加不同比例生石灰后黏土有机质固体 3DEEM 光谱

（实验条件：通风量 20 mL/min；土壤温度 20℃；翻动频率 30 min/次、主轴转速 700 r/min、每次翻动持续 10 s；生石灰添加比例 3%、10%和 20%，该比例为生石灰与干土的质量比）

总体来说，不添加生石灰时，Class Ⅰ峰高小于 1 200 荧光强度单位；加入 3%生石灰后，峰高小于 900 荧光强度单位。随着生石灰添加量的持续增加，Class Ⅰ峰的强度不断下降。这与红外光谱研究结果一致，进一步表明腐殖类物质和生石灰发生了化学作用。与 Class Ⅰ峰的变化不同，Class Ⅱ和 Class Ⅲ峰的强度与生石灰的添加量呈正相关。研究表明，天然水体和土壤中蛋白类物质含量较低，自然界中含量较高的腐殖类物质会和蛋白类荧光物质发生相互作用，对蛋白质的荧光谱图特征产生多重影响。其中，类蛋白荧光特征峰增强的原因主要有以下两个方面：一方面，生石灰的加入引起蛋白类物质形态和结构变化，从而导致类蛋白荧光增强；另一方面，生石灰的加入导致土壤中腐殖类物质发生降解，可能进一步释放出蛋白类物质，造成其特征峰强度上升，但是具体的上升机制尚需深入研究分析。

Class Ⅲ峰强度随着生石灰添加比例升高而逐渐增强，荧光峰最大值（865 units）是最小值（126 units）的 7 倍左右（表 5-24）。进一步研究表明，Class Ⅲ峰强度和生石灰添加量存在显著正相关关系（r=0.94）。由于受到拉曼散射的影响，无法定量评估生石灰加入量对 Class Ⅰ和 Class Ⅱ峰强和峰位置的影响，本节利用 SSFS 技术对添加与不添加生石灰的土壤荧光光谱展开进一步分析。

表 5-24 添加不同比例生石灰后黏土有机质荧光峰激发/发射光波长和荧光强度

土壤质地	生石灰添加比例/%	类蛋白荧光峰（Class Ⅲ）	
		激发/发射光波长/nm	荧光强度/units
黏土	0	274/302	126
	3	272/302	458
	10	274/301	650
	20	278/301	865

2）土壤有机质 SSFS 谱图分析。

由于受到瑞利散射和拉曼散射的影响，部分 3DEEM 峰难以定量解析。通过调节波长差，减少部分峰的重叠，SSFS 技术有时可以获得更多的信息。例如，SSFS 技术成功应用于天然溶解有机质和重金属、医药药品等环境污染物的相互作用研究，成功表征了腐殖质样品之间的差异[82, 83]。本节运用 SSFS 技术，对添加与不添加生石灰时土壤有机质的变化进行表征。

图 5-24 为黏土有机质的 SSFS 谱图，谱图中含有两个明显的峰：峰 1（约 245 nm）和峰 2（约 266 nm）。根据峰出现的位置，对比分析发现，峰 1 表示的化合物属于小分子芳香性蛋白，峰 2 表示的蛋白结构复杂，其产生应该与土壤中微生物的代谢活动有关[82]。

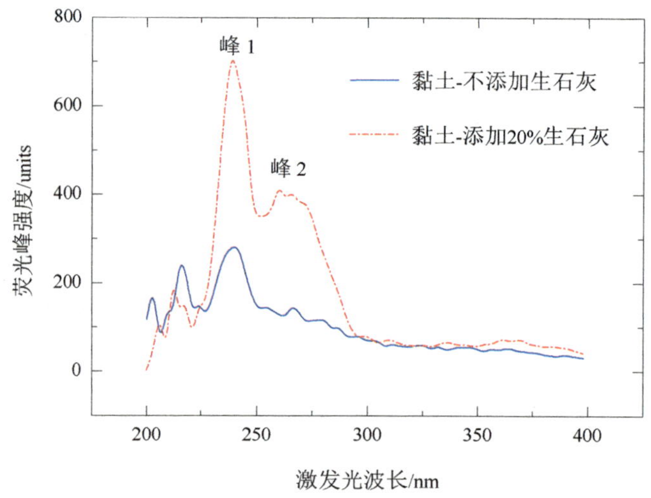

图 5-24 添加生石灰后黏土有机质固体 SSFS 谱图

（实验条件：通风量 20 mL/min、土壤温度 20℃；翻动频率 30 min/次、主轴转速 700 r/min、每次翻动持续 10 s；生石灰添加量 0、20%，该比例为生石灰与干土的质量比）

随着生石灰的加入，峰 1 和峰 2 的峰位置虽未见明显变化，但二者峰强度明显增大（表 5-25）。峰 1 和峰 2 随着生石灰含量增加符合显著线性相关（$r>0.99$，$p<0.05$），峰 1 随生石灰含量增加的增加幅度大于峰 2，表明小分子芳香性蛋白质容易受到生石灰的影响。

表 5-25　添加不同比例生石灰后土壤有机质 SSFS 强度

土壤质地	生石灰添加比例/%	激发光波长/nm	荧光强度/units
黏土	0	245	275
		265	129
	3	245	452
		267	253
	10	245	505
		266	312
	20	246	705
		268	419

综上所述，土壤有机质具有较强的荧光特性，荧光峰激发光波长处于紫外区。土壤中的有机质中可能同时包括腐殖质和蛋白质两类物质。从荧光光谱学来看，生石灰的加入会明显影响土壤有机质的形态和结构，这与 ATR-FTIR 的研究结果一致。加入的生石灰对小分子芳香性蛋白类物质荧光的影响强于复杂类蛋白物质，但具体的机制应进一步展开研究。挥发性氯代烃也是一类小分子有机化合物，在加入生石灰后，腐殖质物质和类蛋白物质发生改变，有可能促进挥发性氯代烃的去除。

5.2.2.6　生石灰强化土壤中挥发性氯代烃去除的化学作用机制小结

本节着重阐述生石灰对挥发性氯代烃强化去除的化学作用机制。分别从土壤的 pH、CEC、Eh、矿物质成分的改变和有机质官能团的形态和结构的改变五个方面阐述了生石灰强化去除土壤中挥发性氯代烃的化学作用机制，主要结论如下：

（1）土壤的 pH、CEC 和 Eh 等因素是对挥发性氯代烃污染物在土壤中的吸附-解吸过程产生影响的主要因素。加入生石灰后，随着土壤 pH 升高、阳离子交换量和氧化还原电位降低，土壤对挥发性氯代烃污染物的吸附作用减弱，强化了污染物的去除。

（2）X-射线衍射半定量分析结果表明，加入生石灰后，土壤中黏土矿物（角闪石和伊利石）的含量大幅度降低，表示土壤黏粒含量降低，挥发性氯代烃污染物通过范德华力、氢键和静电力等与黏土矿物组分的相互作用减弱，更有利于污染物摆脱土壤中的束缚，逸散入大气。

（3）ATR-FTIR 谱图半定量分析结果表明，加入生石灰后，土壤有机质中官能团（—COO）和（—OH）与钙离子发生相互作用，引起土壤极性增加，从而降低了土壤对挥发性氯代烃污染物的吸附强度和吸附容量，破坏了原有的吸附-解吸动态平衡，促进了污染物的挥发。

（4）3DEEM 和 SSFS 荧光光谱研究表明，生石灰的加入会明显影响土壤有机质的形态和结构，这与红外光谱研究结果一致。加入的生石灰对小分子芳香性蛋白类物质荧光的影响强于复杂类蛋白物质。挥发性氯代烃也是一类小分子有机化合物，在加入生石灰后，腐殖质物质和类蛋白物质发生改变，这也是促进挥发性氯代烃去除的原因之一。

5.3 常温解吸联合生物堆修复石油污染土壤

石油及其产品泄漏对土壤的污染日益引起人们的关注。石油的非极性分子结构使其水溶性较低，因此经常以非水相液体（non-aqueous phase liquid，NAPLs）的形式存在于土壤中。生物堆是一种环境友好、成本低廉的石油污染土壤修复技术，一般将其放置在不透膜或者黏土矿物上以防止渗滤液污染。生物堆一般是将石油污染土壤挖掘出来，并通过各种手段增强微生物的活性。温度对石油的代谢起着重要作用，也是限制生物堆中微生物降解的重要因素之一。已有研究通过注入热空气提高生物堆的温度以促进微生物的活性。但是放置在室外的生物堆在处理石油污染土壤时会造成空气污染，注入的热空气也可能对生物堆中的微生物造成影响。土工膜覆盖的生物堆是一种提高土壤温度的替代方法。但是挥发性有机物污染依然存在，研究表明，即使在寒带地区，用土工膜覆盖的生物堆处理石油污染土壤时仍然有 43%的污染物挥发到大气环境中，造成了严重的污染。温室大棚利用阳光辐射将土壤加热到中温（298～323 K），为微生物创造了微环境。温室大棚是一种透明封闭结构，可以分隔内外空气，并且可以通过其他手段收集 NAPLs，从而避免污染空气。挥发与降解在温室大棚中同时发生，现有研究主要集中于提高微生物的活性以促进生物降解效率。随着分子生物学的发展，越来越多的研究关注降解过程中微生物的群落组成与结构。研究表明，pH、碳氮比、土壤基质以及含水量均对微生物群落分布有重要影响。然而，常温解吸过程中微生物的群落分布与组成及其对石油降解的影响却鲜有报道。降解所造成的石油损失可以从微生物群落的组成和结构中反映出来。挥发损失在生物堆过程中也起着至关重要的作用。中温条件（298～323 K）有利于石油的挥发。中温条件下，挥发与降解造成的土壤中石油质量损失需要定量估计。数值模拟可以在不同程度上估计中温条件下生物堆过程中石油的挥发，可以对多个场景进行成本效益调查，以帮助指导设计决策。研究者针对土壤孔隙中 NAPLs 的流动已经建立了很多的模型，但是主要关注单相流等温或者非等温流动，并没有考虑相变的作用。学者们多关注于 NAPLs 受水力梯度和化学梯度作用下的迁移，但是并没有考虑在中温条件温度梯度作用下 NAPLs 在多孔介质中的迁移。传热的极限及其与传质的关系仍然不明确。本节内容构建了一个大棚强化生物堆（greenhouse enhanced biopile，GEB）以阐明挥发与降解过程。

5.3.1　生物堆过程

本节实验场地为甘肃省庆阳市石化老厂区内，位于黄土高原，属暖温带大陆性季风气候，年降水量为 480～600 mm。厂区内部油泥堆积，土壤污染严重。在原厂址（图 5-25）采用透明玻璃钢建成 20 m×25 m×5 m 的钢结构温室大棚。大棚内设置对照组、生物刺激组（牛粪）、生物刺激+强化组（牛粪+菌剂）以及生物强化组（菌剂），具体添加量见表 5-26。牛粪是腐熟的堆肥。微生物菌种由 6 种属于厚壁菌门（Firmicutes）的石油降解菌组成。挖出石油污染土壤并除去大型石块和动植物残躯等杂物。石油污染土壤在大棚内进行生物堆处理，长、宽、高分别为 5 m、0.3 m、0.5 m。图 5-26 为生物堆的剖面图。整个处理过程为 30 d，分别在 0 d、3 d、7 d、17 d、30 d 向生物堆中添加水分，使其达到饱和持水率。

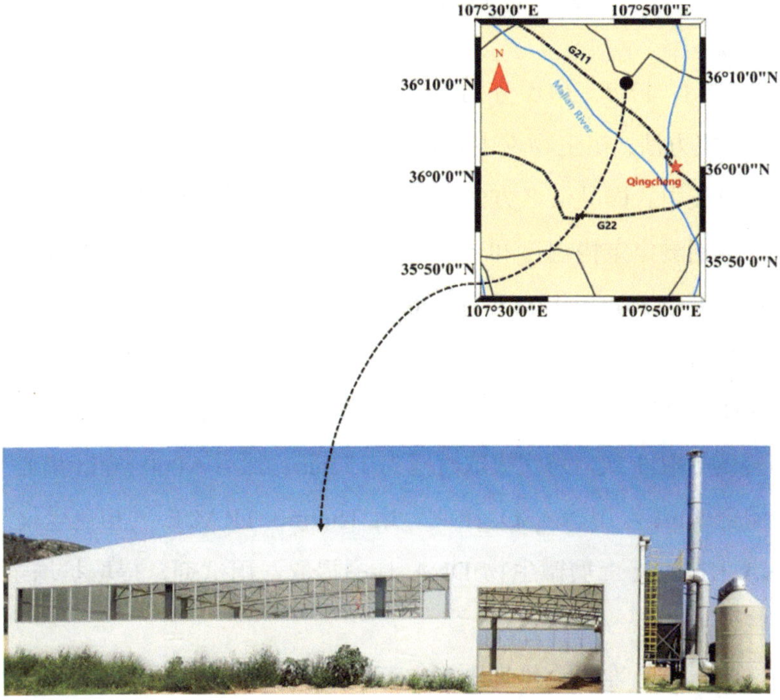

图 5-25　场地位置与现场大棚照片

表 5-26 实验组设计

组别	牛粪添加量（质量分数）	菌剂添加量（质量分数）
A	—	—
B	1.5%	—
C	1.5%	1.5%
D	—	1.5%

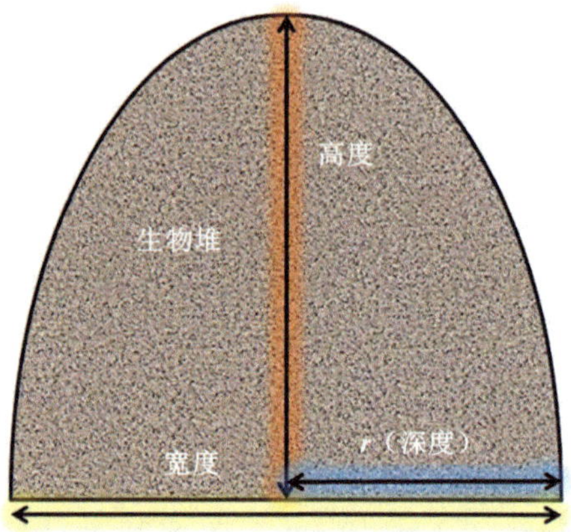

图 5-26 生物堆剖面

注：r 为生物堆中心到室内空气的距离

在 0 d、3 d、7 d、17 d、30 d 分别采集 500 g 土壤样品，用于测试石油浓度和微生物群落结构。样品采集方法：在生物堆中随机选取 5 个采样点，用无菌铲快速采集土壤样品，均匀地混合到塑封袋中。样品命名方式：0 d 的 A 组标记为 A0，以此类推。使用电子温度计和红外温度计分别测定室内温度和土壤温度，温室里的电子温度计每天记录最高温度和最低温度。选择一天中 8:00 —17:30，每 90 min 测试 1 次土壤温度，将生物堆垂直切开，用红外温度计快速监测 0 cm、5 cm、10 cm 和 15 cm 的温度。土壤中总石油烃（total petroleum hydrocarbon，TPH）的测定参照标准方法[84]。将样品在室温下干燥 24 h，每个样品在 15 mL 的 CCl_4 中超声震荡提取 3 次，每次提取时间为 15 min。然后 6 000 r/min 离心 15 min，将提取液混合，浓缩至 1 mL，用 Na_2SO_4 净化。用 Thermo TRACE 气相色谱仪测定 TPH。用 E.Z.N.A.® DNA Kit 进行土壤微生物 DNA 样品提取，用试剂盒提取扩增子、在 Illumina MiSeq 平台测序。

根据现场实验，将土堆概念化为矩形，可视其为多孔介质，其外部与空气接触。石油视为 NAPLs，其在土壤多孔介质中会发生平流、扩散、挥发、吸附以及降解等传质过程，温度的差异会导致热扩散以及热对流等传热过程。温度的变化会影响 NAPLs 在多孔介质中的运移，NAPLs 吸收环境中的热量运动加快，由多孔介质孔隙中扩散到空气环境中。假设石油在土壤多孔介质中均匀分布，土壤为均匀多孔介质，模型中不考虑微生物的降解作用。本研究基于计算流体力学（Computational Fluid Dynamics，CFD）和数值传热学（Numerical Heat Transfer，NHT），模拟了在非等温环境下 NAPLs 在土壤多孔介质中的挥发与吸附[85]，通过商业软件 COMSOL Multiphysics 5.4 进行求解，大部分相关的功能是通过在软件应用程序界面（Applications Programmer Interface，API）中编写的例程创建的。在矩形生物堆中，传热和传质假定为二维的，多孔介质是均匀的，孔隙度为 30%。由于温室内的空气可与室外空气循环，因此温室内的气压可视为常数。NAPLs 的密度（ρ）和传热系数（k）只与其状态有关，与其他因素无关。温室内的空气对流加热土壤表面，土壤表面通过热传导加热内部，使 NAPLs 成为气态并在扩散作用下被去除。土壤内部的浓度由于蒸发凝结而增加，外部的浓度由于挥发而减少。这种浓度梯度会导致传热属性的不均匀性，从而进一步加剧这种梯度。多孔介质中的 NAPLs 吸附在土壤颗粒上，在孔隙中对流扩散，或从颗粒挥发为气体。为了探究挥发的作用，生物降解不在模型的考虑范围之内，也不考虑水分对土壤中 NAPLs 的去除。

NAPLs 流动的控制方程是基于质量、动量和能量的平衡方程[86]。

$$\phi\left(X_n\frac{\partial\rho}{\partial t}\right)+\nabla\cdot(X_n\rho u-D\rho\nabla X_n)=F_n \tag{5-16}$$

$$u=-\left(\frac{1}{\mu}\right)k\left(\nabla p-\rho g\right) \tag{5-17}$$

$$(\rho C)_e\frac{\partial T}{\partial t}+\nabla\cdot\left[\left(C_{p,n}\rho_n+C_{p,g}\rho_g\right)Tu-K_e\nabla T\right]=\nabla\cdot\left(\rho C_nTu\right)+q_e+\phi\left(\frac{\partial\rho}{\partial t}+\nabla p\cdot u\right) \tag{5-18}$$

式中：ϕ—— 孔隙度，%；

ρ——密度，kg/m^3；

t——时间，s；

u——达西流速，m/s；

F——源汇项，kg/（m^3·s）；

X_n——气态 NAPLs 的质量分数；

D——扩散系数（非常数），m^2/s。

弥散系数可以定义为

$$D = \varphi D_{n,g} + \alpha |u| \tag{5-19}$$

式中，$D_{n,g}$——气态 NAPLs 的扩散系数，m^2/s；

α——纵向弥散系数，m；

$|u|$——欧几里得范数；

μ——动力黏度，kg/（m·s）；

k——渗透率张量，m^2；

g——重力加速度，m/s^2；

p——压力，Pa；

T——热力学温度，K；

c——定压比热，m^2/（s^2·K）；

K——导热系数，kg m/（s^3·K）；

q——单位体积产生的热量，kg/（m·s^3）。

采用体积平均法，依据 Xie[87]的方法计算了生物堆的有效热容。

$$(C_p\rho)_e = S_n\phi C_{p,n}\rho_n + \phi C_{p,g}\rho_g + (1-\phi)C_{p,s}\rho_s \tag{5-20}$$

式中：$(C_p\rho)_e$——生物堆的有效热容；

S_n——NAPLs 的饱和度；

$C_{p,n}$、$C_{p,g}$、$C_{p,s}$——液态 NAPLs、气态 NAPLs 及土壤颗粒的有效热容；

ρ_n、ρ_g、ρ_s——液态 NAPLs、气态 NAPLs 及土壤颗粒的密度。

多孔介质初始处于热平衡状态。对于传热传质模型，温室内部压力 $\rho(x,y,z,t) = \rho_{\text{atm}}$；根据测试结果，土壤中 NAPLs 的浓度 $C(x,y,z,0) = 6\,000\ \text{mol/m}^3$，大棚空气的生物堆初始温度 $T(x,y,z,0) = 298\ \text{K}$。生物堆的温度边界基于记录的实验温度（图 5-27）。假设在温室空气中的 NAPLs 可以完全回收，空气中的 NAPLs 浓度为 0。为了简化，将生物堆下边界设定为封闭边界，不能进行传热和传质，另外三个边界可以与空气进行热量与质量交换。因此，土壤表面的通量是与空气而不是与地面接触的。由于计算机的局限性，当建模、收敛和精度需要平衡时，更精细的网格需要消耗更多的计算机容量和更长的计算时间。时间间隔在建模开发中也很重要[88]。稳定解的最佳时间间隔为 1 h。COMSOL Multiphysics 可以自动生成网格。模型的主要参数见表 5-27。

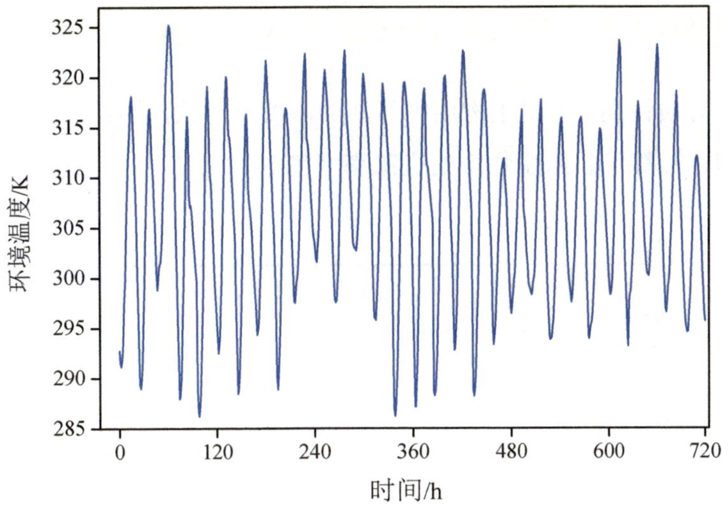

图 5-27　环境温度

表 5-27　土壤与 NAPLs 的基本参数

参数	值	单位	符号
土壤			
孔隙度	30	%	ϕ
密度	1 200	kg/m^3	$\rho_{土}$
比热容	1 010	J/（kg·K）	λ
传热系数	0.47	W/（m·K）	$K_{土}$
恒压热容	1 010	—	C_p
NAPL			
相变温度	447	K	T
相变潜热	333	kJ/kg	H
传热系数	1.88	W/（m·K）	K
液态密度	730	kg/m^3	ρ_N
液态压力	2 239	J/（kg·K）	C_p
传热系数	1.74	W/（m·K）	K_N
气态密度	633	kg/m^3	ρ
气态常压热容	2 239	J/（kg·K）	K_g
比热率	1.279 6	—	r
比热容	0.123 4	W/（m·K）	λ
扩散系数（289 K）	1×10^{-9}	m^2/s	D
残余态液体体积分数	2	%	Sr

5.3.2 常温解吸联合生物堆修复石油污染的效果

由于土壤的异质性高，4 组生物堆中石油的浓度不一致，因此为了方便比较，对其进行了归一化处理，计算了各组生物堆的去除率（图 5-28）。

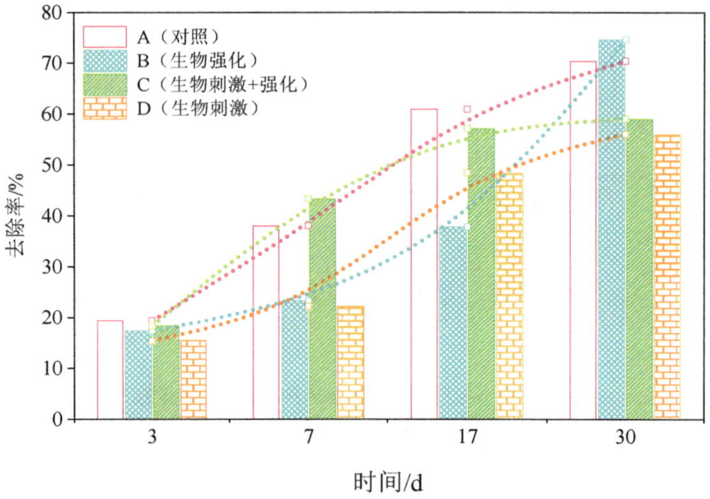

图 5-28 大棚中 4 组生物堆在 3 d、7 d、17 d、30 d 的去除率

由图 5-28 可知，在第 3 d，4 组生物堆的石油去除率均在 20%左右。到第 30 d，4 组生物堆的去除率均超过 50%。之前的研究在寒温带地区用生物堆法处理石油污染土壤时往往跨越几个年度季节周期，时间周期较长[89]，而通过 GEB 过程，生物堆处理时间大大缩短。3 d 内生物堆的石油质量损失可能是由于在浓度梯度和温度梯度下的挥发，[90] 在 3 d 内微生物还没有来得及发挥作用。30 d 内，A 组的去除率高达 70%，B 组的去除率稍微高于 A 组，而添加了微生物菌剂的 C 组与 D 组的最终去除率反而低于没有添加微生物菌剂的 A 组与 B 组。单因素方差分析表明，4 组之间的去除率无显著差异。可以推测，微生物可能需要更长的时间发挥作用[90-92]，而挥发是 GEB 过程的主要驱动因子。为了进一步明确挥发与微生物降解在 GEB 过程中发挥的作用，进行了一系列微生物群落分析和基于计算流体力学（Computational Fluid Dynamics，CFD）的数值模拟，以定量估计生物降解和强化挥发在 GEB 过程中的作用。

5.3.3 GEB 过程中的微生物群落结构变化

对原始测序数据进行质量控制和优化，将每样 43 331～68 551 的高质量数据聚类为

2 471 个操作分类单元（operational taxonomic units，OTUs）。图 5-29 为不同样品的稀疏曲线，所有曲线均处于稳定状态，说明测序深度和准确性是足够的[93, 94]。图 5-30 为 4 组样品在实验开始（0 d）和实验结束（30 d）时微生物群落组成的变化。由图可知，第 0 天，变形菌门和放线菌门是优势物种，4 组中变形菌门的相对丰度分别为 57.88%、64.63%、40.81%和 22.32%，放线菌门的相对丰度分别为 20.63%、19.03%、24.07%和 10.68%。C 组与 D 组添加了微生物菌剂，所以厚壁菌门相对丰度也较高，分别为 20.13%和 33.87%。而 A 组和 B 组没有添加菌剂，厚壁菌门相对丰度较低，分别为 0.08%和 1.3%。第 30 天，变形菌门和放线菌门仍然是优势物种，4 组中变形菌门的相对丰度分别为 49.57%、46.17%、42.32%和 31.63%，放线菌门的相对丰度分别为 23.22%、17.63%、10.03%和 10.68%，但是在 C 组和 D 组中相对丰度高的厚壁菌门的相对丰度急剧下降，与 A 组和 B 组相差不大，4 组中厚壁菌门的相对丰度分别为 0.03%、1.3%、1.24%和 0.5%。可以推测，添加的微生物菌剂在实验前期改变了土壤微生物群落组成，牛粪对微生物群落组成的改变影响不大。30 d 后，添加的微生物菌剂并没有成为优势菌种，可能是由于外源菌剂并不能够直接在石油污染土壤中大量存活，而是需要更苛刻的条件[95]。

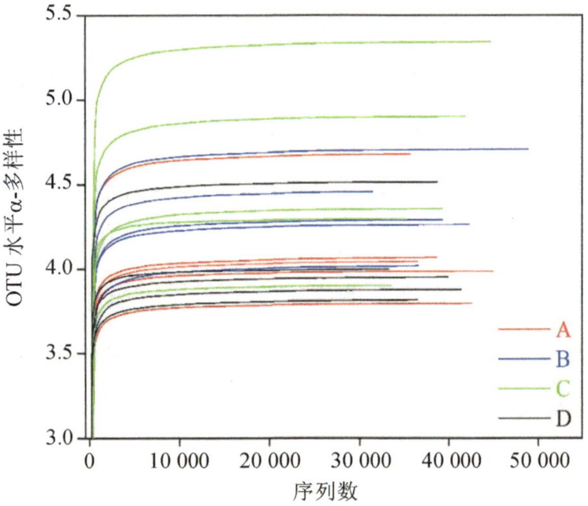

图 5-29　4 组样品的稀疏性曲线

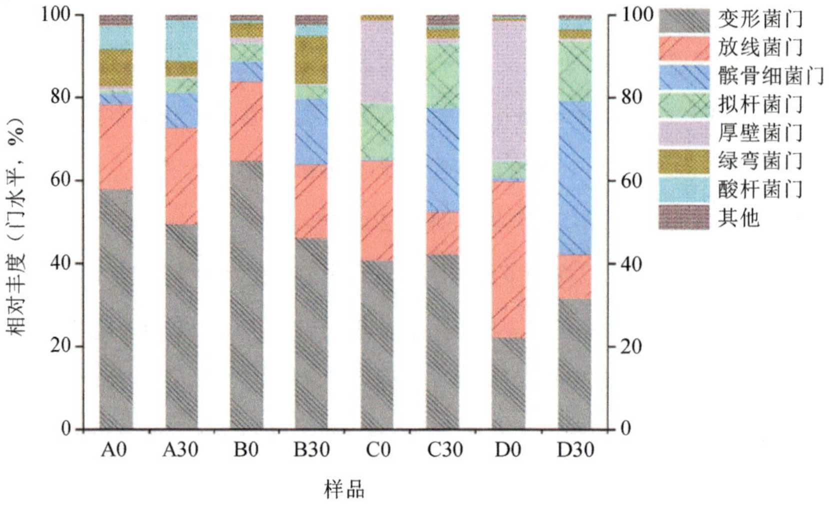

图 5-30 4 组样品 0 d 与 30 d 的微生物相对丰度（门水平）

利用随机森林机器学习算法对 4 组微生物在门水平上的相对丰度进行了分类和回归。图 5-31 为微生物群落结构的随机森林。在整个实验中，利用随机森林回归法对微生物的相对丰度进行了筛选。对生物标志物分类单元对模型精度的影响程度由高到低进行了排序，筛选出 23 个标志性物种，当达到第 8 个物种时相对误差很小。图 5-31（a）表明，所有样品中的微生物群落被 Dim1 分成两类，左边是 A 组和 B 组，没有添加微生物菌剂；右边是 C 组和 D 组，添加了微生物菌剂。微生物菌剂明显改变了微生物群落组成，当接种的微生物死亡之后，这种改变仍然存在，因此可以推测，微生物群落结构比组成更稳定。图 5-27 显示，第 3 天的最高温度超过了 320 K，且持续时间超过 3 h，持续的中温降低了微生物的活性。同时，温室大棚加热了生物堆，造成生物堆表层过度干燥，也会对微生物的活性造成较大影响[96]。为了揭示生物堆中的标志性微生物[97]，对微生物群落进行了十字交叉验证以评估微生物物种的重要性［图 5-31（b）］。当物种属达到 8 个时，十字交叉验证的物种趋于稳定。因此，定义厚壁菌门、棒状杆菌门、髌骨细菌门、GAL15、酸杆菌门、拟杆菌门、BRC1 和芽单胞菌这 8 个门作为生物标志，在不同的处理组中表现不同的特性。它是区分是否接种微生物菌剂的标志。4 组样品之间的去除率没有显著性差异，可能是因为微生物群落结构虽然发生改变，但是并不一定具有降解的功能。微生物功能结构比微生物群落结构更加稳定。

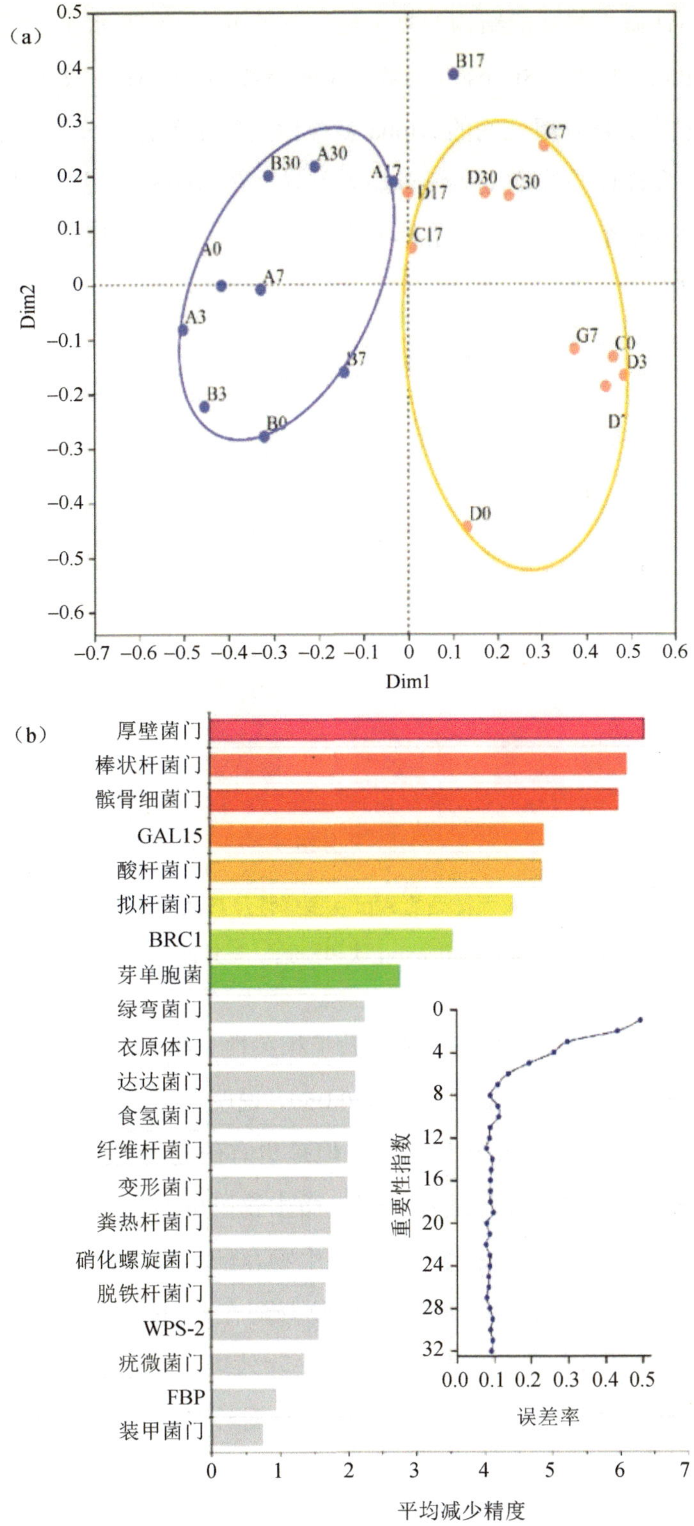

图 5-31 微生物群落的随机森林

（a）随机森林分类；（b）石油污染土壤中标志性菌种。插图为十字交叉验证为了进一步估计微生物功能结构的复杂性，本研究在 OUT 水平上进行了 Alpha 多样性分析。包括 Shannon 指数、Simpson 指数、Ace 指数和 Chao1 指数 4 个指数。图 5-32 基于 Wilcoxon 秩和检验，将 4 组之间的 Alpha 多样性进行了差异性分析，发现微生物群落的丰富度、均匀度和多样性与浓度变化没有显著差异（$P>0.05$）。说明添加的牛粪与菌剂并没有很大程度地改变整个土壤微生物群落的多样性，进一步证明微生物功能结构比微生物群落结构更加稳定。

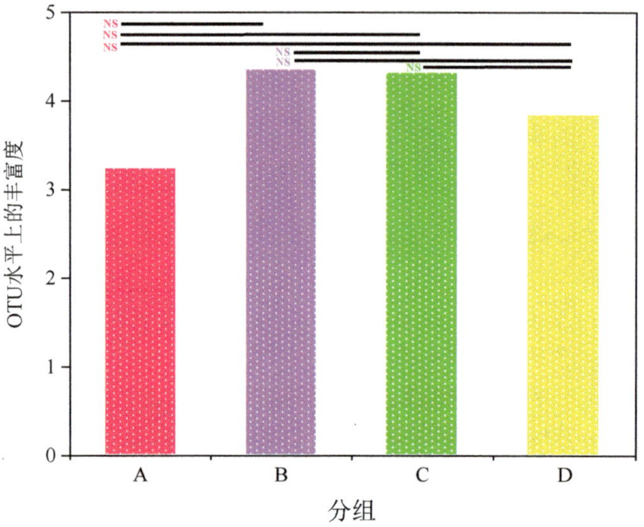

图 5-32　4 组样品的 Alpha 多样性及其之间的差异

（NS 代表经过 Wilcoxon 秩和检验，差异性不显著）

对 Alpha 多样性的 4 个指数与石油浓度做了相关性分析，结果见图 5-33，4 个指数与石油浓度之间均不存在显著的相关关系（$P>0.05$），说明在 GEB 过程中，微生物群落结构变化不大。这可能与其他研究结果相反[98-100]，但是也有研究表明在石油污染土壤中微生物降解发挥的作用较小，尤其是在场地规模下，微生物降解对高浓度石油污染土壤作用不大[101, 102]。这是由于环境条件的复杂性以及微生物存活所需要的环境条件较苛刻，限制了场地规模生物堆技术的应用。我们推测微生物降解在 GEB 过程中发挥的作用较小，但是在图 5-28 中，各组生物堆对石油均有较好的去除效果，产生这种结果的原因可能是挥发作用是大部分石油损失的主要驱动因子。因此针对该场地实验，进行了传热传质的数值模拟。

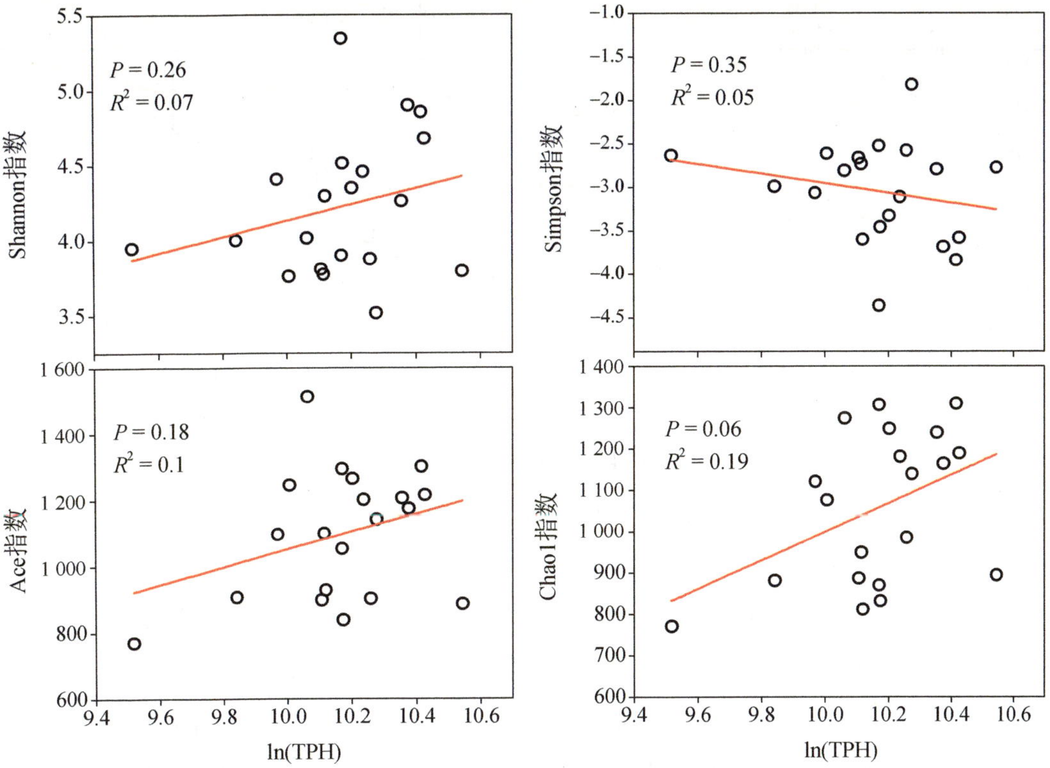

图 5-33　OTU 水平的 Alpha 多样性与石油浓度之间的关系

5.3.4　GEB 过程的传热传质数值模拟

经过 t 检验，传热传质的模拟值与实验值之间没有显著性差异（$\alpha = 0.05$）。图 5-34（a）是生物堆不同深度的温度实验值与模拟值的模型矫正。由图可知，在 0 cm 和 5 cm 深度，模拟值高于实验值，且吻合度较好，而在 10 cm 和 15 cm 深度时，模拟值低于实验值，且吻合度较差。随着温度升高，误差逐渐变大。产生误差的主要原因可能为土壤孔隙、水分和 NAPLs 分布的不均匀性。图 5-34（b）为 NAPLs 去除率的实验值与模拟值的模型矫正。由于初始浓度不一致，为了方便比较，采用了去除率归一化处理[103]。由图可知，实验值与模拟值之间没有显著性差异。用计算流体力学的方法模拟了土壤多孔介质中石油的迁移，传质模拟也存在误差。在 240 h 前，模拟值高于实验值，而在 240 h 后，模拟值低于实验值。主要原因可能是土壤孔隙的不均匀性，土壤水分影响挥发以及模型本身存在误差[98, 104, 105]。

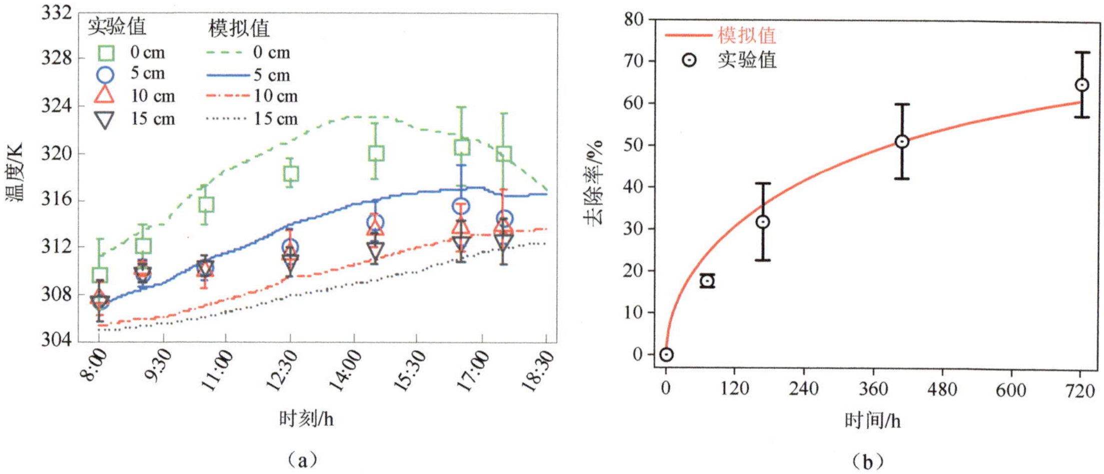

图 5-34 传热传质的模型矫正

（图中点为实验值，线为模拟值）

传热与传质可以相互影响，温度梯度可以引起多孔介质中的传质或热扩散（Soret-Ludwig 效应）[106]；同样，质量流动也能引起热传递（Dufour effect），室外土壤受温室影响较大[107, 108]，因此，外部土壤中的 NAPLs 气态含量更多，而内部生物堆受温室的影响较小，内部土壤中的 NAPLs 液态占比更高。NAPLs 分布的不均匀增加了传热性能的差异。研究的目标之一是优化土壤尺寸，以获得更好的传热传质效果。尺寸过大会导致修复不完全以及修复周期较长。尺寸过小则会增加修复成本。图 5-35（a）为在 48 h 内，室内空气温度对不同尺寸生物堆核心温度的影响。当 r>0.2 m 时，生物堆核心温度对空气温度的响应很弱；当 r<0.15 m 时，生物堆核心温度对环境温度变化响应迅速。生物堆核心温度随着环境温度的变化而变化，当生物堆尺寸变大时，核心的温度将会出现“延时”，主要表现在最高温度以及最高温度出现的时间。考虑到以上两方面原因，需要平衡两方面的“trade-off”效应。生物堆的尺寸 r<0.2 m 才能最大限度地发挥作用。数值模拟中采用 r = 0.15 m 作为生物堆的深度，为了方便展示，将生物堆简化为矩形，高度为 0.5 m。多孔介质与自由介质的传热属性不同，因此，土壤的温度对环境温度的响应存在延迟。图 5-35（b）为在 24 h 内，0.15 m 深度的生物堆每间隔 0.05 m 时土壤温度对环境温度的响应。0～0.05 m 深度的土壤对环境温度的响应最敏感，随着深度加深，最高温度急剧降低。从 0 m 的 315 K 降低到 0.05 m 的 310 K，出现的时间也延迟了近 2 h。在 0.05～0.1 m 和 0.1～0.15 m，最高温度相对于 0 m 降低了 15 K，出现的时间延迟了近 6 h。土壤温度在 0.1～0.15 m 的差异性远远小于 0～0.05 m 和 0.05～0.1 m。随着土壤深度的增加，其对环境温度越来越不敏感。当 r = 0.15 m 时，已经达到传热极限，当深度超过 0.15 m 时，温度在传热中的作

用越来越弱。

土壤尺寸不仅会影响传热，还会影响传质。表层土壤中的 NAPLs 挥发路径较短，会更多地向空气中挥发。如图 5-35（c）所示，表层土壤（0 m）厚度处的 NAPLs 浓度迅速下降到较低水平，只要 3 d 即可达到半衰期。在 0～0.05 m 处，高浓度的 NAPLs 持续了 2 d 才开始下降，达到半衰期需要 15 d 左右，而在 0.05～0.1 m 深度，高浓度的 NAPLs 持续了 4 d 才开始下降，达到半衰期需要 30 d 左右。当 $r=0.15$ m，高浓度的 NAPLs 持续了 6 d，半衰期远远超过 30 d。处于深层土壤中的 NAPLs 由于挥发路径更长，其迁移能力更低。对生物堆进行抛翻可能会加速 NAPLs 的挥发，因此每 2～3 d 对生物堆进行抛翻可能会达到较好的效果；在此期间，表层土壤中 NAPLs 的浓度达到了半衰期，对其进行抛翻时内部土壤中的 NAPLs 挥发路径缩短。

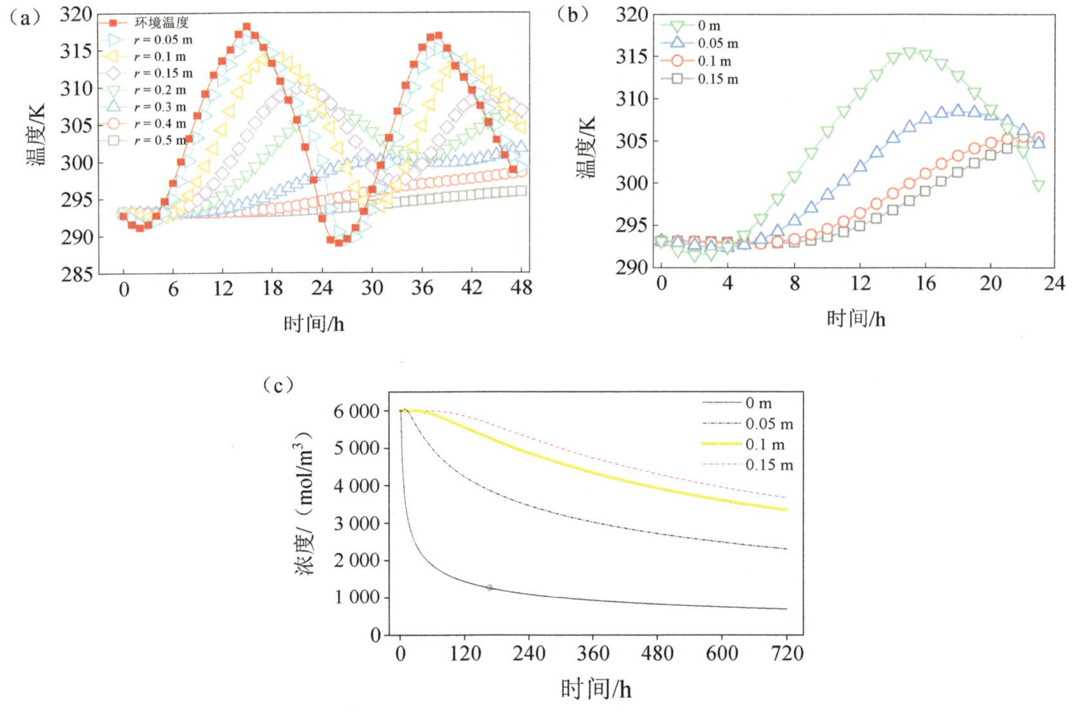

图 5-35　土壤尺度对传热传质的影响

[（a）不同尺寸生物堆中心温度对环境温度的响应。红色实线为环境温度，其他空心点线为不同尺寸生物堆的中心温度，r 为生物堆中心到空气的距离。（b）1 d 内不同土壤深度对环境温度的响应。（c）30 d 试验中不同土层深度 NAPLs 的浓度变化]

多孔介质比自由介质更能保持温度[109]。在实验最开始，空气温度和生物堆温度均为 298 K。当受到阳光辐射之后，大棚内空气的温度上升较快，多孔介质开始与空气发生热量交换。图 5-36 是 24 h 内每隔 1 h 生物堆的温度分布。热量传递可以分为三个阶段：第一个阶段，空气温度高于生物堆温度，热量从空气传递到生物堆表层，再传递到生物堆内部，称之为“正向传热”，此阶段从 8：00 持续到 14：00；第二个阶段，空气温度上升到极限，而生物堆由于散热较慢，表层温度比空气温度和深层温度都高，此时热量由表层传递到空气中和内部生物堆，称之为“双向传热”，此阶段从 14：00 持续到 22：00；第三个阶段，深层生物堆温度达到最高，此时深层温度>表层温度>空气温度，热量由内部传递到表层，再传递到空气中，称之为“逆向传热”，此阶段从 22：00 持续到次日 8：00。温室保持热量，因此，促进了土壤多孔介质中 NAPLs 的去除。在孔隙空间未被气态 NAPLs 占据的情况下，外部土壤中的 NAPLs 蒸发得较快，内部的 NAPLs 流入多孔土壤。流动速度随温度增加而增加。

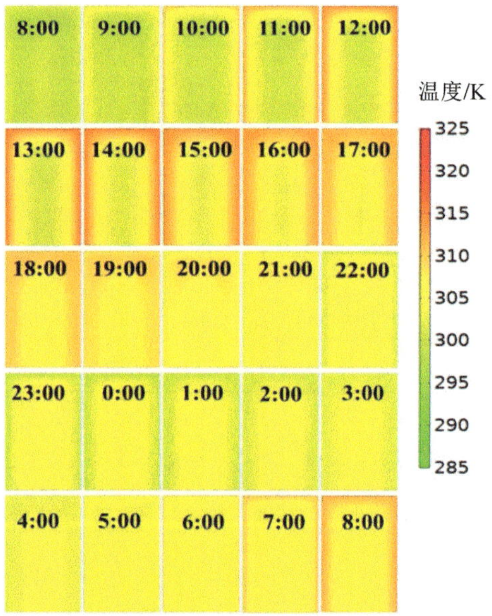

图 5-36 生物堆的温度分布变化

（从当天上午 8：00 到第二天上午 8：00）

图 5-37 比较了室外常温和温室变温条件下 NAPLs 的去除动力学。初始浓度为 6 000 mol/m^3。两种情况下的 NAPLs 在多孔介质中的分布不同。在室外常温条件下，生物堆内部石油的去除量较小，只有表层表现出较好的去除率。在温室变温条件下，生物堆外部的石油几乎全部去除，而内部也去除了大部分。在温室变温环境中，由于温度较高，NAPLs 的流动速度较快，因此在大棚中比恒温条件下具有更高的去除率。在恒温条件下，从土壤核心中去除 NAPLs 是非常困难的，可能是由于土壤渗透性以及较长的挥发路径，

挥发只依赖于浓度梯度，导致其很难从孔隙中迁移出来。在大棚变温环境中，温度的不均匀分布促进了 NAPLs 的流动，外部的 NAPLs 先挥发，浓度的不均匀性会造成传热属性的差异，进一步促进挥发。图 5-37（a）为室外常温条件下的挥发动力学，图 5-37（b）为温室变温条件下 NAPLs 的去除动力学。对比来看，变温条件下的去除动力学是室外常温条件的 2 倍。可以推测，相对于传统生物堆，GEB 过程可以缩短一半的处理时间。

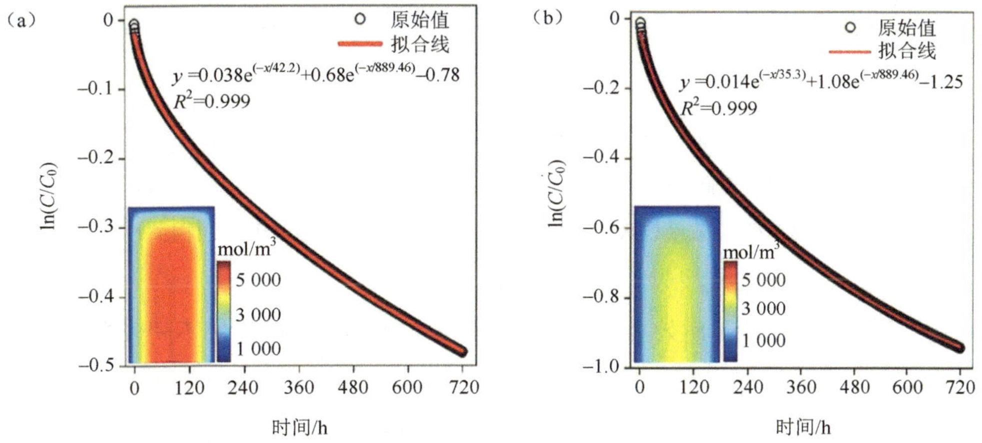

图 5-37 在室外常温和温室变温条件下 720 h 内从土壤多孔介质中去除 NAPLs 的动力学

（插图表示分别置于 ONT 和 GVT 中 720 h 后生物堆 TPH 浓度的分布）

5.3.5 驱动因素

温度会影响 NAPLs 在土壤多孔介质孔隙中的流动，因此研究大棚温度可以影响多厚的生物堆非常有必要。图 5-38（a）表明，大棚最高温度与石油浓度之间存在显著相关性（$P>0.05$）。在正向传热和双向传热阶段，外部土壤的温度高于内部土壤温度；在温度的作用下，NAPLs 会很快去除。在逆向传热阶段，内部土壤温度较高，外部土壤与内部土壤之间存在浓度差；在浓度梯度与温度梯度的作用下，内部的 NAPLs 也会被很快去除。图 5-38（b）表明，接种的 Firmicutes 与石油浓度之间不存在显著的相关关系（$P<0.05$）。石油的质量损失与微生物变化无关。微生物降解在石油去除过程中发挥了较小的作用。

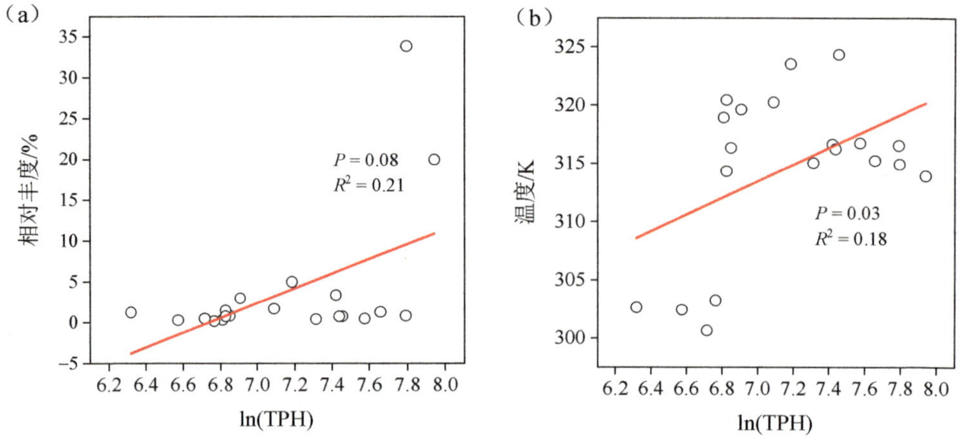

（a）大棚最高温度　　（b）4 组厚壁菌门相对丰度

图 5-38　TPH 浓度与大棚最高温度和 4 组厚壁菌门相对丰度的相关性

NAPLs 的组成会影响传质效果。图 5-39 表明碳链长度会影响土壤不同深度中 NAPLs 的挥发。随着碳链长度增加，其在生物堆中的挥发能力降低。在土壤表层的 NAPLs 流动较快，但是会受到土壤本身性质的影响。选择 C10、C15 和 C29 分别代表挥发性有机物、半挥发性有机物以及难挥发性有机物，模拟 GEB 过程中的挥发。结果显示，30 d 内 0～0.05 m 土壤中的 C10 去除率达 40%～80%，而 C15 仅有 5%～42%，C29 仅有 2%～30%。C10 在 0.1 m 和 0.15 m 土壤中的去除率分别达 10%和 1%。但是 C15 和 C29，在 0.1 m 和 0.15 m 土壤中几乎不挥发。NAPLs 在土壤颗粒上的吸附可能是导致内部土壤中石油拖尾的主要原因，内部土壤挥发经过外部土壤可能由于冷凝作用而发生再吸附从而造成反弹。

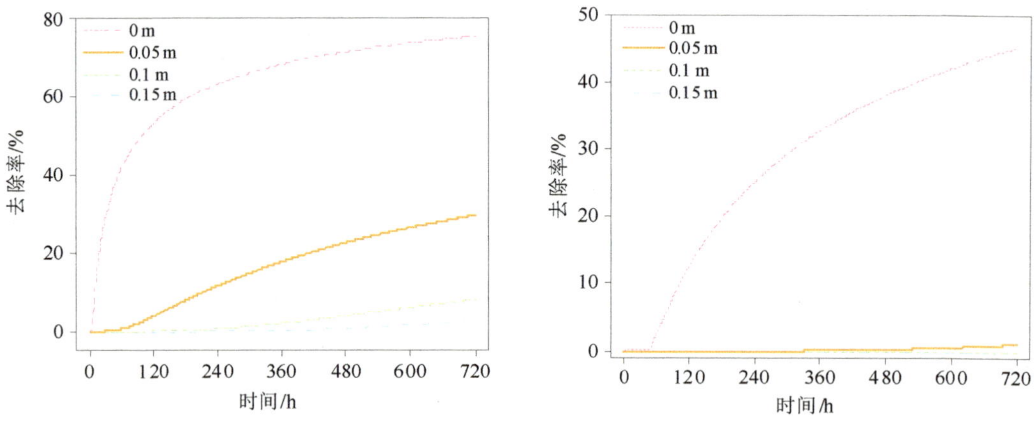

（a）C10　　（b）C15

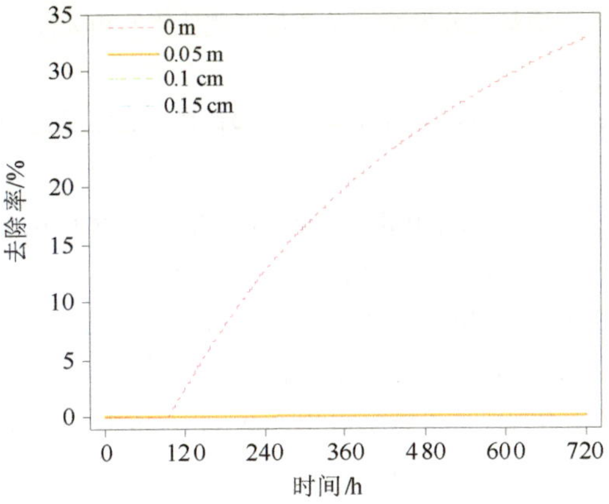

（c）C29

图 5-39　在 30 d 内 0 m（表层）、0.05 m、0.10 m 和 0.15 m 深度中 C10、C15 和 C29 在 GEB 过程中的去除率

参考文献

[1] Ko J H，Musson S，Townsend T. Destruction of trichloroethylene during hydration of calcium oxide[J]. Journal of Hazardous Materials，2010，174（1）：876-879.

[2] Kwok C，Loh K. Effects of Singapore soil type on bioavailability of nutrients in soil bioremediation[J]. Advances in Environmental Research，2003，7（4）：889-900.

[3] Ko J H，Musson S，Townsend T. Removal of trichloroethylene from soil using the hydration of calcium oxide[J]. Journal of Environmental Management，2011，92（7）：1767-1773.

[4] Chiou C T，Peters L J，Freed V H. A physical concept of soil-water equilibria for nonionic organic compounds[J]. Science，1979，26（16）：831-832.

[5] Alves S A，Teresa P M，Tomás A J，et al. Biocomplementation of SVE to achieve clean-up goals in soils contaminated with toluene and xylene[J]. Environmental Monitoring and Assessment，2013，185（10）：8429-8438.

[6] Kuncoro P H，Koga K，Satta N，et al. A study on the effect of compaction on transport properties of soil gas and water I：Relative gas diffusivity，air permeability，and saturated hydraulic conductivity[J]. Soil & Tillage Research，2014，143：172-179.

[7] Wang P，Keller A A. Particle-size dependent sorption and desorption of pesticides within a water-soil-nonionic surfactant system[J]. Environmental Science & Technology，2008，42（9）：3381-3387.

[8] Turcotte D L. Fractals in geology and geophysics[J]. Pure and Applied Geophysics PAGEOPH，1989，131（1-2）：171-196.

[9] 杨培岭，罗远培，石元春．用粒径的重量分布表征的土壤分形特征[J]．科学通报，1993，38（20）：1896-1899.

[10] 吕圣桥．黄河三角洲滩地土壤颗粒分形特征及其与土壤性质的相关性研究[D]．泰安：山东农业大学，2012.

[11] 张雨梅，陈冬梅，陈军，等．洛克沙胂在土壤中的吸附特征[J]．农业环境科学学报，2007，26（6）：2075-2079.

[12] Ma Q，Chen Z，Shi J，et al. Lattice Boltzmann modeling of VOC desorption and diffusion in porous materials[J]. Building and Environment，2014，72：145-153.

[13] Zhang Y，Ma X，Ran Y. Sorption of phenanthrene and benzene on differently structural kerogen：important role of micropore-filling[J]. Environmental Pollution，2014，185：213-218.

[14] Peng S，Wang N，Chen J. Steam and air co-injection in removing residual TCE in unsaturated layered sandy porous media[J]. Journal of Contaminant Hydrology，2013，153：24-36.

[15] Firth J B，Stucey R E. Decomposition of trilene in closed circuit anaesthesia[J]. The Lancet，1945，245（6357）：814-816.

[16] Brusturean G，Carré J，Perju D，et al. Study of the influence of temperature the venting depollution process of soils contaminated with volatile organic compounds[J]. Journal of the Serbian Chemical Society，2006，71（12）：1353-1361.

[17] Song Y，Kim S，Choi K，et al. Effects of adsorption and temperature on a nonthermal plasma process for removing VOCs[J]. Journal of Electrostatics，2002，55（2）：189-201.

[18] Heron G，Christensen T H，Enfield C G. Henry's law constant for trichloroethylene between 10 and 95℃[J]. Environmental Science & Technology，1998，32（10）：1433-1437.

[19] Jury W A，Winer A M，Spencer W F，et al. Transport and transformations of organic chemicals in the soil-air-water ecosystem[M]//Reviews of environmental contamination and toxicology. Springer New York，1987：119-164.

[20] 马妍，李发生，徐竹，等．生石灰强化常温解吸修复三氯乙烯污染土壤[J]．环境污染与防治，2014，36（9）：1-6.

[21] Cabbar C H，Bostanci A. Moisture effect on the transport of organic vapors in sand[J]. Journal of Hazardous Materials，2001，82（3）：313-322.

[22] Batterman S，Kulshrestha A，Cheng H. Hydrocarbon vapor transport in low moisture soils[J]. Environmental Science & Technology，1995，29（1）：171-180.

[23] Moldrup P，Olesen T，Komatsu T，et al. Tortuosity，diffusivity，and permeability in the soil liquid and gaseous phases[J]. Soil Science Society of America Journal，2001，65（3）：613-623.

[24] Yoon H，Kim J H，Liljestrand H M，et al. Effect of water content on transient nonequilibrium NAPLs–gas mass transfer during soil vapor extraction.[J]. Journal of Contaminant Hydrology，2002，54（1）：1-18.

[25] Nassar I N，Horton R. Transport and fate of volatile organic chemicals in unsaturated，nonisothermal，salty porous media：1. Theoretical development[J]. Journal of hazardous materials，1999，69（2）：151-167.

[26] Chen C，Wu S. The influence of relative humidity on the adsorption of toluene by soils-interpretation with the adsorption energy distribution functions[J]. Chemosphere，1998，37（8）：1437-1444.

[27] Bell F G. Lime stabilization of clay minerals and soils[J]. Engineering Geology，1996，42（4）：223-237.

[28] Di Sante M，Fratalocchi E，Mazzieri F，et al. Time of reactions in a lime treated clayey soil and influence of curing conditions on its microstructure and behaviour[J]. Applied Clay Science，2014，99：100-109.

[29] 朱永，宗旭辉．粉质土的土质特性及处治方法[J]．重庆交通大学学报（自然科学版），2013，32（2）：

220-223.

[30] Yong R，Ke S，Yu Y，et al. Strong sorption of phenanthrene by condensed organic matter in soils and sediments[J]. Environmental Science & Technology，2007，41（11）：3952-3958.

[31] Boardman D I，Glendinning S，Rogers C. Development of stabilisation and solidification in lime-clay mixes[J]. Geotechnique，2001，51（6）：533-543.

[32] Ding Y，Schuring J R，Chan P C. Volatile contaminant extraction enhanced by pneumatic fracturing[J]. Practice Periodical of Hazardous，Toxic，and Radioactive Waste Management，1999，3（2）：69-76.

[33] 张平．软土孔隙特征及其固结过程中变化的研究[D]．广州：华南理工大学，2011.

[34] Al-Mukhtar M，Lasledj A，Alcover J. Behaviour and mineralogy changes in lime-treated expansive soil at 20℃[J]. Applied Clay Science，2010，50（2）：191-198.

[35] 骆传婷．不同土壤质地对铬迁移转化及修复的研究[D]．青岛：中国海洋大学，2014.

[36] 吴继强．非饱和土壤中大孔隙流及溶质优先迁移基本特性试验研究[D]．西安：西安理工大学，2010.

[37] 乐垚．二氧化硅的形貌调控及其吸附性能研究[D]．武汉：武汉理工大学，2013.

[38] 危日光，陈江涛，陈鸿伟，等．石灰石煅烧/碳酸化过程中微观结构的演变特性[J]．动力工程学报，2013（2）：147-152.

[39] 喻业茂．催化剂颗粒内部毛细冷凝作用下的化学反应滞后研究[D]．上海：华东理工大学，2012.

[40] Kuila U，Prasad M. Specific surface area and pore - size distribution in clays and shales[J]. Geophysical Prospecting，2013，61（2）：341-362.

[41] Groen J C，Peffer L，J Pérez-Ramírez. Pore size determination in modified micro- and mesoporous materials. Pitfalls and limitations in gas adsorption data analysis[J]. Microporous and Mesoporous Materials，2003，60（1-3）：1-17.

[42] Aochi Y O，Farmer W J. Spectroscopic evidence for the rate-limited accumulation of a persistent fraction of 1,2-dichloroethane sorbed onto clay minerals[J]. Environmental Science & Technology，1995，29（7）：1760-1765.

[43] Aochi Y O，Farmer W J. Role of microstructural properties in the time-dependent sorption/desorption behavior of 1,2-dichloroethane on humic substances[J]. Environmental Science & Technology，1997，31（9）：2520-2526.

[44] 王震宇，于晓冬，许颖，等．土壤微孔对有机物吸附/解吸的影响及其表征[J]．生态学报，2009（4）：2087-2096.

[45] Sun K，Ran Y，Yang Y，et al. Interaction mechanism of benzene and phenanthrene in condensed organic matter：Importance of adsorption（nanopore-filling）[J]. Geoderma，2013，204：68-74.

[46] Aldaood A，Bouasker M，Al-Mukhtar M. Free swell potential of lime-treated gypseous soil[J]. Applied Clay Science，2014，102：93-103.

[47] 楚伟华．石油污染物在土壤中迁移及转化研究[D]．大庆：大庆石油学院，2006.

[48] Alawi M，Khalili F，Da'As K. Interaction behavior of organochlorine pesticides with dissolved Jordanian humic acid[J]. Archives of Environmental Contamination and Toxicology，1995，28（4）：513-518.

[49] Chang Chien S W，Chen C Y，Chang J H，et al. Sorption of toluene by humic acids derived from lake sediment and mountain soil at different pH[J]. Journal of Hazardous Materials，2010，177（1）：1068-1076.

[50] 王磊，孙成，郭会琴．土壤有机质对疏水性有机污染物的非线性吸附及其影响因素[J]．土壤，2012（3）：366-373.

[51] 张小亮. 钙离子有机-矿质复合体对三氯乙烯的吸附实验研究[D]. 北京：中国地质大学（北京），2013.
[52] Alekseeva T，Kolyagin Y，Sancelme M，et al. Effect of soil properties on pure and formulated mesotrione adsorption onto vertisol（Limagne plane，Puy-de-Dôme，France）[J]. Chemosphere，2014，111：177-183.
[53] 贺婧. 不同碳酸钙含量石灰性土壤对外源污染物的吸附解吸[D]. 沈阳：沈阳农业大学，2012.
[54] 王文艳，张丽萍，刘俏. 黄土高原小流域土壤阳离子交换量分布特征及影响因子[J]. 水土保持学报，2012（5）：123-127.
[55] 宋凤敏. 汉中地区不同土壤阳离子交换容量的测定及分析[J]. 江西化工，2011（2）：52-54.
[56] 徐鹏. 不同类型土壤中有机氯农药形态分布规律研究[D]. 北京：中国地质大学（北京），2014.
[57] 黄学茹. 土壤电场与有机大分子的耦合对土壤团聚体稳定性的影响[D]. 重庆：西南大学，2013.
[58] 杨金燕，杨肖娥，何振立，等. 土壤中铅的吸附-解吸行为研究进展[J]. 生态环境，2005（1）：102-107.
[59] Zhao L，Bian J，Zhang Y，et al. Comparison of the sorption behaviors and mechanisms of perfluorosulfonates and perfluorocarboxylic acids on three kinds of clay minerals[J]. Chemosphere，2014，114：51-58.
[60] 刘牧. 川西亚高山冷杉林下土壤的氧化还原过程[D]. 雅安：四川农业大学，2012.
[61] 林加奖. 土水界面五氯酚的消减行为及其受电子供体/受体影响的机制研究[D]. 杭州：浙江大学，2013.
[62] Cord-Ruwisch R，James D L，Charles W. The use of redox potential to monitor biochemical HCBD dechlorination[J]. Journal of Biotechnology，2009，142（2）：151-156.
[63] Lin J, He Y, Xu J. Changing redox potential by controlling soil moisture and addition of inorganic oxidants to dissipate pentachlorophenol in different soils[J]. Environmental Pollution，2012，170：260-267.
[64] Chang B，Zheng J，Yuan S. Effects of alternative electron donors，acceptors and inhibitors on pentachlorophenol dechlorination in soil[J]. Chemosphere，1996，33（2）：313-320.
[65] O'Loughlin E J，Burris D R，Delcomyn C A. Reductive dechlorination of trichloroethene mediated by humic-metal complexes[J]. Environmental Science & Technology，1999，33（7）：1145-1147.
[66] 马连刚，肖保华，唐婷. 胡敏酸衰减全反射-傅里叶变换-红外光谱研究[J]. 地球与环境，2014（1）：55-61.
[67] 吴景贵，席时权，姜岩. 红外光谱在土壤有机质研究中的应用[J]. 光谱学与光谱分析，1998（1）：53-58.
[68] Campitelli P, Ceppi S. Effects of composting technologies on the chemical and physicochemical properties of humic acids[J]. Geoderma，2008，144（1）：325-333.
[69] Rossel R V，Walvoort D，McBratney A B，et al. Visible，near infrared，mid infrared or combined diffuse reflectance spectroscopy for simultaneous assessment of various soil properties[J]. Geoderma，2006，131（1）：59-75.
[70] 顾志忙，王晓蓉，顾雪元，等. 傅里叶变换红外光谱和核磁共振法对土壤中腐殖酸的表征[J]. 分析化学，2000（3）：314-317.
[71] Xing B，Pignatello J J. Time - dependent isotherm shape of organic compounds in soil organic matter: Implications for sorption mechanism[J]. Environmental Toxicology and Chemistry，1996，15（8）：1282-1288.
[72] He X，Xi B，Zhang Z，et al. Composition，removal，redox，and metal complexation properties of dissolved organic nitrogen in composting leachates[J]. Journal of Hazardous Materials，2015，283：227-233.
[73] He X，Xi B，Jiang Y，et al. Structural transformation study of water-extractable organic matter during the industrial composting of cattle manure[J]. Microchemical Journal，2013，106：160-166.

[74] 林雅洁．层状双氢氧化物对含氧阴离子污染物的吸附性能与作用机制[D]．杭州：浙江大学，2014.
[75] 张杰．重金属汞在典型土壤腐殖酸上的吸附解吸特性研究[D]．济南：山东大学，2008.
[76] 胡丽华，黄志斌，纪顺俊，等．固态荧光的测试方法[J]．分析仪器，2011（5）：55-58.
[77] 姜杰，李黎，孙国新．基于三维荧光光谱特征研究土壤腐殖质氧化还原特性[J]．环境化学，2012（12）：2002-2007.
[78] Bai Y，Wu F，Liu C，et al. Interaction between carbamazepine and humic substances，a fluorescence spectroscopy study[J]. Environmental Toxicology & Chemistry，2008，27（1）：95-102.
[79] Wu F，Tanoue E. Geochemical characterization of organic ligands for copper（II） in different molecular size fractions in Lake Biwa，Japan[J]. Org Geochemistry，2001，32（11）：1311-1318.
[80] Coble P G. Characterization of marine and terrestrial DOM in seawater using excitation-emission matrix spectroscopy[J]. Marine Chemistry，1996，51（4）：325-346.
[81] Bai Y，Wu F，Xing B，et al. Isolation and characterization of Chinese standard fulvic acid sub-fractions separated from forest soil by stepwise elution with pyrophosphate buffer[J]. Scientific Reports，2015，5.
[82] Lu X，Jaffe R. Interaction between Hg（II）and natural dissolved organic matter：a fluorescence spectroscopy based study[J]. Water research，2001，35（7）：1793-1803.
[83] Cabaniss E. Synchronous fluorescence spectra of metal-fulvic acid complexes[J]. Environmental Science & Technology，1992，26（6）：1133-1139.
[84] Lu L，Huggins T，Jin S，et al. Microbial Metabolism and Community Structure in Response to Bioelectrochemically Enhanced Remediation of Petroleum Hydrocarbon-Contaminated Soil[J]. Environmental Science & Technology，2014，48（7）：4021-4029.
[85] Xi G，Tl C，War A，et al. Validation and application of a multiphase CFD model for hydrodynamics，temperature field and RTD simulation in a pilot-scale biomass pyrolysis vapor phase upgrading reactor[J]. Chemical Engineering Journal，2020，388：124279.
[86] A.，Younes，Ph.，et al. Modeling Variable Density Flow and Solute Transport in Porous Medium：2. Re-Evaluation of the Salt Dome Flow Problem[J]. Transport in Porous Media，1999，35：375-394.
[87] Xie H，Wang Q，Bouazza A，et al. Analytical model for vapour-phase VOCs transport in four-layered landfill composite cover systems[J]. Computers and Geotechnics，2018，101：80-94.
[88] Bailey R T，Gates T K，Halvorson A D. Simulating variably-saturated reactive transport of selenium and nitrogen in agricultural groundwater systems[J]. Journal of Contaminant Hydrology，2013，149（6）：27-45.
[89] Coulon F，Awadi M A，Cowie W，et al. When is a soil remediated? Comparison of biopiled and windrowed soils contaminated with bunker-fuel in a full-scale trial[J]. Environmental Pollution，2010，158（10）：3032-3040.
[90] Whelan M J，Coulon F，Hince G，et al. Fate and transport of petroleum hydrocarbons in engineered biopiles in polar regions.[J]. Chemosphere，2015，131（6）：232-240.
[91] Wu M，Li W，Dick W A，et al. Bioremediation of hydrocarbon degradation in a petroleum-contaminated soil and microbial population and activity determination[J]. Chemosphere，2017，169（2）：124-130.
[92] Yu Y，Liu L，Yang C，et al. Removal kinetics of petroleum hydrocarbons from low-permeable soil by sand mixing and thermal enhancement of soil vapor extraction[J]. Chemosphere，2019，236（12）：124311-124319.
[93] Wang J，Qin X，Guo J，et al. Evidence of selective enrichment of bacterial assemblages and antibiotic

resistant genes by microplastics in urban rivers[J]. Water Research，2020，183：116113.

[94] Koolivand A，Rajaei M S，Ghanadzadeh M J，et al. Bioremediation of storage tank bottom sludge by using a two-stage composting system：Effect of mixing ratio and nutrients addition[J]. Bioresource Technology，2017，235：240-249.

[95] Manli W，Dick W A，Li W，et al. Bioaugmentation and biostimulation of hydrocarbon degradation and the microbial community in a petroleum-contaminated soil[J]. International Biodeterioration & Biodegradation，2016，107：158-164.

[96] David，Sanscartier，Barbara，et al. Bioremediation of diesel-contaminated soil by heated and humidified biopile system in cold climate[J]. Cold Regions Science & Technology，2009，55（1）：167-173.

[97] Gu Y，Dong K，Geisen S，et al. The effect of microbial inoculant origin on the rhizosphere bacterial community composition and plant growth-promotion[J]. Plant and Soil，2020（452）：105-117.

[98] Xu X，Liu W，Wang W，et al. Potential biodegradation of phenanthrene by isolated halotolerant bacterial strains from petroleum oil polluted soil in Yellow River Delta[J]. Science of The Total Environment，2019，664（5）：1030-1038.

[99] Tang J，Wang R，Niu X，et al. Enhancement of soil petroleum remediation by using a combination of ryegrass（Lolium perenne）and different microorganisms[J]. Soil & Tillage Research，2010，110（1）：87-93.

[100] Siles J A，Margesin R. Insights into microbial communities mediating the bioremediation of hydrocarbon-contaminated soil from an Alpine former military site[J]. Applied Microbiology and Biotechnology，2018，102（10）：4409-4421.

[101] Wu T，Crapper M. A computational fluid dynamics based model of the ex-situ remediation of hydrocarbon contaminated soils[J]. Desalination，2009，248（1）：262-270.

[102] Li L，Cunningham C J，Pas V，et al. Field trial of a new aeration system for enhancing biodegradation in a biopile[J]. Waste Management，2004，24（2）：127-137.

[103] Hong W，Dong L，Ewing R E，et al. An improved numerical simulator for different types of flows in porous media[J]. Numerical Methods for Partial Differential Equations，2003，19（3）：343-362.

[104] Beckley L，Mchugh T. A conceptual model for vapor intrusion from groundwater through sewer lines[J]. Science of the Total Environment，2020，698（1）：134281-134283.

[105] Wu M，Ma C，Wang D，et al. Nutrient drip irrigation for refractory hydrocarbon removal and microbial community shift in a historically petroleum-contaminated soil[J]. Science of The Total Environment，2019，713：136331.

[106] Wen W，Lai Y，You Z. Numerical modeling of water–heat–vapor–salt transport in unsaturated soil under evaporation[J]. International Journal of Heat and Mass Transfer，2020，159：120114.

[107] Bai B，Xu T，Nie Q，et al. Temperature-driven migration of heavy metal Pb2+ along with moisture movement in unsaturated soils[J]. International Journal of Heat and Mass Transfer，2020，153：119573.

[108] Yan H，Sedighi M，Xie H. Thermally induced diffusion of chemicals under steady-state heat transfer in saturated porous media[J]. International Journal of Heat and Mass Transfer，2020，153：119664.

[109] Zhao C，Mühlhaus H B，Hobbs B E. Effects of geological inhomogeneity on high Rayleigh number steady state heat and mass transfer in fluid-saturated porous media heated from below[J]. Numerical Heat Transfer，1998，33（4）：415-431.

第6章

常温解吸案例研究

6.1 某化工厂场地污染修复案例

6.1.1 场地概况与修复目标的确定

案例研究一中选取了我国一典型氯碱化工遗留场地为研究对象，对不同深度污染范围内的土壤进行修复，对不同土壤质地和不同季节的修复效果进行评价，并对修复过程中对环境空气的影响进行了监测和评价。该化工厂地处我国华北地区，地势平坦、开阔，局部地段有洼地，地面高程为 30～36 m，地势从西北向东南平缓倾斜，平均坡降 5‰。受长期生产活动等的影响，地貌的自然形态已不复存在。

场地为黏性土、粉土与砂类土、卵石层交互沉积，按土层岩性及赋水特征，埋深 50 m 内的地层主要分布特征为埋深 7 m 以内主要为粉土或砂类土；7～10 m 主要为黏性土；10～20 m 主要为细、中砂层，从颗粒组成及其赋水特征来看，该大层为相对含水层；20～25m 主要为黏性土层；25～40 m 主要为砂卵石层，从颗粒组成及其赋水特征来看，该大层为相对含水层；40～50 m 主要为黏性土层。图 6-1 和表 6-1 为该场地土壤质地类型分布情况，由图、表可知，场地土壤质地类型第一层（0～2.5 m）为粉土填土，第二层（2.5～5.5 m）为粉质壤土，第三层（5.5～9.0 m）为粉质黏土，第四层（9.0～18.5 m）为砂土。

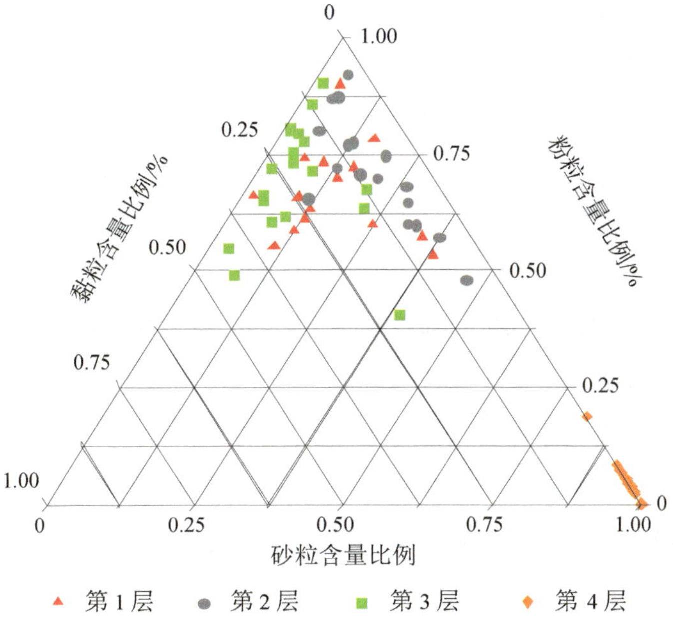

图 6-1 不同层次土壤中颗粒分布图

（注：黏粒 d<0.005 mm；粉粒 d=0.005～0.05 mm；砂粒 d>0.05 mm）

表 6-1 不同深度土壤质地类型

		黏粒/%	粉粒/%	砂粒/%	土壤质地
第一层	平均值	18.3	66.6	15.1	粉质壤土
	最大值	33.9	89.8	38.4	
	最小值	5.6	53.4	2.0	
	样本数	15	15	15	
第二层	平均值	9.4	71.4	19.3	粉质壤土
	最大值	23.0	92.4	46.3	
	最小值	3.1	48.2	4.5	
	样本数	17	17	17	
第三层	平均值	23.2	69.3	7.5	粉质壤土
	最大值	43.7	90.7	39.0	
	最小值	8.2	40.6	1.0	
	样本数	20	20	20	
第四层	平均值	0	3.5	96.5	砂土
	最大值	0	18.5	100	
	最小值	0	0	81.5	
	样本数	30	30	30	

6.1.1.1 场地主要污染物及污染状况

本试验污染场地为我国某大型氯碱化工遗留场地，具有 50 多年的生产历史，通过食盐电解来生产烧碱、聚氯乙烯、氯醋共聚物、盐酸和液氯等基本性化工原料，于 2007 年停产。场地的污染主要来自于场地中的污染源，而污染源又来自于生产工艺和生产过程，主要污染物为挥发性污染物，且该场地土壤 1,2-二氯乙烷、氯仿、氯乙烯和 1,1,2-三氯乙烷的浓度分布呈现出明显的区域性特点，各污染物分布较为集中，主要分布在氧氯化分厂区域。从深度上来说，主要分布在 0～9 m 区域，9～12 m 污染情况相对较轻，污染物种类及性质如表 6-2 所示。

表 6-2　场地土壤中主要污染物及理化性质

污染物名称	分子量	饱和蒸气压/（kPa，20℃）	检出限/（mg/kg）
苯	78.11	13.33	0.05
氯乙烯	62.50	346.53	0.5
1,1-二氯乙烯	96.94	65.98	0.5
1,2-二氯乙烷	98.97	13.33	0.05
三氯乙烯	131.39	13.33	0.05
1,1,2-三氯乙烷	133.42	5.33	0.05
四氯乙烯	165.82	2.11	0.05
1,1,2,2-四氯乙烷	167.86	1.33	0.05
氯仿	119.39	21.28	0.05
四氯化碳	153.84	13.33	0.05
1,1-二氯乙烷	98.97	15.33	0.05

6.1.1.2　本场地土壤修复目标值的确定

污染地块的污染程度以及处置后场地的用途对该场地的风险评估结果有较大的影响。场地风险评估主要包括污染源分析、暴露途径分析、毒性分析和风险评估四步。

本案例的风险评估采用美国的 RBCA（Risk-Based Corrective Action）模型。该模型由美国 GSI 公司根据美国试验与材料学会（ASTM）《基于风险的矫正行动》（*Risk-Based Corrective Action*，*RBCA*）标准开发，可用来制定基于风险的土壤筛选水平（SSLs）与初步修复目标（PRGs），在 30 多个国家和地区得到了广泛的应用，是目前国际上环境风险评估模型领域最高水平的典型代表。

（1）土壤污染的健康风险计算

土壤中的污染物一般可以通过以下几个途径进入人体：直接摄入、皮肤接触、呼吸吸入或食用污染地块上生长的果实。可以将通过以上途径摄入的污染物的量乘以其致癌风险斜率因子后相加计算土壤中污染物的致癌风险。非致癌污染物的风险用危害商来表示，它等于不同途径摄入量与毒理学参考剂量的比值。当某种污染物的浓度超过这种物质的毒理学参考剂量时，即认为该物质可能对人群产生非致癌性的伤害。

直接摄入污染土壤的风险可由式（6-1）和式（6-2）计算，即

$$致癌风险：TR_{\mathrm{Ingest}} = \frac{CS \cdot EF \cdot ED \cdot IR_{\mathrm{s}} \cdot RBAF}{BW \cdot AT_{\mathrm{c}}} \cdot SF \qquad (6\text{-}1)$$

$$危害熵：THQ_{\mathrm{Ingest}} = \frac{CS \cdot EF \cdot ED \cdot IR_{\mathrm{s}} \cdot RBAF}{BW \cdot AT_{\mathrm{n}} \cdot RfD_0} \tag{6-2}$$

式中：TR_{Ingest}——直接摄入污染土壤的致癌风险；

THQ_{Ingest}——直接摄入污染土壤的危害商；

CS——土壤中污染物浓度，mg/kg；

EF——暴露频率，d/a；

ED——暴露持续时间，a；

IR_{s}——土壤日摄入量，kg/d；

$RBAF$——生物有效性系数；

BW——体重，kg；

AT_{c}——致癌平均作用时间，a；

AT_{n}——非致癌平均作用时间，a；

SF——致癌风险斜率因子，$[\mathrm{mg/(kg \cdot d)}]^{-1}$；

RfD_0——口腔摄入慢性毒性参考剂量，$[\mathrm{mg/(kg \cdot d)}]^{-1}$。

皮肤接触风险：通过皮肤直接接触土壤污染物而导致的风险，可由式（6-3）和式（6-4）进行计算，即

$$致癌风险：TR_{\mathrm{Dermal}} = \frac{CS \cdot EF \cdot ED \cdot SA \cdot M \cdot RAF_{\mathrm{d}}}{BW \cdot AT_{\mathrm{c}}} \cdot SF \tag{6-3}$$

$$危害商：THQ_{\mathrm{Dermal}} = \frac{CS \cdot EF \cdot ED \cdot SA \cdot M \cdot RAF_{\mathrm{d}}}{BW \cdot AT_{\mathrm{n}} \cdot RfD_0} \tag{6-4}$$

式中：TR_{Dermal}——皮肤接触污染土壤的致癌风险；

THQ_{Dermal}——皮肤接触污染土壤的危害商；

CS——土壤中污染物浓度，mg/kg；

EF——暴露频率，d/a；

ED——暴露持续时间，a；

SA——接触污染土壤的皮肤面积，cm^2；

M——皮肤对土壤的吸附系数，$\mathrm{mg/cm}^2$；

RAF_{d}——皮肤吸收系数；

BW——体重，kg；

AT_{c}——致癌平均作用时间，a；

AT_{n}——非致癌平均作用时间，a；

SF——致癌风险斜率因子，[mg/（kg·d）]$^{-1}$；

RfD_0——口腔摄入慢性毒性参考剂量，[mg/（kg·d）]$^{-1}$。

通过呼吸系统吸入的风险：通过呼吸摄入而导致的风险分表层土壤和亚表层土壤，亚表层土壤则区分室内和室外两种风险。

表层污染土壤的室外呼吸致癌风险由式（6-5）计算，即

$$TR_{\mathrm{Inhal}} = \frac{CS \cdot EF \cdot ED \cdot URF \cdot (VF_{\mathrm{ss}} + PEF)}{AT_{\mathrm{c}}} \tag{6-5}$$

表层污染土壤的室外呼吸危害商由式（6-6）计算，即

$$THQ_{\mathrm{Inhal}} = \frac{CS \cdot EF \cdot ED \cdot (VF_{\mathrm{ss}} + PEF)}{AT_{\mathrm{n}} \cdot RfC} \tag{6-6}$$

亚表层污染土壤的室外呼吸致癌风险由式（6-7）计算，即

$$TR_{\mathrm{Inhal}} = \frac{CS \cdot EF \cdot ED \cdot URF \cdot VF_{\mathrm{samb}}}{AT_{\mathrm{c}}} \tag{6-7}$$

亚表层污染土壤的室外呼吸危害商由式（6-8）计算，即

$$THQ_{\mathrm{Inhal}} = \frac{CS \cdot EF \cdot ED \cdot VF_{\mathrm{samb}}}{AT_{\mathrm{n}} \cdot RfC} \tag{6-8}$$

亚表层污染土壤的室内呼吸致癌风险由式（6-9）计算，即

$$TR_{\mathrm{Inhal}} = \frac{CS \cdot EF \cdot ED \cdot URF \cdot VF_{\mathrm{sesp}}}{AT_{\mathrm{c}}} \tag{6-9}$$

亚表层污染土壤的室内呼吸危害商由式（6-10）计算，即

$$THQ_{\mathrm{Inhal}} = \frac{CS \cdot EF \cdot ED \cdot VF_{\mathrm{sesp}}}{AT_{\mathrm{n}} \cdot RfC} \tag{6-10}$$

土壤粉尘产生因子的推算由式（6-11）计算，即

$$PEF = \frac{P_{\mathrm{e}} W}{U_{\mathrm{air}} \delta_{\mathrm{air}}} \times 10^3 \tag{6-11}$$

表土挥发到室外空气的系数由式（6-12）计算，即

$$VF_{\mathrm{ss}} = \frac{W \rho_s d}{U_{\mathrm{air}} \delta_{\mathrm{air}} \tau} \times 10^3 \tag{6-12}$$

亚表层土挥发到室外空气的系数由式（6-13）计算，即

$$VF_{\mathrm{samb}} = \frac{W \rho_s d_{\mathrm{s}}}{U_{\mathrm{air}} \delta_{\mathrm{air}} \tau} \times 10^3 \tag{6-13}$$

亚表层土挥发到室内空气的系数由式（6-14）计算，即

$$VF_{\text{sesp}} = \frac{\rho_s d_s}{L_B ER\tau} \times 10^3 \tag{6-14}$$

式中：TR_{Inhal}——呼吸吸入污染土壤的致癌风险；

THQ_{Inhal}——呼吸吸入污染土壤的危害商；

CS——土壤中污染物浓度，mg/kg；

EF——暴露频率，d/a；

ED——暴露持续时间，a；

URF——单位风险因子，$(\text{mg/m}^3)^{-1}$；

PEF——土壤粉尘产生因子，mg/m^3-air（mg/kg-soil）；

AT_c——致癌平均作用时间，a；

AT_n——非致癌平均作用时间，a；

VF_{ss}——表土挥发到室外空气的系数，mg/m^3-air（mg/kg-soil）；

VF_{samb}——亚表层土挥发到室外空气的系数，mg/m^3-air（mg/kg-soil）；

VF_{sesp}——亚表层土挥发到室内空气的系数，mg/m^3-air（mg/kg-soil）；

RfC——参考剂量，mg/m^3。

P_e——土壤粉尘释放因子，g/cm^2-s；

W——平行风向场地长度，m；

U_{air}——空气混合区的风速，m/s；

δ_{air}——室外空气混合区高度，m；

τ——气体暴露持续时间，a；

ρ_s——土壤容重，g/cm^3；

d_s——受影响的亚表层土壤厚度，m；

L_B——容积率，m；

ER——室内空气交换频率，s^{-1}；

风险评估时，按照土质的岩性变化，将场地土层划分为 4 层，分别计算其污染物的健康风险。

分层情况及各土层的土壤特征参数见表 6-3。水文地质参数见表 6-4，暴露因子见表 6-5。

毒理学参数主要来自美国环境保护局（EPA）毒理学数据库，见表 6-6。

表 6-3　污染地块土层划分及土壤特征参数

深度/m	土质	孔隙度/%	含水量/%	垂向水力传导系数/（cm/d）	干容重/（g/cm^3）	pH	有机质含量/%
0～2.5	粉土	0.38	18.10	10	1.97	9	2.8
2.5～5.5	粉土	0.37	18.03	10	2.01	9.5	2.35
5.5～9.0	粉质黏土	0.40	24.00	0.1	2.00	9.5	3.60
9.0～18.5	砂土	0.40	30.00	1 000	—	9.5	0.70

表 6-4　地下水水文地质参数

参数	数值
有效孔隙度/%	0.38
水力梯度	0.002
水力传导系数/（m/d）	3.8
毛细带厚度/m	0.29

表 6-5　暴露因子

暴露参数		住宅用地	
		儿童	成年
AT_c	致癌平均时间/a	70	70
AT_n	非致癌平均时间/a	6	24
BW	体重/kg	15	60
ED	暴露持续时间/a	6	24
t	蒸气暴露持续时间/a	6	24
EF	暴露频率/（d/a）	350	350
EF_{dermal}	皮肤暴露频率/（d/a）	350	350
IR_s	日土壤摄入量/（mg/d）	200	100
SA	皮肤表面积（皮肤接触）/cm^2	1 800	5 000
M	土壤-皮肤黏附因子/（mg/cm^2）	0.5	0.5

表 6-6 污染物毒性参数

序号	污染物	参考剂量（RfD）/ [mg/（kg·d）]				参考浓度（RfC）/（mg/m^3）		致癌斜率（SF）/ $[mg/（kg·d）]^{-1}$				单位致癌系数（URF）/ $[（μg/m^3）^{-1}]$		是否致癌	皮肤吸收因子	
		经口	来源	经皮肤	来源	呼吸	来源	经口	来源	经皮肤	来源	呼吸	来源		数值	来源
1	苯	$3.00×10^{-3}$	R			$5.95×10^{-3}$	R	$2.90×10^{-2}$	PS	$2.99×10^{-2}$	TX	$8.29×10^{-6}$	PS	是	0.5	H
2	1,2-二氯乙烷					$1.00×10^{-2}$	R	$9.10×10^{-2}$	R	$9.10×10^{-2}$	TX	$2.60×10^{-5}$	R	是	0.5	H
3	氯仿	$1.00×10^{-2}$	R			$3.00×10^{-4}$	R	$6.10×10^{-3}$	R	$3.05×10^{-2}$	TX	$2.30×10^{-5}$	R	是	0.5	H
4	氯乙烯							1.9	R	1.9	TX	$8.57×10^{-5}$	R	是	0.5	H
5	1,1,2-三氯乙烷	$4.00×10^{-3}$	R			$2.00×10^{-1}$	31	$5.70×10^{-2}$	R	$7.04×10^{-2}$	TX	$1.60×10^{-5}$	R	是	0.5	H
6	三氯乙烯	$6.00×10^{-3}$	R			$2.10×10^{-2}$	31	$1.10×10^{-2}$	R	$7.33×10^{-2}$	TX	$1.71×10^{-6}$	R	是	0.5	H
7	四氯乙烯	$1.00×10^{-2}$	PS			$3.50×10^{-2}$	PS	$5.20×10^{-2}$	PS	$5.20×10^{-2}$	TX	$5.80×10^{-7}$	PS	是	0.5	H
8	四氯化碳	$7.00×10^{-4}$	R			$2.00×10^{-3}$	R	$1.30×10^{-1}$	R	$2.00×10^{-1}$	TX	$1.50×10^{-5}$	R	是	0.5	H
9	1,1-二氯乙烷	$3.00×10^{-2}$	R	$3.00×10^{-2}$	TX	$5.00×10^{-3}$	R							否	0.5	H
10	1,1-二氯乙烯															
11	1,1,2,2-四氯乙烷	$6.00×10^{-2}$	R			$7.00×10^{-1}$	31	$2.00×10^{-1}$	R	$2.86×10^{-1}$	TX	$5.80×10^{-5}$	R	是	0.5	H

注：R——美国国家环境保护局Ⅲ区基于风险的浓度表，USEPA Ⅲ区，1995-3-7；
A——石油泄露场地基于风险的矫正行动标准指南，美国实验与材料协会，ES 3894；
PS——基于风险的矫正行动标准指南，美国实验与材料协会，PS 104-98；
31——得克萨斯州自然资源保护委员会风险降低规则实验，1998-7-23，更新引用“TX”；
TX——得克萨斯州自然资源保护委员会，储罐泄露场地的风险矫正措施．1994-1。

（2）风险评估污染物的筛选

在本研究中，许多采样点位均有污染物检出，但并不对所有检出的污染物全部进行风险评估。依据北京市污染地块评估的土壤筛选值（SSLs）标准，对所有检出的污染物进行初步筛选，凡超过标准中任何一种途径的筛选值的污染物均须进行下一步的风险评估。

（3）场地土壤修复目标值的计算

根据风险评估结果，以致癌风险 10^{-5} 或非致癌危害商 1 为可接受风险水平，筛选出 10 种可能对人体健康产生危害的污染物（表 6-7），并分别计算这些污染物的修复目标值。

表 6-7 筛选出的潜在危害污染物

序号	潜在危害污染物
1	1,2-二氯乙烷
2	氯仿
3	氯乙烯
4	1,1,2-三氯乙烷
5	三氯乙烯
6	四氯乙烯
7	四氯化碳
8	1,1-二氯乙烷*
9	1,1-二氯乙烯*
10	1,1,2,2-四氯乙烷

注：*为非致癌物质。

根据《北京市场地评估技术导则》，污染物的致癌风险可接受水平为 10^{-6}～10^{-4}。目前各国或地区标准制定的目标风险水平不尽相同，一般都在 10^{-6}～10^{-4}。如荷兰为 10^{-4}，加拿大、新西兰为 10^{-5}，美国、澳大利亚为 10^{-6}。风险水平的确定在很大程度上与国家的经济技术水平和政策有关。表 6-8 以部分污染物为例，将计算的修复目标值与其他国家或地区标准进行了比较。结果表明，根据 10^{-5} 的风险水平计算得出的修复目标值与其他国家或地区的标准大致相当，因此，采用这样的修复目标值应该是可以保证人体健康和环境安全的。根据以上分析，确定本项目场地土壤修复目标值，计算可接受风险水平：致癌风险 10^{-5}，非致癌危害商 1。

表 6-8 部分超标污染物修复目标值与其他国家或地区标准的比较 单位：mg/kg

污染物	计算结果	荷兰干预值	中国香港		美国九区	比较结论
			市区住宅	乡村住宅		
苯	2.4	1	0.7	0.28	1.1	略宽
1,2-二氯乙烷	0.82	4	—		0.45	介于之间，各国或地区差异较大
氯仿	0.82	10	0.13	0.05	0.3	介于之间，各国或地区差异很大
氯乙烯	0.086	0.1	—		—	基本相当
四氯化碳	0.97	1	—		0.25	介于之间，各国或地区较接近
苯并[*a*]芘	0.41	—	1.2	1.14	0.015	介于之间，各国或地区差异很大

土壤修复目标值计算过程涉及污染物参数和场地特征参数。污染物参数包括污染物理化参数和毒理学参数，场地特征参数包括土壤参数、地下水参数和建筑物参数等。这些参数的取值如前所述。表 6-9 列出了该场地土壤污染物修复目标值的计算结果。

表 6-9 场地土壤污染物修复目标值的计算结果

序号	污染物	土壤修复目标值/（mg/kg）	备 注
1	1,2-二氯乙烷	0.82	—
2	氯仿	0.82	—
3	氯乙烯	0.086	—
4	1,1,2-三氯乙烷	2.8	—
5	三氯乙烯	5.19	—
6	四氯乙烯	22	—
7	四氯化碳	0.97	—
8	1,1-二氯乙烷	130	非致癌物质
9	1,1-二氯乙烯	29.1	非致癌物质
10	1,1,2,2-四氯乙烷	1.21	—

将上述土壤修复目标值与北京市场地环境风险评估筛选值和污染物分析报告限进行比较，氯乙烯要低于该污染物的分析报告限。因此，在进行土壤修复计算时将对其进行矫正，以获取本场地的土壤修复标准。经矫正后的场地土壤修复标准见表 6-10。

表 6-10 经矫正后的场地土壤修复标准

序号	污染物	经矫正后的土壤修复标准/（mg/kg）	说 明
1	1,2-二氯乙烷	0.82	—
2	氯仿	0.82	—
3	氯乙烯	0.50	根据分析报告限取值
4	1,1,2-三氯乙烷	2.8	—
5	三氯乙烯	5.19	—
6	四氯乙烯	22	—
7	四氯化碳	0.97	—
8	1,1-二氯乙烷	130	—
9	1,1-二氯乙烯	29.1	—
10	1,1,2,2-四氯乙烷	1.21	—

6.1.2 场地污染土壤修复工艺与设备

6.1.2.1 场地 VOC/SVOC 污染土壤修复工艺

常温解吸工艺流程见图 6-2。

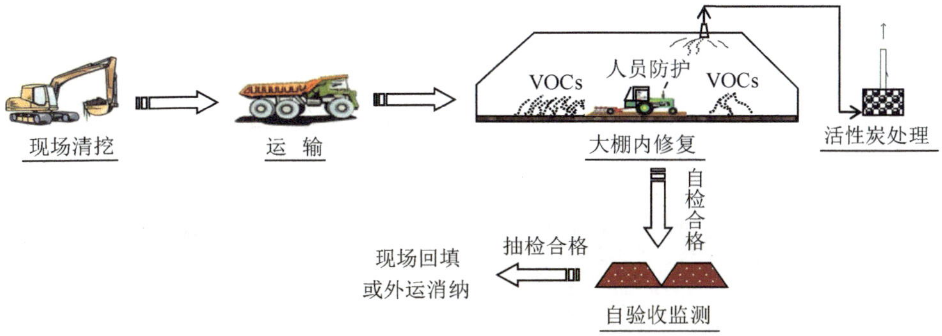

图 6-2 常温解吸工艺流程

在利用常温解吸技术修复氯代烃污染土壤时，先将污染土壤进行清理、清运，送至现场搭建的密闭常温解吸大棚内，再将污染土壤堆积成条垛状，利用翻抛机搅拌、强制通风和加热等方式进行强化常温解吸处理，使之达到相应的修复标准。达标后的污染土壤可运至临时堆放场堆存，待验收合格后，现场回填或堆存，此过程中的主要参数见表 6-11。产生的挥发性气体经引风机引至常温解吸大棚的排气口处，经活性炭吸附过滤后，达标排放。

表 6-11 常温解吸的工程应用参数

参数名称	参数值
翻抛机功率	45 kW
主轴转速	200 r/min
翻抛机行进速度	50 m/h
日处理量	6 000 m^3/d
扰动间隔	2 h
环境温度	高于环境温度 5℃
换风次数	2 次/h

6.1.2.2 场地 VOC/SVOC 污染土壤修复设备

本研究的现场修复工作在由空气支撑膜结构构成的密闭式设施内进行。密闭式气体处理设施是近年发展起来的一项针对大气污染控制的预防治理设施。主要是通过对有毒有害气体释放源进行密闭，将有毒有害气体源密封起来，然后通风排风引导收集并通过气体处理设备进行处理，使废气由原来的无组织排放转变为有组织处理排放，同时达到减少废气处理量、提高除臭效率、降低建设和运营成本的目的，特别适用于常温解吸处理挥发性污染土壤的过程。空气膜结构密闭式设施见图 6-3。

图 6-3 空气膜结构密闭式设施

空气支撑膜结构是一种新型的密闭式气体处理设施，其具有容量大、结构稳定、经久耐用、运行成本低、拆卸方便、可移动、安装简单快捷、可重复利用等特点。本研究采用该结构作为污染土壤处理车间，对污染土壤作业区进行围合密闭，将污染土壤释放的有毒有害气体密闭在空气支撑膜结构中，避免其释放到大气中，可有效防止有毒有害气体和粉尘对周围居民以及厂区工作人员的毒害，有效避免不良天气的影响，提高修复效率，同时可以避免降水下渗对地下水的危害。同时，利用空间气流模型，通过送排风，对密闭结构内部气流进行组织，使气流加快污染土壤中有毒气体的解吸释放，缩短污染土壤的处理周期，同时对其进行稀释导流收集，保证作业区人员的安全，然后经气体处理装置进行处理。本研究采用“活性炭纤维吸附+真空脱附+蓄热式催化燃烧+酸雾吸附”的处理工艺，对空气支撑膜结构内部土壤修复过程中解吸释放的 VOCs 进行了处理，从而达到排放的要求。

该系统主要由以下 5 个部分组成：空气支撑膜结构系统、气体组织及处理系统、环境安全监测系统、自控系统和其他系统。长、高、宽为 180 m×60 m×20 m，总占地面积为 10 800 m^2。

（1）空气支撑膜结构系统

空气支撑膜结构系统主要包括膜组件（膜材、钢缆及连接器）、压力控制系统（压力传感器、压力自控和鼓风机）、进出门系统（车辆进出门、人员进出门和安全门）、配重系统。通过供风系统向空气支撑膜结构内部充气，使结构内外保持一定的压力差，保证体系的刚度，维持结构的稳定性，以对抗外界的恶劣天气。空气支撑膜结构原理见图 6-4。

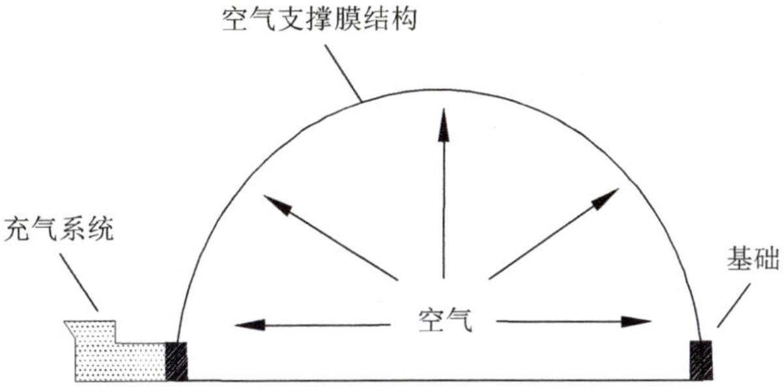

图 6-4　空气支撑膜结构原理

膜材料采用高强度纤维织成的基材和聚合物涂层构成的复合材料制成。膜材型号为 28 oz.Erez，单位质量为 1 000 g/m^2，白色，半透明，拉伸强度为 4 500×4 500（N/50 mm）。撕裂强度为 560×530 N，具高抗紫外线性能，满足 NFPA701、ASTM-E84、CSFM 和 AS 1530 规范要求，工作温度为−30～70℃。

为了满足污染土壤运输车辆、内部作业机械以及工作人员进出车间的要求，进出门采用双层互锁气密门结构设计，即污染土壤运输车辆到达门口时，第一道气密门开启；随后，污染土壤运输车辆进入气密门通道中，第一道门关闭，第二道门开启；由于两道门之间采用了互锁装置，所以在第一道门未完全关闭前，第二道门不能开启；最后，污染土壤运输车辆通过第二道门，进入到空气支撑膜结构内部作业区，第二道门关闭。污染土壤运输车辆在作业区卸料后，使用相同的方法通过气密门，到达空气支撑膜结构的外部。

空气支撑膜结构是通过送风机向结构内部送风产生的气压差来维持膜结构的形态稳定和刚度，压力控制系统可以通过控制送风机的送风以及配套的风雪感应器，及时调节空气支撑膜结构内部的气压差，来应对来自外界的荷载与作用力，从而保证结构的安全。在本研究中，压力控制系统分为人工控制和自动控制两个系统。

（2）气体组织及处理系统

根据常温解吸的定义，修复过程是通过不断翻抛污染土壤，将其中的污染物释放出来。在本研究所处理的污染土壤中，污染物为挥发性有机污染物。在处理过程中，会向处理设施内释放出大量的 VOCs 气体，有必要对这些污染气体进行有组织地收集和集中处理。同时，为了保证气流能够通过密闭设施的各个角度，避免局部死角的产生，使各个区域挥发出来的气体都能得到交换，提高污染物去除率，本研究采用水平流全面通风设计，即对整个密闭式作业区域进行通风换气，通风量为 4 000 m^3/h，使室内空气环境符合相关规定。

此外，在该修复密闭空间内，操作区与污染区混合在一起，为保证操作区内人员的人身安全，并使污染物能够全部迅速排出，送风口和出风口的选择十分重要。送风口的设置应尽可能靠近操作区，同时也要尽可能地靠近污染区。排风口应尽可能靠近浓度较高的区域，并且保持气流的平稳，以减少污染物在内部的滞留，使污染物迅速排出。综合上述原则，并考虑修复过程中产生的气体主要是密度比空气大的有机气体，密闭设施采用了下进下出的送风方式。

在修复过程中产生的废气主要是氯代烃类气体，主要的处理方式包括吸附法、催化燃烧法、直接燃烧法、分层提取回收法、低温等离子分解法和冷凝回收法等[1-4]。本研究采用了吸附法，吸附剂为活性炭纤维（ACF），活性炭纤维工艺参数见表 6-12。

表 6-12　活性炭纤维工艺参数

参数	数值	单位
处理气量	100 000	m^3/h
去除效率	90	%
比表面积	1 000～2 500	m^2/g
用量	60	kg
占地面积	16	m^2
仓室数	6	个
滤袋条数	54	条
过滤风速	0.5	m/s
再生方式	真空脱附	
运行方式	5 室吸附 1 室再生	

活性炭纤维是 20 世纪 60—70 年代发展起来的第三代新型功能吸附材料。它们的比表面积远大于颗粒活性炭，孔径较大，孔径分布不均匀，可供利用的有效比表面积占总比表面积的比例远高于颗粒活性炭，吸附容量是颗粒活性炭的 1～40 倍[5, 6]。

修复过程中还设置了污染物在线监测系统，实时监测车间以及处理设施进出口的污染物浓度，确保废气达标后能够排放。另外，翻抛过程中会产生一定浓度的粉尘，选择袋式除尘器进行除尘预处理，脱附过程采用催化燃烧的方式进行处理，转化成无害的二氧化碳和水；对此过程中产生的含氯化氢废气，采用 SDG 酸雾吸附剂吸附，酸雾吸附装置工作参数见表 6-13。

表 6-13　酸雾吸附装置工艺参数

参数	数值	单位
处理气量	5 000	m^3/h
初始吸附效率	98	%
吸附效率	80～85	%
吸附容量	50	%
床层压降	0.8～1.5	Pa
耐温性能	＞350	℃
阻力	800～1 200	Pa
占地面积	5	m^2

气体处理系统的工艺流程见图 6-5。

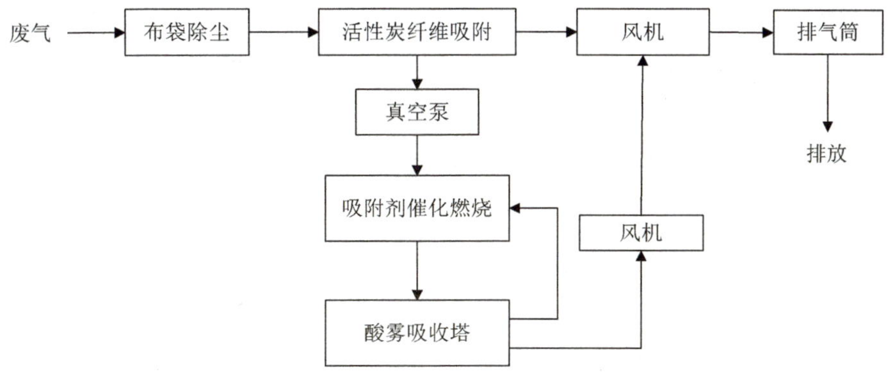

图 6-5　气体处理系统的工艺流程

（3）环境安全监测系统

在污染土壤修复的日常作业过程中，车间内会产生大量的 VOCs 气体，主要是氯乙烯、1,2-二氯乙烷和三氯甲烷等，既有有毒气体，又有易燃易爆气体，并且各种成分处在一个动态的变化过程中。考虑到污染物修复车间为密闭空间，为了保证内部作业人员的安全以及结构的安全，在本研究的现场修复中设计了两套监测系统，其中一套为在线监测系统，另一套为手动监测系统，以便及时有效地掌握和调节密闭空间内污染物气体的浓度情况。监测对象主要包括 1,2-二氯乙烷、氯仿和氯乙烯等挥发性氯代烃。

6.1.3 场地 VOC/SVOC 污染土壤修复效果评估

6.1.3.1 土壤中污染物的总体去除效果评估

本案例研究中共采集土壤样品 1 109 个，其中含质控样品 95 个，共处理土壤 507 000 m^3。土壤中污染物的去除效果见表 6-14 和图 6-6。由图、表可知，经过常温解吸处理的土壤中污染物浓度明显下降，且基本低于场地修复目标值，合格率均高于 90%，说明常温解吸对处理土壤中挥发性污染物具有很好的修复效果。各种污染物的去除率差别很大是因为部分污染物在修复前的浓度较低，修复前后浓度差别较小，故不能仅从去除率来判断修复效果。

表 6-14 修复后土壤中的污染物浓度统计

污染物	初始浓度平均值/（mg/kg）	修复后浓度平均值/（mg/kg）	修复目标值/（mg/kg）	平均去除率/%	合格率/%
1,1,2,2-四氯乙烷	0.03	0.025 Y	1.21	16.67	100
1,1-二氯乙烯	0.34	0.22	29.1	35.29	100
三氯乙烯	0.06	0.025 Y	5.19	58.33	100
苯	0.06	0.025 Y	2.4	58.33	100
氯乙烯	0.62	0.25 Y	0.5	59.68	100
四氯化碳	0.11	0.025 Y	0.97	77.27	100
四氯乙烯	0.17	0.026	22	84.71	100
氯仿	0.52	0.032	0.82	93.85	100
1,1,2-三氯乙烷	0.41	0.025 Y	2.8	93.90	100
1,1-二氯乙烷	0.72	0.025 Y	130	96.53	100
1,2-二氯乙烷	30.59	0.17	0.82	99.44	93.8

注：低于检出限的浓度按检出限的一半进行统计，并以 Y 标记。

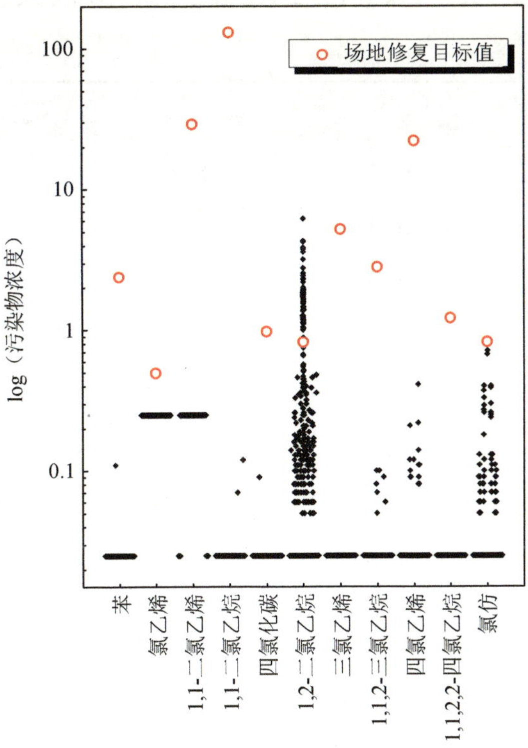

图 6-6 常温解吸处理后土壤中污染物残留浓度

6.1.3.2 季节条件对土壤中污染物去除效果的影响

为了解常温解吸在不同季节的去除效果，对一年中各个月份污染物的修复效果进行统计与分析，结果见表 6-15 和图 6-7。表中略去了低于检测限的其余 10 种污染物，修复后土壤中 1,2-二氯乙烷的浓度随温度呈现不同的变化。土壤中污染物的最小值均为检测限，平均浓度值除 12 月略高外，均在修复目标值（0.82 mg/kg）以下，说明常温解吸在处理挥发性污染土壤方面有很好的修复效果。另外，污染物修复后的最大值为 97.40 mg/kg，出现在 12 月，其次为 1 月的 8.76 mg/kg、11 月的 6.20 mg/kg、2 月的 5.43 mg/kg 和 3 月的 4.31 mg/kg；而 4—9 月修复后土壤中污染物的平均值和最大值都较小，且低于本场地修复目标值，说明气温对常温解吸的处理效果有一定的影响。

表 6-15 土壤中 1,2-二氯乙烷在不同季节中的去除效果

时间	修复后 1,2-二氯乙烷浓度/（mg/kg）			气温/℃	
	最小值	平均值	最大值	最低温度	最高温度
1 月	0.025 Y	0.95	8.76	–8	1
2 月	0.025 Y	0.74	5.43	–6	4
3 月	0.025 Y	0.30	4.31	1	11
4 月	0.025 Y	0.12	0.33	11	21
5 月	0.025 Y	0.03	0.41	17	29
6 月	0.025 Y	0.04	0.25	20	30
7 月	0.025 Y	0.03	0.80	23	31
8 月	0.025 Y	0.04	0.36	22	30
9 月	0.025 Y	0.05	0.35	15	26
10 月	0.025 Y	0.08	1.95	8	21
11 月	0.025 Y	0.08	6.20	–1	9
12 月	0.025 Y	1.07	97.40	–8	–1

注：低于检出限的浓度按检出限的一半进行统计，并以 Y 标记。

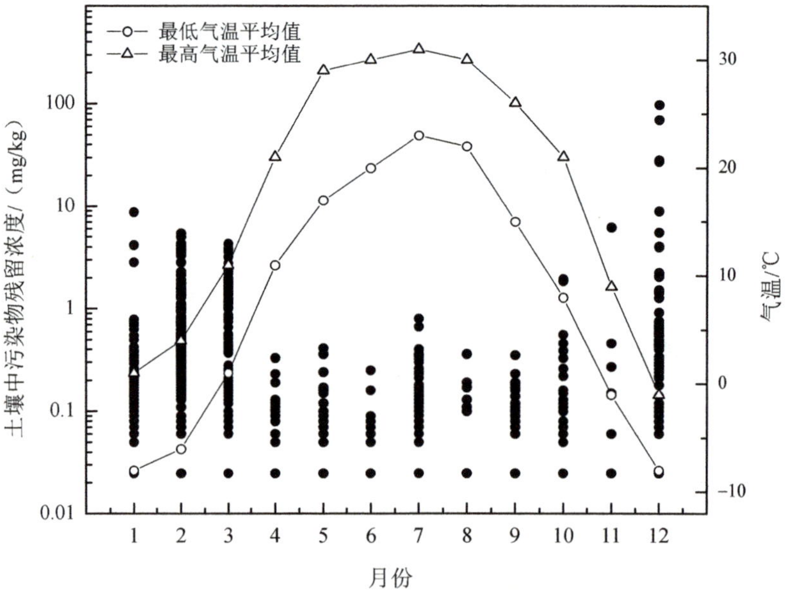

图 6-7 土壤中污染物浓度与温度的关系

由图 6-7 可知，场地所处地区一年中各月的最低气温平均值和最高气温平均值表现出相似的规律，即在 1 月、2 月、11 月和 12 月的气温较低，平均最低气温均低于 0℃，7 月的气温最高，最高温度的平均值在 30℃左右。与此相对应，修复后土壤中 1,2-二氯乙烷的浓度也表现出明显的季节性变化：当环境温度较高时，土壤中 1,2-二氯乙烷浓度分布集中在小于 10 mg/kg 的水平上；当环境温度降低时，土壤中的 1,2-二氯乙烷浓度分布较为分散，且有部分修复后浓度大于 10 mg/kg。说明常温解吸在场地应用过程中会受到环境温度的影响，在温度较高的春夏季节修复效果要明显好于温度较低的秋冬季节，与参数优化试验中所得结论一致。因此，常温解吸处理挥发性污染土壤在温度较高的条件下修复效果好，当环境温度较低时，应通过加强处理强度或延长处理时间的方式来提高修复效率。

6.1.3.3　土壤质地对土壤中污染物去除效果的影响

在第 5 章中提到，土壤的有机质含量和含水量均会对常温解吸产生影响。为了解常温解吸对不同土壤质地土壤的去除效果，对同一区域不同深度的污染土壤修复情况进行了总结和比较，结果见表 6-16，表中略去了未检出的物质。

表 6-16　不同土壤质地土壤中 1,2-二氯乙烷修复效果比较

土壤深度	土壤类型	检出率/%	含水量/%	有机质含量/%	最小值	平均值	最大值
0～2.5 m	粉土	23.3	18.7	4.4	0.025 Y	0.06	0.80
2.5～5.5 m	黏土	6.2	15.5	2.2	0.025 Y	0.03	0.06
5.5～9.0 m	砂土	7.6	24.3	3.2	0.025 Y	0.03	0.17

注：根据环境统计规定，检出限以下的浓度在统计时按检出限一半值表示，并以 Y 标记。

由表 6-16 可知，3 种土质中 1,2-二氯乙烷的最大浓度均低于本场地该污染物的修复目标值，平均值差异较小，说明该方法对处理土壤中挥发性有机污染物是有效的，但针对不同的土质存在不同的处理效果。第一层（0～2.5 m）土壤中的 1,2-二氯乙烷检出率最高、残留较多，检出率为 23.3%，第二层土壤中的检出率最低，为 6.2%。这一方面是因为当污染物浓度较低时（＜100 mg/kg），属极易挥发类污染物的 1,2-二氯乙烷在土壤中向上挥发的速率大于向下迁移的速率，使得污染物向下迁移缓慢，表层土壤污染物浓度大于下层土壤中污染物浓度；另一方面是由土质本身的差异造成的。

图 6-8 为土壤有机质含量和含水量与修复后土壤中 1,2-二氯乙烷浓度的关系图。由图

可知，含水量和有机质含量越大，经常温解吸处理后的土壤中污染物浓度越高，在修复过程中可通过减小含水量或降低有机质含量的方式提高修复效果。

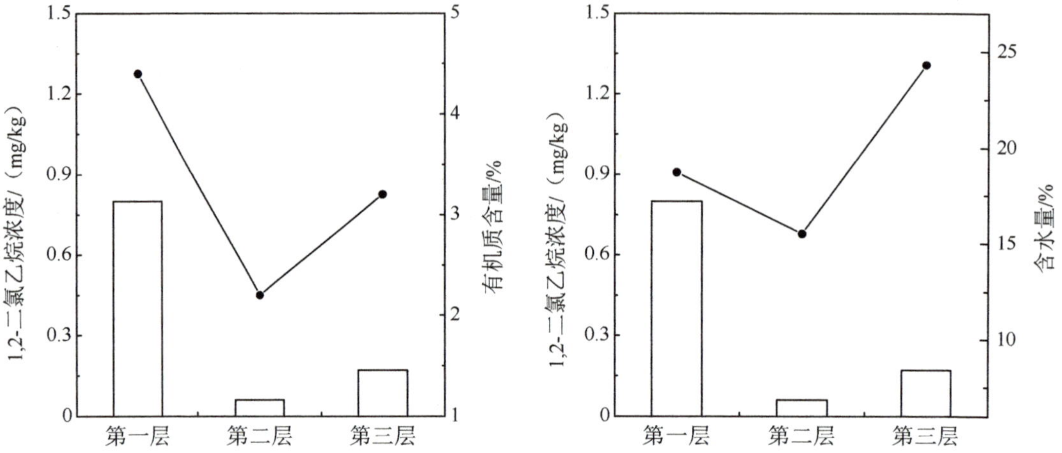

图 6-8 土壤中污染物残留浓度与土壤质地的关系

6.1.4 土壤清挖修复过程中环境质量影响评价

应用常温解吸技术修复氯代烃污染土壤时，在清挖和修复过程中易产生污染气体，可能对人体健康和周围环境造成威胁，需要对气体浓度和分布情况进行分析和监测。

6.1.4.1 清挖过程环境空气影响评价

在清挖过程中，原本存在于土壤颗粒间的污染物会暴露在空气中，可能对周围环境造成威胁。在现场修复工作中采用泡沫污染防治技术，控制现场清理过程中有机污染物的挥发。采用直接喷射的方式向土壤表面喷射泡沫，将有机物控制在泡沫液膜内，迅速降低空气中有机物浓度。每分钟覆盖 37～75 m^2。该泡沫采用环保材料制成，无毒可降解，不会产生二次污染。场内环境监测工作人员携带便携式 PID 仪器。工作人员在污染地块治理过程中，测定大气中挥发性物质的浓度，当检测值超过 VOCs 和有毒气体的时间加权平均值时，采取泡沫技术控制挥发性有机污染物的浓度。

本项目修复过程大气污染物无组织排放评估标准执行《大气污染物综合排放标准》（DB 11/501—2007）中的Ⅱ时段标准（表 6-17）。

表 6-17 修复过程大气污染物无组织排放评价标准

序号	污染物项目	无组织排放浓度限值*/（mg/m^3）
1	1,2-二氯乙烷	0.14
2	氯乙烯	0.15
3	苯	0.10
4	非甲烷总烃	2.0

注：* 为 1 小时平均浓度。

将监测结果与表中的评价标准进行比较，若监测结果不大于标准值，则说明场地清挖过程大气污染物的排放符合国家规定；若监测结果大于标准值，则说明清挖过程对环境大气有较大影响，污染物排放超标，对环境和现场工作人员及周边居民的身体健康有一定影响，需要采取进一步的污染控制措施。

本污染修复案例与土壤修复同步，对清挖过程中的气体进行了采集与分析，共采集气体样品 49 批次，共计样品 490 个，其中含 49 个质控样品，结果见表 6-18。

表 6-18 修复过程大气污染物无组织排放情况

方位	污染物项目	检出率/%	超标率/%
上风向	1,2-二氯乙烷	16.3	0
	氯乙烯	4.1	0
	苯	2.0	0
	非甲烷总烃	0	0
下风向	1,2-二氯乙烷	24.5	4.1
	氯乙烯	2.0	0
	苯	4.1	0
	非甲烷总烃	4.1	0
场地内（北侧）	1,2-二氯乙烷	44.9	8.2
	氯乙烯	2.0	0
	苯	2.0	0
	非甲烷总烃	2.0	0
场地内（南侧）	1,2-二氯乙烷	26.5	6.1
	氯乙烯	2.0	0
	苯	2.0	0
	非甲烷总烃	0	0

方位	污染物项目	检出率/%	超标率/%
场地内（西侧）	1,2-二氯乙烷	30.6	4.1
	氯乙烯	2.0	0
	苯	2.0	0
	非甲烷总烃	0	0
东厂界	1,2-二氯乙烷	22.5	2.0
	氯乙烯	6.1	0
	苯	2.0	0
	非甲烷总烃	0	0
南厂界	1,2-二氯乙烷	20.4	2.0
	氯乙烯	0	0
	苯	4.1	0
	非甲烷总烃	2.0	0
西厂界	1,2-二氯乙烷	12.2	0
	氯乙烯	0	0
	苯	2.0	0
	非甲烷总烃	4.1	0
北厂界	1,2-二氯乙烷	26.5	6.1
	氯乙烯	0	0
	苯	2.0	0
	非甲烷总烃	2.0	0

由表 6-18 可知，所有气体样品中，在气体浓度方面，4 种污染物中 1,2-二氯乙烷的检出率和超标率较高，超标率低于 10%，其余污染物的超标率均为 0。从浓度分布上来看，除西厂界外，其余厂界的 1,2-二氯乙烷浓度均超标，东厂界、南厂界和北厂界的超标率分别为 2.0%、2.0%和 6.1%；厂地内北侧、南侧和西侧点位超标率相对较高，分别为 8.2%、6.1%和 4.1%；下风向点位超标率为 4.1%；超标率高的点位位于场地北侧。说明常温解吸在清挖环节对周围空气有一定的影响，气体高浓度区域与土壤高浓度污染区基本一致，因此在清挖过程中应加强对清挖剖面的保护，并结合风向特点进行二次污染防治。例如，可以加大泡沫的喷洒频率，必要时需要进行水泥护坡作业。

6.1.4.2 修复过程污染物尾气排放评价

污染土壤在修复车间内的处理过程中会释放出大量含有污染物的废气。因此通风置换出的废气不可直接排放入大气，需处理达标后再排放。修复过程中通过强制通风抽出的污染空气在引风机负压作用下进入尾气处理系统并进行处理。尾气处理系统采用活性炭吸附装置，将尾气中的污染物通过吸附去除，实现废气的清洁排放。活性炭用量为 12 t，根据污染程度不同，其更换频率不同，一般每月更换 2～3 次；替换下来的活性炭属于危险废物，需做焚烧处理。在活性炭吸附装置前设置除尘系统，除去气体中的粉尘。修复车间废气主要为 1,2-二氯乙烷、氯乙烯和氯仿；根据相关规定，按《大气污染物综合排放标准》（GB 16297—1996）进行治理效果的综合监测验收，其评估标准见表 6-19。

表 6-19　修复过程污染物尾气排放评价标准

序号	污染物项目	最高容许排放浓度*/（mg/m^3）	最高允许排放速率/（kg/h）	
			标准**（排放筒高度为 15 m）	实际（排放筒高度为 10 m）
1	1,2-二氯乙烷	5.0	0.51	0.23
2	氯乙烯	10.0	0.55	0.24
3	苯	8.0	0.36	0.16
4	非甲烷总烃	80.0	6.3	2.80

注：* 为 1 小时平均浓度，** 每个排放口排气量为 30 000 m^3/h。

本污染修复案例与土壤修复同步，对处理过程中排放的尾气进行了采集与分析，共采集气体样品 36 批次，共计样品 80 个，其中含 8 个质控样品，结果见表 6-20。

表 6-20　修复过程大气污染物尾气排放情况

污染物项目	检出率/%	超标率/%
1,2-二氯乙烷	11.1	0
氯乙烯	0	0
苯	2.8	0
非甲烷总烃	13.9	0

结果表明，4 种污染物中，除氯乙烯外均有检出，非甲烷总烃的检出率最高，1,2-二氯乙烷次之，苯的检出率在检出的 3 种污染物中最低；而 4 种污染物的超标率均为 0，说明该尾气处理系统对常温解吸处理过程中产生的有害废气有较好的去除效果。

6.2 某农药场地修复案例

6.2.1 场地概况与修复目标的确定

案例研究二选取了典型农药场地为研究对象，该场地曾多年用于农药和化工产品的生产，所在区域属暖温带半湿润季风型大陆性气候，具有春旱多风，夏热多雨，秋季易于旱涝，冬季寒冷少雪等特征，一年四季交替分明。根据区域水文地质条件，场地范围内地层自上而下分为第四系沉积层、二叠系基岩层，下伏二叠系基岩为不含水地层。场地调查阶段最大勘探深度（19.50 m）范围内的地层划分为人工堆积层、第四系沉积层，依据调查阶段钻探资料及物理力学性质的不同，自上而下分为 4 个大层及所属亚层，即人工填土、粉质黏土、粉土和泥质胶结碎石层。

6.2.1.1 场地主要污染物及污染状况

本场地土壤中共检出污染物 128 种，其中无机类（包括重金属、游离氨、氨氮、氰化物）污染物 13 种、VOCs 52 种、SVOCs 62 种、TPH 1 种。超过本场地土壤筛选值的污染物有 41 种，包括 VOCs 23 种，SVOCs 17 种，TPH 1 种。无机类污染物虽均有检出，但污染物浓度均未超过本场地的土壤筛选值标准；超标的 23 种 VOCs 分别为苯、乙苯、间/对-二甲苯、邻-二甲苯、1,2,4-三甲基苯、1,2-二氯丙烷、氯乙烯、四氯化碳、1,2-二氯乙烷、三氯乙烯、1,1,2-三氯乙烷、四氯乙烯、1,2,3-三氯丙烷、1,2-二溴-3-氯丙烷、六氯丁二烯、氯苯、1,3-二氯苯、1,4-二氯苯、1,2-二氯苯、1,2,4-三氯苯、1,2,3-三氯苯、氯仿和溴二氯甲烷；超标的 17 种 SVOCs 分别为五氯酚、萘、苯并[*a*]蒽、二苯并[*a*,*h*]蒽、邻苯二甲酸二(2-乙基己酯)、五氯硝基苯、六氯苯、α-六六六、β-六六六、γ-六六六、δ-六六六、环氧七氯、狄氏剂、*p*,*p*'-滴滴依、*p*,*p*'-滴滴滴、滴滴涕和三氯杀螨醇。该场地土壤已受到挥发性有机污染物和半挥发性有机污染物污染。其中，挥发性有机污染物主要以氯代烃、苯系物和氯苯类为主，主要污染物为氯仿、氯乙烯、苯、三氯乙烯、1,4-二氯苯和 1,2,4-三氯苯；半挥发性有机污染物均为有机氯农药和氯苯类，主要污染物为 α-六六六、β-六六六、滴滴涕、*p*,*p*'-滴滴依、六氯苯和 *p*,*p*'-滴滴滴。

在本场地地下水中共检出污染物 96 种，其中无机类污染物 15 种（分别为重金属、氯化物、亚硝酸盐、硝酸盐、硫酸盐、氨氮、游离氨）、VOCs 37 种、SVOCs 43 种和 TPH 1 种。超过本场地地下水筛选值的污染物有 55 种，其中无机类污染物 11 种［包括重金属铜、铬（六价）、镍、锌、铅、镉、砷、汞、钡、氯化物、亚硝酸盐、硝酸盐、硫酸盐、氨氮、游离氨]、VOCs 23 种（包括苯、甲苯、乙苯、1,2,4-三甲基苯、二甲苯、1,2-二氯丙烷、氯乙烯、1,1-二氯乙烯、二氯甲烷、1,1-二氯乙烷、四氯化碳、1,2-二氯乙烷、三氯乙烯、1,1,1,2-四氯乙烷、1,2,3-三氯丙烷、1,2-二氯乙烯、氯苯、1,3-二氯苯、1,4-二氯苯、1,2-二氯苯、三氯苯、氯仿和二硫化碳）、SVOCs 20 种［包括苯酚、2-氯苯酚、3&4-甲基苯酚、2,4-二氯苯酚、苯并[*b*]荧蒽、苯并[*k*]荧蒽、茚并(1,2,3-*cd*)芘、邻苯二甲酸二丁酯、异佛乐酮、1,3-二硝基苯、五氯硝基苯、二(2-氯乙基)醚、六氯乙烷、六氯丁二烯、六氯环戊二烯、1,2,4,5-四氯苯、七氯、滴滴涕、三氯杀螨醇和对氯苯磺酸］和 TPH。场地地下水中无机污染与有机污染并存。其中，无机污染物以氯化物和氨氮为主，有机污染物包括 6 种 VOCs（氯乙烯、苯、氯仿、氯苯、1,4-二氯苯和三氯乙烯）、5 种 SVOCs［二(2-氯乙基)醚、三氯杀螨醇、1,2,4,5-四氯苯、滴滴涕和七氯］和总石油烃。

6.2.1.2 本场地土壤修复目标值的确定

根据本场地环境调查及风险评估结果，本项目污染土壤将分层进行修复。考虑到污染土壤处置过程会对不同土层污染土壤进行混合，因此，选取该污染物在各层土壤中修复目标的最小值作为该场地修复后土壤的评价标准。清挖后基坑土壤由于土壤质地和暴露途径未发生改变，评价时仍分层进行。本场地土壤中各污染物的修复目标值如表 6-21 所示。

表 6-21 土壤修复目标值

序号	污染物名称	筛选值	第一层（0～1.8 m）	第二层（1.8～6.8 m）	第三层（6.8～10.6 m）	第四层（10.6～14.2 m）
1	苯	1.00	1.24	1.31	—	—
2	氯乙烯	0.12	—	0.24	0.53	—
3	三氯乙烯	0.70	0.90	1.02	—	—
4	1,2,3-三氯丙烷	0.05	0.05	—	—	—
5	1,4-二氯苯	5.60	6.07	—	—	—
6	1,2,4-三氯苯	20.00	27.00	—	—	—
7	氯仿	0.30	0.63	0.71	1.70	—
8	六氯苯	0.33	0.33	—	—	—
9	*α*-六六六	0.09	0.09	0.09	—	0.09
10	*β*-六六六	0.32	0.32	—	—	—
11	林丹（*γ*-六六六）	0.62	0.62	—	—	—
12	*δ*-六六六	2.00	2.00	—	—	—
13	*p,p'*-滴滴伊	2.00	2.00	—	—	—
14	*p,p'*-滴滴滴	2.50	2.50	2.50	—	—
15	*p,p'*-滴滴涕	2.00	2.08	2.08	—	—

6.2.2 场地污染土壤修复工艺与设备

6.2.2.1 场地 VOC/SVOC 污染土壤修复工艺（图 6-9）

本场地 VOC 污染土壤采用原地异位常温解吸技术；高风险污染土壤采用异位水泥窑协同处置技术进行修复；低风险污染土壤采用原地异位热解析技术进行修复；污染地下水采用止水帷幕+抽出处理技术进行修复。

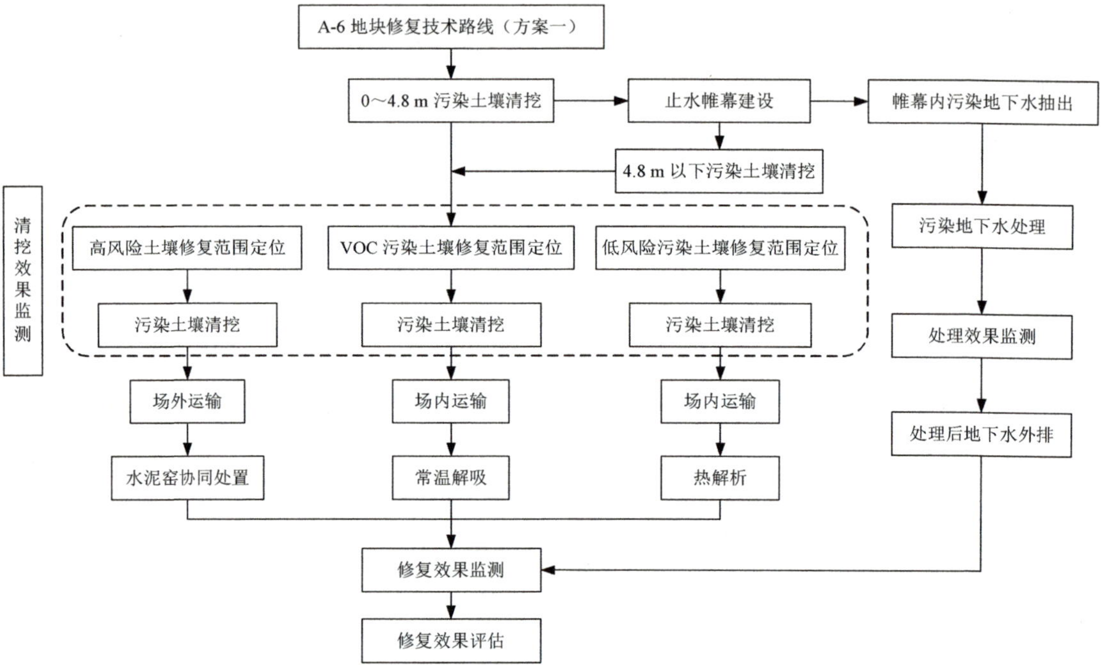

图 6-9 场地 A-6 区修复技术路线

6.2.2.2 场地 VOC/SVOC 污染土壤修复设备

本项目常温解吸系统由常温解吸修复大棚、翻抛系统、控制系统、尾气处理系统、监控系统等组成。

（1）常温解吸修复大棚

本项目建设了 1 个规格为 90 m×35 m×8 m，占地面积为 3 150 m^2 的常温解吸修复大棚（图 6-10），可拆卸，现场安装时间短且易于搬迁。

图 6-10　负压式常温解吸修复大棚

（2）翻抛系统

在修复大棚内采用大型翻抛机（图 6-11）对污染土壤进行翻抛处理，翻抛后的土壤质地较为松散，密度均匀，容重可保持在 1～1.14 g/cm^3 范围内，孔隙度保持在 56%～60%范围内，具有良好的通透性。翻抛过程中翻抛气流能够均匀地流过土壤，从而降低了土壤含水率，最终使挥发性有机物均匀和稳定地扩散出来。

图 6-11　本项目所使用的大型翻抛机

（3）抽气系统

抽气系统包括引风机、抽气管道及除湿系统。

大棚内（图 6-12）呈微负压状态，引风机（图 6-13）选用离心式风机，进风口和出风口的风量均为 20 000 m^3/h，实际操作中进风口的风量小于此数值。大棚内温度高于外界温度 5℃左右，利用翻抛作业设备对规则码放的污染土壤进行扰动和翻抛，增加了 VOCs 的挥发，实际施工过程中，会根据实际情况考虑是否添加生石灰。

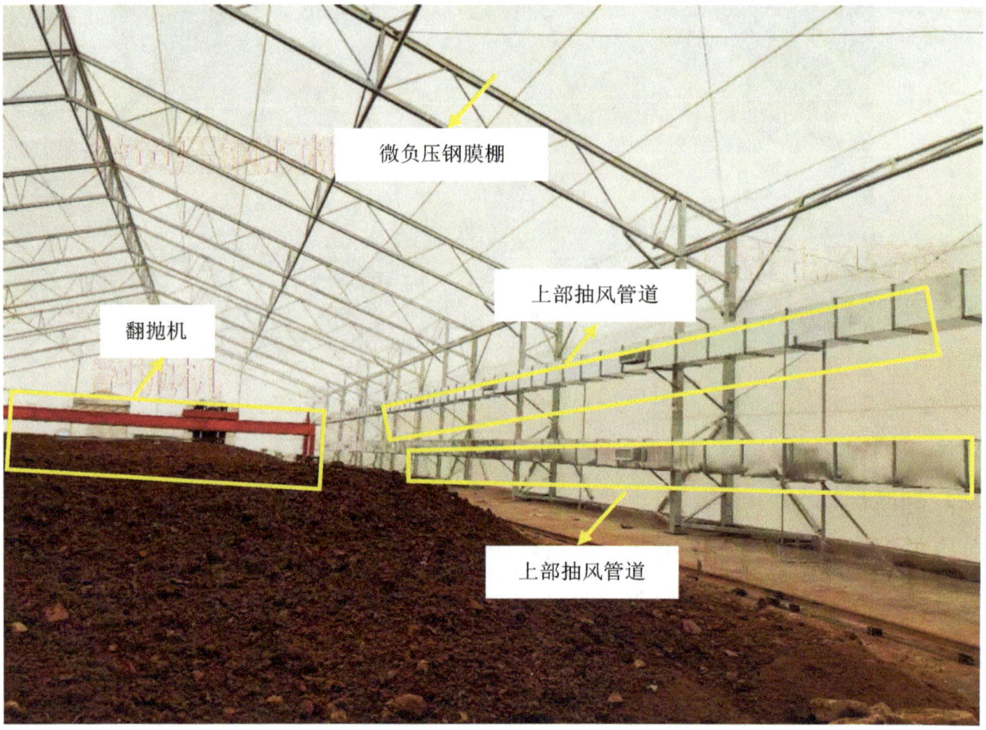

图 6-12 常温解吸修复大棚内部组成

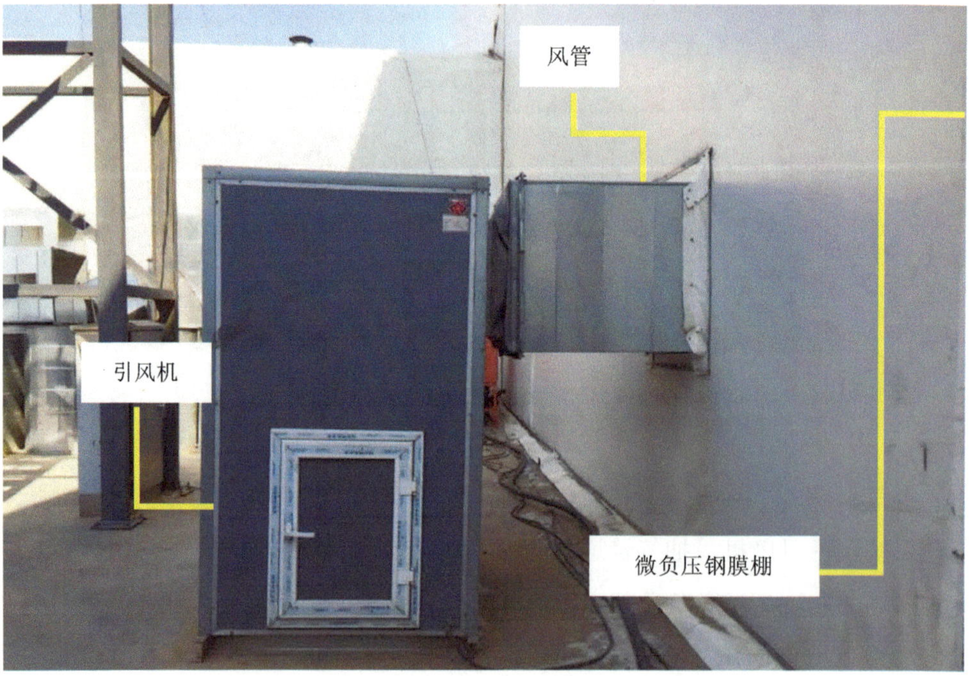

图 6-13 引风机

抽气管道设置在密闭大棚的顶部及下部，可根据污染物自身的物化性质考虑如何设置排风系统，以加快污染物的挥发。

本工程实施过程中大棚内顶部和下部抽风管道全部开启，同时对有机废气进行收集。抽气管道由重量轻、耐酸碱、耐腐蚀的材质制作而成，能够与密闭大棚进行较好的连接，密闭性好。

（4）尾气处理系统（图 6-14）

为避免修复过程中对环境造成二次污染，采用活性炭对废气进行处理，确保尾气达标排放。

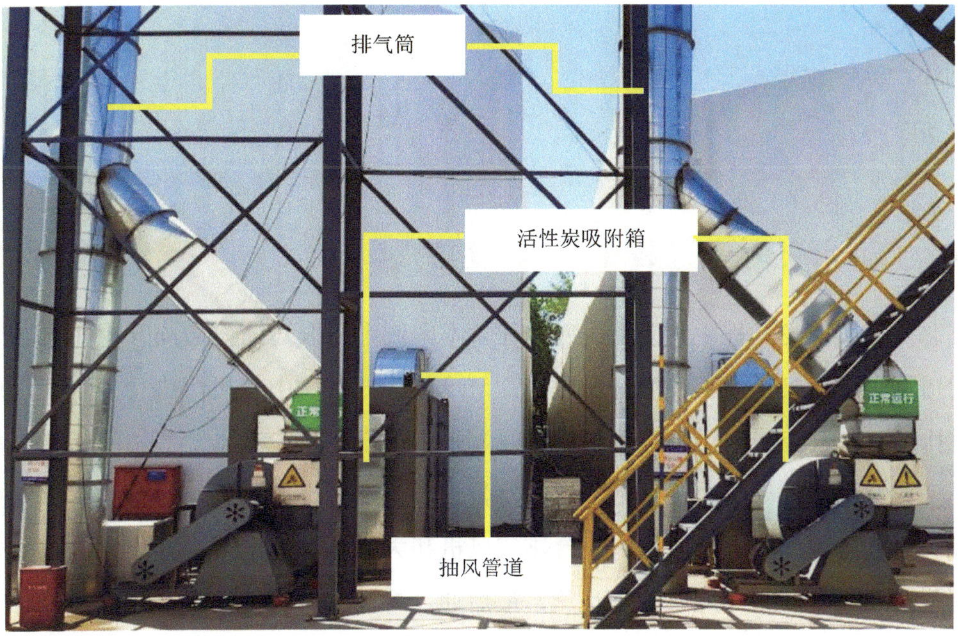

图 6-14 尾气处理系统

6.2.3 场地 VOC/SVOC 污染土壤修复效果评估

采用常温解吸技术处置污染土壤共计 88 881.15 m^3，共采集 A-6 区常温解吸处置后土壤监测样品 190 个（包括二次修复监测样品 6 个）。

统计结果如表 6-22 所示。由表可见，各点位 15 种目标污染物的含量均未超过本场地土壤修复目标值，且无明显异味，说明常温解吸处置 VOC 污染土壤的修复效果已达到修复要求。

表 6-22 常温解吸技术修复效果监测与评价统计结果

采样日期	样品数量（不含质控样品）	复测样品数量	评价结果
2019-09-26	45	3	复测合格
2019-12-06	18	0	全部合格
2019-12-25	12	0	全部合格
2020-03-15	20	0	全部合格
2020-03-23	20	0	全部合格
2020-04-05	38	3	复测合格
2020-04-15	10	0	全部合格
2020-04-29	21	0	全部合格
小计	184	6	—

6.2.4 土壤清挖修复过程中环境质量影响评价

在恶臭区域清挖过程中为防止异味产生，本案例中采取边清挖边向开挖面喷洒泡沫抑制剂的措施，将污染物控制在泡沫液膜内，可迅速降低空气中有机污染物的浓度，减少异味废气排放。为避免清挖后的污染土壤在修复过程中产生扬尘和异味等二次污染，本案例建设了一座常温解吸修复大棚，常温解吸修复处置均在大棚内进行，所有大棚均为密闭负压大棚。大棚通过一台进气风机、一台排气风机和大棚内部的风管进行通风，通过排气风机将尾气抽至活性炭箱等尾气处理设施，最后通过烟筒排放，并安排人员对大棚通风系统进行检修，保证正常运行。同时，安装气体在线监测设备对排放尾气中非甲烷总烃、苯、颗粒物等排放浓度进行实时监测，并将排放限值的 2/3 设置为报警值，排放尾气中污染物质达到报警值之后发出报警，并让现场人员及时进行处理，保证尾气达标排放。为使大棚尾气达标排放，每个大棚配备活性炭箱，尾气经过活性炭吸附处理后排放，并根据尾气在线监测数值变化及时对活性炭进行更换。

评价方法与评价标准参见 6.1.4.1 与 6.1.4.2 小节。

结果表明，该修复工程已按照备案的修复技术方案规定，在其施工过程中采取了有效的二次污染防治措施，相关污染防治设施建设符合要求，运行正常，有关污染防治措施全面，效果良好。经第三方现场监测，其修复过程污染物的排放达到了相关要求，没有对环境造成不利影响。

参考文献

[1] 龙文露．低浓度挥发性有机物在球形活性炭上的吸脱附研究[D]．上海：华东理工大学，2013．

[2] 于伟华，刘鹏，龙超，等．疏水性超高交联吸附树脂对氯代烃蒸气的固定床吸附特性研究[J]．环境科学，2011，32（9）：2805-2809．

[3] JIUN-HORNG T，HSIU-MEI C，GUAN-YINAG H，et al. Adsorption characteristics of acetone，chloroform and acetonitrile on sludge-derived adsorbent，commercial granular activated carbon and activated carbon fibers[J]. Journal of hazardous materials，2008，154（1-3）：1183-1191.

[4] KIM P Z Y A S. Adsorption equilibrium and kinetics of water vapor in carbon nanotubes and its comparison with activated carbon[J]. Industrial & Engineering Chemistry Research，2008，9（47）：3170-3178.

[5] 李小波，关建建，黄庆林，等．活性炭纤维吸附含溴甲烷气体的性能[J]．环境工程学报，2013，7（8）：3131-3136．

[6] MEERA A S，HUGO D，DOUGLAS P S，et al. Energy efficient indoor VOC air cleaning with activated carbon fiber（ACF）filters[J]. Building and Environment，2011，47：357-367.